普通高等教育"十五"国家级规划教材

应用统计学系列教材 Texts in Applied Statistics

应用随机过程(第2版)

Applied Stochastic Processes (Second Edition)

张 波 张景肖 肖宇谷 编著

Zhang Bo　Zhang Jingxiao　Xiao Yugu

清华大学出版社

北 京

内 容 简 介

本书是现代应用随机过程教材,内容从初等入门到现代前沿,包括随机过程的基本概念和基本类型、Poisson 过程、更新过程、Markov 链、鞅、Brown 运动、随机积分与随机微分方程及其应用、Levy 过程与关于点过程的随机积分简介,共 8 章。本书配有大量与社会、经济、金融、生物等专业相关的例题和习题,并给出了参考答案,方便自学。

本书可以作为高等院校统计、经济、金融、管理专业本科生课程的教材,也可以作为其他相关专业研究生的教材和教学参考书,对广大从事与随机现象相关工作的实际工作者也极具参考价值。

图书在版编目(CIP)数据

应用随机过程/张波,张景肖,肖宇谷编著. —2 版. —北京:清华大学出版社,2019.11
(2025.1重印)
应用统计学系列教材
ISBN 978-7-302-54148-6

Ⅰ. ①应… Ⅱ. ①张… ②张… ③肖… Ⅲ. ①随机过程－高等学校－教材 Ⅳ. ①O211.6

中国版本图书馆 CIP 数据核字(2019)第 249888 号

责任编辑:刘 颖
封面设计:常雪影
责任校对:王淑云
责任印制:杨 艳

出版发行:清华大学出版社
　　　　网　　　址:https://www.tup.com.cn, https://www.wqxuetang.com
　　　　地　　　址:北京清华大学学研大厦 A 座　　邮　编:100084
　　　　社 总 机:010-83470000　　　　　　邮　购:010-62786544
　　　　投稿与读者服务:010-62776969, c-service@tup.tsinghua.edu.cn
　　　　质量反馈:010-62772015, zhiliang@tup.tsinghua.edu.cn
印 装 者:三河市少明印务有限公司
经　　销:全国新华书店
开　　本:170mm×230mm　　印　张:14　　字　　数:238 千字
版　　次:2004 年 9 月第 1 版　 2019 年 11 月第 2 版　印　次:2025 年 1 月第 8 次印刷
定　　价:39.80 元

产品编号:082753-02

应用统计学系列教材
Texts in Applied Statistics

序

　　随着社会经济的飞速发展，统计学课程设置的不断调整，统计学教材已经有了很大的变化。为了适应这些变化，我们从2000年开始编写面向21世纪统计学系列教材，经过近4年的实践，该系列教材取得了较好的效果，基本实现了预定的目标。然而目前学科的发展和社会的进步速度相当快，其中的一些教材已经需要进一步修订，也有部分内容成熟、适合教学需要的教材没有列入编写计划。

　　为满足应用统计科学和我国高等教育迅速发展的需求，清华大学出版社和施普林格出版社（Springer-Verlag）合作，倡议出版了这套"应用统计学系列教材"，作为对现有统计学教材的全面补充和修订。这套教材具有以下特点：

　　1. 此套丛书属于开放式的，一旦有好的选题，即可列入出版计划。

　　2. 在教材选择上，拓宽了范围。有些教材主要面向经济类统计学专业，包括金融统计、风险管理与精算方面的教材。部分教材面向人文社科专业，而另外一些教材则面向自然科学领域，包括生物统计、医学统计、公共卫生统计等。

　　3. 本套教材的编写者都是活跃在教学、科研第一线的教师，他们能够积极、广泛地吸收国内外最新的优秀成果。能够在教学中反复对教材进行补充修订和完善。

　　4. 强调与计算机应用的结合，在教材编写中，注重计算机软件的应用，特别是可编程软件的应用。对于那些仅限于应用方法的教材，充分考虑读者的需求，尽量介绍简单易学的"傻瓜"

软件。

　　5. 本套教材包括部分优秀国外教材译著,对于目前急需而国内尚属空白的教材,选择部分国外具有广泛影响力的教材,进行翻译出版。

　　我们希望这套系列教材的出版能够对我国应用统计科学的教育和我国统计事业的健康发展起到积极作用。感谢参与教材编写的中国人民大学统计学院和兄弟院校的教师以及进行审阅的同行专家。让我们大家共同努力,创造我国应用统计学科新的辉煌。

易丹辉

2004 年 1 月

前　言

　　本书的第 1 版曾在中国人民大学统计学系本科生的教学中多次使用，反应良好。此次出版，根据课程建设的需求和广大读者的反馈意见，对部分内容进行了适当的调整，主要调整内容如下：将原来的第 1 章预备知识放入附录，删除了原 2.3 节中平稳序列的遍历性定理。改写了原第 4 章更新过程，其中主要删除原定理 4.2、原定理 4.3 的(4.2.3)式、原定理 4.4、原定理 4.5、原定理 4.7 的证明和 4.4 节。删除了原第 5 章中的 5.2 节（停时与强 Markov 性）、5.5 节（Markov 链的大数定律和中心极限定理）以及 5.8 节（应用——数据压缩与熵）。增加了 Markov 链和 Monte Carlo 方法以及隐 Markov 链。改写了原第 6 章鞅。删除了原第 7 章中的 7.4 节（Brown 运动的 Markov 性）。

　　几十年来，由于实际的需要和数学工作者的努力，随机过程无论在理论上还是在应用上都有了蓬勃的发展。它的基本知识和方法，不仅为数学、概率统计专业所必需，也为工程技术、生物信息及经济领域的应用与研究所需要。因此，随机分析的方法越来越受到人们的重视，高等院校的学生、工程技术人员、金融工作者，更迫切地需要学习和掌握随机过程的知识。本书是为适应这种需求，根据近年来讲授这门课的教学实践所积累的资料，参考国内外有关著作编写而成。由于随机过程这门学科发展十分迅速，其内容十分丰富，作为一本大学本科生所用教科书，不可能包括其全部内容。因此，我们力图根据经济、金融和管理类本科生的学科需求选择素材。为适应更广泛的读者，本书着重于随机过程的基本知识和基本方法的介绍，特别注重实际应用，尽量回避测度论水平的严格证明，只有第 5 章鞅的部分内容、第 7 章和第 8 章不可避免地用到一些测度论知识。这些内容初学者可以根据各自的基础进行取舍,数学基础稍好一点、有测度论基础或对数理金融有兴趣的读者可以选学。为了方便读者,我们在附录中用很小的篇幅,对概率测度和积分进行了初步介绍,希望对读者有所帮助。一般读者只要具有高等数学及概率论的基础知识便可阅读和理解本书的大部分内容。

全书大体可分为 3 个部分。第 1 部分是随机过程最基本的内容,一般教科书都包含这部分内容(第 1,2,4 章)。第 2 部分是更新过程,这一内容在许多教科书中没有单独讨论。考虑到它在应用中的重要性,特别是在保险风险理论和库存理论中的应用,故将它放在第 3 章讲授。第 3 部分包括第 5,6,7,8 共 4 章,鉴于在经济和金融中非常广泛的应用,分别介绍鞅、Brown 运动、随机微分方程及其应用和 Levy 过程。我们建议对大学本科生以 60 学时讲授本书前 6 章的内容。如果课程设置为 72 学时以上,则可以考虑讲授全部内容。如果课时比较少,教师可根据授课对象适当选择教学内容。

本书配有一些与社会、经济、金融、管理以及生物等专业相关的例题和习题,以帮助学生加深理解,提高应用随机过程理论解决问题的能力。为了便于自学,书末给出了部分习题的答案,供自学者参考。为了便于有兴趣的读者进一步学习,我们对主要内容增加了一个文献评注,同时书后列出较多的参考书目,为这些读者提供线索。因此,虽然我们强调主要着眼于经济管理类本科学生,但是对于这些专业的研究生以及某些应用数学和其他理工科的本科生、研究生来说,也不难发现使用本书的方便之处。

本书第 1 版的编写得到易丹辉教授、吴喜之教授、张尧廷教授、顾岚教授和肖争艳博士等许多同仁的鼓励、支持和帮助。宋士吉教授和刘立新教授分别在清华大学、北京大学和对外经贸大学使用过本书第 1 版的初稿,并对本书提出了许多宝贵的修改意见;薛芳同学提供了习题参考答案。邓琼同学为本书第 2 版的录入与校对做了很多工作。在此谨表衷心谢意!

同时也要感谢中国人民大学统计学院,使得笔者有机会在教学实践中完成本书的写作和修改。还要感谢教育部的支持,将本书列为"十五"规划教材,使得本书得以顺利出版。

由于编者水平所限,书中的缺点错误在所难免,敬请读者批评指正。

编　者

2019 年 4 月

目　录

第**1**章

随机过程的基本概念和基本类型

1.1 基 本 概 念

在概率论中描述了随机变量、随机向量(即多维随机变量)的知识,主要涉及有限个随机变量。在极限定理中,虽然涉及了无穷多个随机变量,但一般假设它们之间是相互独立的。随着科学技术的发展和实际问题的需要,我们必须对一些随机现象的变化过程进行研究,这就必须考虑无穷多个随机变量;而且出发点也不是随机变量的有限个独立样本,而是无穷多个随机变量的一次观测。这里我们将研究的无穷多个相互有关的随机变量,称为随机过程。随机过程的历史可以追溯到 20 世纪初 Gibbs,Boltzman 和 Poincaré 等人在统计力学中的研究工作,以及后来 Einstein,Wiener,Lévy 等人对 Brown 运动的研究。而整个学科的理论基础是由 Kolmogorov 和 Doob 奠定的,并由此开始了随机过程理论与应用研究的蓬勃发展阶段。

定义 1.1 随机过程是概率空间 $(\Omega,\mathscr{F},P)$ 上的一族随机变量 $\{X(t), t\in T\}$,其中 t 是参数,它属于某个指标集 T,T 称为参数集。

常见的参数集有 $T_1=\{0,1,2,\cdots\}$ 和 $T_2=[0,a]$ 或 $[0,a)$,其中 a 可以是有界实数,也可以是 $+\infty$。t 一般代表时间。当 $T=\{0,1,2,\cdots\}$ 时,称 $\{X(t), t\in T\}$ 为随机序列或时间序列。随机序列常写成 $\{X(n),n\geqslant0\}$ 或 $\{X_n,n=0, 1,\cdots\}$。随机过程 $\{X(t,\omega),t\in T,\omega\in\Omega\}$ 也可以视为是定义在 $T\times\Omega$ 上的二元函数。对于固定的样本点 $\omega_0\in\Omega,X(t,\omega_0)$ 就是定义在 T 上的一个函数,称为 $X(t)$ 的一条样本路径或一个样本函数,而对于固定的时刻 $t\in T,X(t)=X(t,\omega)$ 是概率空间 $(\Omega,\mathscr{F},P)$ 上的一个随机变量,其取值随着试验的结果而变化,变化

有一定的规律,称为概率分布。需要指出的是,当参数空间 T 不是实数集的子集而是向量集合时,随机过程 $\{X(t), t \in T\}$ 称为随机场。

通常将随机过程 $\{X(t), t \in T\}$ 解释为一个物理、自然或社会的系统,$X(t)$ 表示系统在时刻 t 所处的状态。$X(t)$ 的所有可能状态构成的集合称为状态空间,记为 S。根据 T 及状态空间 S 的不同可以将过程分成不同的类:依照状态空间可分为连续状态和离散状态;依照参数集,可分为离散参数过程和连续参数过程。一般如果不作说明都认为状态空间是实数集 R 或 R 的子集。下面是几个随机过程的例子。

例 1.1(**随机游动**)   一个醉汉在路上行走,以概率 p 前进一步,以概率 $1-p$ 后退一步(假定其步长相同)。以 $X(t)$ 记他 t 时刻在路上的位置,则 $X(t)$ 就是直线上的随机游动。

例 1.2(**Brown 运动**)   英国植物学家 Brown 注意到漂浮在液面上的微小粒子不断进行无规则的运动,这种运动后来称为 Brown 运动。它是分子大量随机碰撞的结果。若记 $(X(t), Y(t))$ 为粒子在平面坐标上的位置,则它是平面上的 Brown 运动。

例 1.3(**排队模型**)   顾客来到服务站要求服务。当服务站中的服务员都忙碌,即服务员都在为别的顾客服务时,来到的顾客就要排队等候。顾客的到来、每个顾客所需的服务时间都是随机的,所以如果用 $X(t)$ 表示 t 时刻的队长,用 $Y(t)$ 表示 t 时刻到来的顾客所需的等待时间,则 $\{X(t), t \in T\}$,$\{Y(t), t \in T\}$ 都是随机过程。

在概率论中,因为对随机现象的研究一般是静态的,所以只需考虑 $\mathscr{F}$ 这一事件域就可以了,而在随机过程中,研究的随机现象是随着时间发展变化的,所以需要考虑一族与其相联系的事件域 $\{\mathscr{F}_t, t \in T\}$,$\mathscr{F}_t \subset \mathscr{F}$ 称为一个时间域流,而相应的概率空间通常扩展写为 $(\Omega, \{\mathscr{F}_t, t \in T\}, \mathscr{F}, P)$,$\{\mathscr{F}_t, t \in T\}$ 的一个常用情况是取 $\mathscr{F}_t = \sigma\{X_s, s \leqslant t\}$,即由过程 X 所生成的 **σ-域流**。

定义 1.2(**适应过程**)   随机过程 $\{X_t, t \in T\}$ 称为关于 $\{\mathscr{F}_t, t \in T\}$ 适应的,如果 $\forall t \in T$,则 X_t 关于 $\mathscr{F}_t$ 可测。

定义 1.3(**随机时刻**) τ 称为一个随机时刻,如果它是一个取值为 $T \cup \{+\infty\}$ 的随机变量。

在随机时刻中,最重要也是最常用的一类随机时刻是**停时**。

定义 1.4(**停时**)   随机时刻 $\tau: \Omega \to T \cup \{+\infty\}$ 称为一个 $\{\mathscr{F}_t\}_{t \in \tau}$ 停时,如

果 $\forall t \in T$,有 $\{\omega: \tau(\omega) \leqslant t\} \in \mathscr{F}_t$。如果 $\{\omega: \tau(\omega) < t\} \in \mathscr{F}_t$,称 τ 是一个 $\{\mathscr{F}_t\}$ 宽停时。

1.2　有限维分布与 Kolmogorov 定理

研究随机现象主要是研究其统计规律性,对于一个或有限个随机变量来说,掌握了分布函数 $F(x) = P\{X \leqslant x\}$ 或者它们的联合分布,就能完全了解随机变量。类似地,对于随机过程 $\{X(t), t \in T\}$,为了描述它的统计特性,自然要知道对于每个 $t \in T$ 的 $X(t)$ 的分布函数 $F(t,x) \overset{\text{def}}{=\!=} P\{X(t) \leqslant x\}$,我们称 $F(t,x)$ 为随机过程 $\{X(t), t \in T\}$ 的**一维分布**,以及它们的任意 n 个时间点的联合分布。它不再是有限个,而是一族联合分布。比如说,我们还需了解随机变量 $X(t_1)$ 和 $X(t_2)$ 的联合分布 $P\{X(t_1) \leqslant x_1, X(t_2) \leqslant x_2\}$,即随机过程在两个不同时刻值的**二维分布**,记为 $F_{t_1, t_2}(x_1, x_2)$。一般地,对任意有限个 $t_1, t_2, \cdots, t_n \in T$,我们还需定义随机过程的 **$n$ 维分布** $F_{t_1, t_2, \cdots, t_n}(x_1, x_2, \cdots, x_n)$:

$$F_{t_1, t_2, \cdots, t_n}(x_1, x_2, \cdots, x_n) = P\{X(t_1) \leqslant x_1, \cdots, X(t_n) \leqslant x_n\}.$$

$$(1.2.1)$$

随机过程的一维分布,二维分布,$\cdots$,n 维分布等的全体

$$\{F_{t_1, t_2, \cdots, t_n}(x_1, x_2, \cdots, x_n), t_1, t_2, \cdots, t_n \in T, n \geqslant 1\}$$

称为随机过程 $\{X(t), t \in T\}$ 的有限维分布族。知道了随机过程的有限维分布族就知道了 $\{X(t), t \in T\}$ 中任意 n 个随机变量的联合分布,也就掌握了这些随机变量之间的相互依赖关系。

不难看出,一个随机过程的有限维分布族具有下述两个性质:

(1) **对称性**

对 $(1, 2, \cdots, n)$ 的任一排列 $(j_1, j_2, \cdots, j_n)$,有

$$\begin{aligned}
F_{t_{j_1}, t_{j_2}, \cdots, t_{j_n}}(x_{j_1}, x_{j_2}, \cdots, x_{j_n}) &= P\{X(t_{j_1}) \leqslant x_{j_1}, \cdots, X(t_{j_n}) \leqslant x_{j_n}\} \\
&= P\{X(t_1) \leqslant x_{t_1}, \cdots, X(t_n) \leqslant x_{t_n}\} \\
&= F_{t_1, t_2, \cdots, t_n}(x_1, x_2, \cdots, x_n).
\end{aligned}$$

(2) **相容性**

对于 $m < n$,有

$$F_{t_1, \cdots, t_m, t_{m+1}, \cdots, t_n}(x_1, \cdots, x_m, +\infty, \cdots, +\infty) = F_{t_1, t_2, \cdots, t_m}(x_1, x_2, \cdots, x_m).$$

一个重要的结论是下面的 Kolmogorov 定理,它是我们研究随机过程理论的基本定理,由于证明比较复杂(见参考文献[38]),这里从略。

定理 1.1 设分布函数族$\{F_{t_1,\cdots,t_n}(x_1,\cdots,x_n), t_1,\cdots,t_n\in T, n\geqslant 1\}$满足上述的对称性和相容性,则必存在一个随机过程$\{X(t), t\in T\}$,使

$$\{F_{t_1,\cdots,t_n}(x_1,\cdots,x_n), t_1,\cdots,t_n\in T, n\geqslant 1\}$$

恰好是$\{X(t), t\in T\}$的有限维分布族。

Kolmogorov 定理说明,随机过程的有限维分布族是随机过程概率特征的完整描述。它是证明随机过程存在性的有力工具。但是在实际问题中,要知道随机过程的全部有限维分布族是不可能的,因此,人们想到了用随机过程的某些数字特征来刻画随机过程。为此我们有如下定义。

定义 1.5 设$\{X(t), t\in T\}$是随机过程,如果对任意$t\in T$,$E[X(t)]$存在,则称函数$X(t)$的期望

$$\mu_X(t)\stackrel{\text{def}}{=\!=}E[X(t)]$$

为随机过程$\{X(t), t\in T\}$的**均值函数**,或称随机过程$\{X(t), t\in T\}$的一阶矩。如果对任意$t\in T$,$E[X^2(t)]$存在,则称随机过程$\{X(t), t\in T\}$为**二阶矩过程**。此时,称函数

$$\gamma_X(t_1,t_2)\stackrel{\text{def}}{=\!=}E[(X(t_1)-\mu_X(t_1))(X(t_2)-\mu_X(t_2))],\quad t_1,t_2\in T$$
$$(1.2.2)$$

为随机过程$\{X(t), t\in T\}$的**协方差函数**,称

$$\text{var}[X(t)]=\gamma_X(t,t)$$

为随机过程$\{X(t), t\in T\}$的**方差函数**。而称

$$R_X(s,t)=E[X(s)X(t)],\quad s,t\in T$$

为随机过程$\{X(t), t\in T\}$的**自相关函数**。

由 Schwartz 不等式知,二阶矩过程的协方差函数和自相关函数存在,且有

$$\gamma_X(s,t)=R_X(s,t)-\mu_X(s)\mu_X(t)。$$

与随机变量的均值方差类似,随机过程的均值函数$\mu_X(t)$反映随机过程在时刻t的平均值,方差函数$\text{var}[X(t)]$反映的是随机过程在时刻t对均值的偏离程度,而协方差函数$\gamma_X(s,t)$和自相关函数$R_X(s,t)$则反映随机过程在时刻s和t时的线性相关程度。在某些实际问题中,还需要考虑两个随机过程之间的关系,这时,我们要引入互协方差函数和互相关函数来描述它们之间的线性关系。

定义 1.6 设$\{X(t), t\in T\}$,$\{Y(t), t\in T\}$是两个二阶矩过程,则称

$$\gamma_{XY}(s,t) \stackrel{\text{def}}{=} E[(X(s) - \mu_X(s))(Y(t) - \mu_Y(t))], \quad s,t \in T$$

为$\{X(t), t \in T\}$和$\{Y(t), t \in T\}$的**互协方差函数**；称

$$R_{XY}(s,t) \stackrel{\text{def}}{=} E[X(s)Y(t)]$$

为$\{X(t), t \in T\}$和$\{Y(t), t \in T\}$的**互相关函数**。

若$\gamma_{XY}(s,t) = 0$，则称$\{X(t), t \in T\}$和$\{Y(t), t \in T\}$互不相关。

为了便于理解，看下面的例子。

例 1.4 $X(t) = X_0 + tV, a \leqslant t \leqslant b$，其中$X_0$和$V$是相互独立且服从$N(0,1)$的随机变量。

由于X_0和V相互独立且服从正态分布，所以$X(t)$也服从正态分布，并且$X(t_1), \cdots, X(t_n)$也服从n维正态分布。所以只要知道它的一阶矩和二阶矩就完全确定了它的分布。而它的一阶矩和二阶矩是容易求得的：

$$\mu_X(t) = E[X(t)] = E(X_0 + tV)$$
$$= EX_0 + tEV = 0,$$
$$\gamma_X(t_1, t_2) = E[X(t_1)X(t_2)]$$
$$= E[(X_0 + t_1 V)(X_0 + t_2 V)]$$
$$= E(X_0^2) + t_1 t_2 E(V^2)$$
$$= 1 + t_1 t_2 \text{。}$$

当然这种情形比较简单。对于大多数随机过程来说，却远非如此。研究它们之间的相互依赖关系是本课程的主要课题。根据相互依赖关系的不同，人们可以研究随机过程的不同类型。

1.3 随机过程的基本类型

为了使读者对随机过程的分类有一个初步了解，本节简单列出随机过程的基本类型。随机过程的分类有很多不同的方式，常见的有：平稳独立增量过程、二阶矩过程、严平稳过程、宽平稳过程、Markov 过程、鞅、更新过程、点过程（或称计数过程）。

Markov 过程是随机过程的中心课题之一，当然成为本教材的一部分；更新过程是运筹学、排队论等管理学科中的重要工具；而鞅是近代随机过程理论中的重要概念，同时在经济，特别是在金融学中有着广泛的应用。我们将在后面的章节中一一讨论。

关于过程的分类不是相互排斥的，一个具体的过程可以同时属于上述多

种类型。比如 Poisson 过程既具有独立增量又有平稳增量,它既是连续时间的 Markov 链又是一类特殊的更新过程。它减去均值函数后是一个鞅。

定义 1.7 设 $\{X(t), t \in T\}$ 为一随机过程,对 $t_1 < t_2 < \cdots < t_n, t_i \in T$ $(1 \leqslant i \leqslant n)$,若增量 $X(t_2) - X(t_1), X(t_3) - X(t_2), \cdots, X(t_n) - X(t_{n-1})$ 相互独立,则称 $\{X(t), t \in T\}$ 为**独立增量过程**。若对一切 $0 \leqslant s < t$,增量 $X(t) - X(s)$ 的分布只依赖于 $t - s$,则称 $\{X(t), t \in T\}$ 为**平稳增量的过程**。具有平稳增量的独立增量过程,简称为**平稳独立增量过程**。

我们以后要介绍的 Poisson 过程和 Brown 运动都是这类过程,这两类过程是随机过程理论中的两块最重要的基石。

定义 1.8 设 $\{X(t), t \in T\}$ 为一随机过程,若对任意 $t_1, t_2, \cdots, t_n \in T$ 及 $h > 0, (X(t_1), X(t_2), \cdots, X(t_n))$ 与 $(X(t_1 + h), X(t_2 + h), \cdots, X(t_n + h))$ 具有相同的联合分布,则称该过程为**严平稳过程**。

从定义可得,严平稳过程的一切有限维分布对时间的推移保持不变。特别地,$X(t), X(s)$ 的二维分布只依赖于 $t - s$。不过这个条件不容易验证。

定义 1.9 设 $\{X(t), t \in T\}$ 为一随机过程,若对任意 t 和 $\tau, t + \tau \in T$,$E(X^2(t))$ 存在且

$$E(X(t)) = m,$$

协方差函数 $\text{cov}(X(t), X(t + \tau)) = K(\tau)$ 仅依赖 τ,则称此过程为**宽平稳过程**,即它的协方差不随时间推移而改变。

例 1.5(自回归过程) 令 $Z_0, Z_1, Z_2, \cdots$ 是不相关的随机变量,具有 $E(Z_n) = 0, n \geqslant 0$,且

$$\text{var}(Z_n) = \begin{cases} \dfrac{\sigma^2}{1 - \lambda^2}, & n = 0, \\ \sigma^2, & n \geqslant 1, \end{cases}$$

其中 $\lambda^2 < 1$。定义

$$X_0 = Z_0, \quad X_n = \lambda X_{n-1} + Z_n, \quad n \geqslant 1, \tag{1.3.1}$$

则过程 $\{X_n, n \geqslant 0\}$ 称为**一阶自回归过程**。它是说,在时间 n 的状态(就是 X_n)是在时间 $n-1$ 的状态的常数倍加上一个随机误差项 Z_n。

式(1.3.1)中定义的一阶自回归过程 $\{X_n, n \geqslant 0\}$ 是宽平稳过程。事实上,若对方程(1.3.1)进行迭代,可得

$$X_n = \lambda(\lambda X_{n-2} + Z_{n-1}) + Z_n = \lambda^2 X_{n-2} + \lambda Z_{n-1} + Z_n = \cdots = \sum_{i=0}^{n} \lambda^{n-i} Z_i,$$

所以

$$\mathrm{cov}\Big(X_n, \sum_{i=0}^{n+m} \lambda^{n+m-i} Z_i \Big) = \mathrm{cov}\Big(\sum_{i=0}^{n} \lambda^{n-i} Z_i, \sum_{i=0}^{n+m} \lambda^{n+m-i} Z_i \Big)$$

$$= \sum_{i=0}^{n} \lambda^{n-i} \lambda^{n+m-i} \mathrm{cov}(Z_i, Z_i)$$

$$= \sigma^2 \lambda^{2n+m} \Big(\frac{1}{1-\lambda^2} + \sum_{i=1}^{n} \lambda^{-2i} \Big)$$

$$= \frac{\sigma^2 \lambda^m}{1-\lambda^2},$$

其中上式用了当 $i \neq j$ 时, Z_i 与 Z_j 不相关的事实。因为 $E(X_n) = 0$, $\{X_n, n \geqslant 0\}$ 是宽平稳过程。

例 1.6(过程的滑动平均) 令 $W_0, W_1, W_2, \cdots$ 是不相关的,且满足 $E(W_n) = \mu$ 和 $\mathrm{var}(W_n) = \sigma^2$。对于某个正整数 k 定义

$$X_n = \frac{W_n + W_{n-1} + \cdots + W_{n-k}}{k+1}, \quad n \geqslant k,$$

过程 $\{X_n, n \geqslant k\}$ 每次都跟踪 W_n 的最近 $k+1$ 个值的算术平均,称为**过程的滑动平均**。利用 $W_n(n \geqslant 0)$ 都是不相关的事实,可得

$$\mathrm{cov}(X_n, X_{n+m}) = \begin{cases} \dfrac{(k+1-m)\sigma^2}{(k+1)^2}, & \text{若 } 0 \leqslant m \leqslant k, \\ 0, & \text{若 } m > k, \end{cases}$$

因此,$\{X_n, n \geqslant k\}$ 是一个宽平稳过程。

平稳过程是时间序列和预测中的重要研究对象。平稳性意味着过去的某些性质在未来不变,我们能从过去了解未来的某些性质。因为一般时间序列分析课程中会对平稳过程做详细的分析,所以本书将不特别针对平稳过程进行讨论。这里仅简单提一个平稳过程的遍历性问题。

例 1.7 考虑如下两个特殊平稳过程:

设 $\{X_n, n \geqslant 0\}$ 为独立同分布随机变量序列, $E(X_n^2) < +\infty$, $E(X_n) = \mu(n = 0, 1, \cdots)$。 $\{Y_n = Y, n \geqslant 0\}$,其中 Y 是随机变量, $E(Y^2) < +\infty$。

用这两个过程可以显示平稳过程之间的一些基本性质差异。对过程 $\{X_n, n \geqslant 0\}$ 而言,由大数定律知 $\dfrac{1}{n}(X_0 + X_1 + \cdots + X_{n-1})$ 以概率 1 收敛于常数 μ,但对于过程 $\{Y_n, n \geqslant 0\}$ 而言,有 $\dfrac{1}{n}(Y_0 + Y_1 + \cdots + Y_{n-1}) = Y$。

并且对任意 $m>0$，$\mathrm{cov}(X_n,X_{n+m})=0$，而 $\mathrm{cov}(Y_n,Y_{n+m})=1$。

平稳过程的遍历性意味着过程时间上的平均值 $\left(\overline{X}=\dfrac{1}{n}\sum\limits_{i=1}^{n}X_i\right)$ 可以用来估计过程的期望函数 $(E(X(t))=\mu)$，但如例 1.7 所示，这个结果是不平凡的，需要一些专门的条件，在此不再讨论。

定义 1.10   若随机过程 $\{X(t),t\in T\}$，对任意 $t_1<t_2<\cdots<t_n<t,t_i\in T$ $(1\leqslant i\leqslant n)$ 及 $A\subset\mathbb{R}$，总有

$$P\{X(t)\in A\mid X(t_1)=x_1,X(t_2)=x_2,\cdots,X(t_n)=x_n\}$$
$$=P\{X(t)\in A\mid X(t_n)=x_n\},$$

则称此过程为 **Markov 过程**。

定义 1.11   若对任意 $t\in T,E(|X(t)|)<+\infty,t_1<t_2<\cdots<t_n<t_{n+1}$，$t_i\in T(1\leqslant i\leqslant n)$，有 $E(X(t_{n+1})\mid X(t_1),X(t_2),\cdots,X(t_n))=X(t_n)$，则称此过程为**鞅**。

定义 1.12   设 $\{X_k,k\geqslant 1\}$ 为独立同分布的正随机变量序列。对任意 $t>0$，令 $S_0=0$，$S_n=\sum\limits_{k=1}^{n}X_k$，并定义 $N(t)=\max\{n:n\geqslant 0,S_n\leqslant t\}$，称 $\{N(t),t\geqslant 0\}$ 为**更新过程**。更新过程常用于描述设备的更换。

定义 1.13   如果以 $N(t)$ 表示在时间区间 $[0,t]$ 内某一特定随机事件发生的总次数，那么称随机过程 $\{N(t),t\geqslant 0\}$ 为**点过程**（或称**计数过程**）。

习 题 1

1.1   设 $\{X(t),t\in T\}$ 是一、二阶矩存在的随机过程。试证它是宽平稳的当且仅当 $E[X(s)]$ 与 $E[X(s)X(s+t)]$ 都不依赖于 s。

1.2   设 Z_1,Z_2 是独立同分布的随机变量，服从均值为 0、方差为 σ^2 的正态分布，λ 为实数。求过程 $\{X(t),t\in T\}$，其中 $X(t)=Z_1\cos\lambda t+Z_2\sin\lambda t$ 的均值函数和方差函数。它是宽平稳的吗？

1.3   试证，若 $Z_0,Z_1,\cdots$ 为独立同分布随机变量，定义 $X_n=Z_0+Z_1+\cdots+Z_n$，则 $\{X_n,n\geqslant 0\}$ 是独立增量过程。

1.4   给定一个随机过程 $\{X(t),t\in T\}$ 和任意实数 x，定义另一个随机过程 $\{Y(t),t\in T\}$，其中

$$Y(t) = \begin{cases} 1, & X(t) \leqslant x, \\ 0, & X(t) > x. \end{cases}$$

试证 $\{Y(t), t \in T\}$ 的均值函数和自相关函数分别为 $\{X(t), t \in T\}$ 的一维和二维分布函数。

1.5 已知随机过程 $\{X(t), t \in T\}$ 的均值函数 $\mu_X(t)$ 和协方差函数 $\gamma_X(t_1, t_2)$。设 $\varphi(t)$ 是一个非随机的函数，试求随机过程 $\{Y(t) = X(t) + \varphi(t)\}$ 的均值函数和协方差函数。

1.6 设 $X(t) = \sin Ut$，这里 U 是 $(0, 2\pi)$ 上的均匀分布，证明 $\{X(t), t = 1, 2, \cdots\}$ 是宽平稳但不是严平稳过程，而 $\{X(t), t \geqslant 0\}$ 既不是严平稳也不是宽平稳过程。

第2章

Poisson 过程

2.1 Poisson 过程的定义和性质

Poisson 过程是一类重要的计数过程,下面首先给出计数过程的定义。

定义 2.1 随机过程 $\{N(t), t \geq 0\}$ 称为**计数过程**,如果 $N(t)$ 表示从 0 到 t 时刻某一特定事件 A 发生的次数,它具备以下两个特点:

(1) $N(t) \geq 0$ 且取值为整数;

(2) $s < t$ 时,$N(s) \leq N(t)$ 且 $N(t) - N(s)$ 表示 $(s, t]$ 时间内事件 A 发生的次数。

计数过程在实际中有着广泛的应用,只要我们对所观察的事件出现的次数感兴趣,就可以使用计数过程来描述。比如,考虑一段时间内到某商店购物的顾客数或某超市中等待结账的顾客数,经过公路上的某一路口的汽车数量,某地区一段时间内某年龄段的死亡人数,新出生人数,保险公司接到的索赔次数等,都可以用计数过程来作为模型加以研究。

第 1 章中定义的独立增量和平稳增量是某些计数过程具有的主要性质。

Poisson 过程是具有独立增量和平稳增量的计数过程,它的定义如下:

定义 2.2 计数过程 $\{N(t), t \geq 0\}$ 称为参数为 λ $(\lambda > 0)$ 的 Poisson 过程,如果

(1) $N(0) = 0$;

(2) 过程有独立增量;

(3) 对任意的 $s, t \geq 0$。

$$P\{N(t+s)-N(s)=n\}=\mathrm{e}^{-\lambda t}\frac{(\lambda t)^n}{n!},\quad n=0,1,2,\cdots。\quad (2.1.1)$$

从定义 2.2 中条件(3)易见,$N(t+s)-N(s)$ 的分布不依赖于 s,所以定义 2.2(3)蕴含了过程的平稳增量性。另外,由 Poisson 分布的性质知道,$E[N(t)]=\lambda t$,于是可认为 λ 是单位时间内发生事件的平均次数,一般称 λ 是 Poisson 过程的强度或速率,在有些著作中它还被称为"发生率"(这取决于我们在定义 Poisson 过程时称事件为"发生"或"来到"的不同,实际上这是没有实质区别的)。我们前面提到的计数过程的例子中,有很多就可以用 Poisson 过程来考虑,下面来看两个更具体的例子。

例 2.1(Poisson 过程在排队论中的应用)   在随机服务系统中排队现象的研究中,经常用到 Poisson 过程模型,例如,到达电话总机的呼叫数目,到达某服务设施(商场、车站、购票处等)的顾客数,都可以用 Poisson 过程来描述。以某火车站售票处为例,设从早上 8:00 开始,此售票处连续售票,乘客依 10 人/h 的平均速率到达,则从 9:00 到 10:00 这 1 小时内最多有 5 名乘客来此购票的概率是多少? 从 10:00 到 11:00 没有人来买票的概率是多少?

解   我们用一个 Poisson 过程来描述。设 8:00 为 0 时刻,则 9:00 为 1 时刻,参数 $\lambda=10$。由(2.1.1)式知

$$P\{N(2)-N(1)\leqslant 5\}=\sum_{n=0}^{5}\mathrm{e}^{-10\times 1}\frac{(10\times 1)^n}{n!}=0.067,\quad (2.1.2)$$

$$P\{N(3)-N(2)=0\}=\mathrm{e}^{-10}\times\frac{(10)^0}{0!}=\mathrm{e}^{-10}=4.5399\times 10^{-5}。$$
$$(2.1.3)$$

例 2.2(事故的发生次数及保险公司接到的索赔数)   若以 $N(t)$ 表示某公路交叉口、矿山、工厂等场所在 $(0,t)$ 时间内发生不幸事故的数目,则 Poisson 过程就是 $\{N(t),t\geqslant 0\}$ 的一种很好近似。另外,保险公司接到赔偿请求的次数(设一次事故就导致一次索赔),向"3·15"台的投诉(设商品出现质量问题为事故)等都是可以应用 Poisson 过程的模型。我们考虑一种最简单情况,设保险公司每次的赔付都是 1,每月平均 4 次接到索赔要求,则一年中它要付出的金额平均为多少?

解   设一年开始为 0 时刻,1 月末为时刻 1,2 月末为时刻 2,$\cdots$,年末为时刻 12,则

$$P\{N(12)-N(0)=n\}=\frac{(4\times 12)^n}{n!}\mathrm{e}^{-4\times 12}。\quad (2.1.4)$$

均值

$$E[N(12) - N(0)] = 4 \times 12 = 48 。 \tag{2.1.5}$$

为什么实际中有这么多的现象可以用 Poisson 过程来反映呢？其根据是稀有事件原理。我们在概率论的学习中已经知道，Bernoulli 试验中，每次试验成功的概率很小而试验的次数很多时，二项分布会逼近 Poisson 分布。这一想法很自然地推广到随机过程情况。比如上面提到的事故发生的例子，在很短的时间内发生事故的概率是很小的，但假如考虑很多个这样很短的时间的连接，事故的发生将会有一个大致稳定的速率，这很类似于 Bernoulli 试验以及二项分布逼近 Poisson 分布时的假定，我们把这些性质具体写出来。

设 $\{N(t), t \geq 0\}$ 是一个计数过程，它满足

(1)′ $N(0) = 0$；

(2)′   过程有平稳独立增量；

(3)′   存在 $\lambda > 0$，当 $h \downarrow 0$ 时，

$$P\{N(t+h) - N(t) = 1\} = \lambda h + o(h) ; \tag{2.1.6}$$

(4)′   当 $h \downarrow 0$ 时，

$$P\{N(t+h) - N(t) \geq 2\} = o(h) 。 \tag{2.1.7}$$

可以证明，这 4 个条件与定义 2.2 是等价的，但在证明之前，先来粗略地说明一下。

首先，我们把 $[0, t]$ 划分为 n 个相等的时间区间，则由条件 (4)′ 可知，当 $n \rightarrow \infty$ 时，在每个小区间内事件发生 2 次或 2 次以上的概率趋于 0，因此，事件发生 1 次的概率 $p \approx \lambda \dfrac{t}{n}$（显然 p 会很小），事件不发生的概率 $1 - p \approx 1 - \lambda \dfrac{t}{n}$，这恰好是 1 次 Bernoulli 试验。其中事件发生 1 次即为试验成功，不发生即为失败，再由条件 (2)′ 给出的平稳独立增量性，$N(t)$ 就相当于 n 次独立 Bernoulli 试验中试验成功的总次数，由 Poisson 分布的二项分布逼近可知 $N(t)$ 将服从参数为 λt 的 Poisson 分布（定义 2.2(3)）。

下面我们将给出严格的数学证明：

定理 2.1   满足上述条件 (1)′~(4)′ 的计数过程 $\{N(t), t \geq 0\}$ 是 Poisson 过程，反过来 Poisson 过程一定满足这 4 个条件。

证明   设计数过程 $\{N(t), t \geq 0\}$ 满足条件 (1)′~(4)′，证明它是 Poisson 过程。可以看到，其实只需验证 $N(t)$ 服从参数为 λt 的 Poisson 分布即可。

记

$$P_n(t) = P\{N(t) = n\}, \quad n = 0, 1, 2, \cdots 。$$

$$P(h) = P\{N(h) \geqslant 1\}$$
$$= P_1(h) + P_2(h) + \cdots$$
$$= 1 - P_0(h), \qquad (2.1.8)$$

则

$$P_0(t+h) = P\{N(t+h) = 0\}$$
$$= P\{N(t+h) - N(t) = 0, N(t) = 0\}$$
$$= P\{N(t) = 0\}P\{N(t+h) - N(t) = 0\} \quad (独立增量性)$$
$$= P_0(t)P_0(h)$$
$$= P_0(t)(1 - \lambda h + o(h)) \quad (条件(3)', (4)')。 \qquad (2.1.9)$$

因此

$$\frac{P_0(t+h) - P_0(t)}{h} = -\lambda P_0(t) + \frac{o(h)}{h}, \qquad (2.1.10)$$

令 $h \to 0$, 得

$$P_0'(t) = -\lambda P_0(t)。 \qquad (2.1.11)$$

解此微分方程, 得

$$P_0(t) = K e^{-\lambda t}, \qquad (2.1.12)$$

其中 K 为常数。由 $P_0(0) = P\{N(0) = 0\} = 1$ 得 $K = 1$, 故

$$P_0(t) = e^{-\lambda t}。$$

同理, 当 $n \geqslant 1$ 时, 利用(2.1.6)式有

$$P_n(t+h) = P\{N(t+h) = n\}$$
$$= P\{N(t) = n, N(t+h) - N(t) = 0\} +$$
$$P\{N(t) = n-1, N(t+h) - N(t) = 1\} +$$
$$P\{N(t+h) = n, N(t+h) - N(t) \geqslant 2\}$$
$$= P_n(t)P_0(h) + P_{n-1}(t)P_1(h) + o(h)$$
$$= (1 - \lambda h)P_n(t) + \lambda h P_{n-1}(t) + o(h)。 \qquad (2.1.13)$$

于是

$$\frac{P_n(t+h) - P_n(t)}{h} = -\lambda P_n(t) + \lambda P_{n-1}(t) + o(h), \qquad (2.1.14)$$

令 $h \to 0$, 得

$$P_n'(t) = -\lambda P_n(t) + \lambda P_{n-1}(t)。 \qquad (2.1.15)$$

利用归纳法由方程(2.1.15)解得

$$P_n(t) = e^{-\lambda t} \frac{(\lambda t)^n}{n!} = P\{N(t) = n\}。 \qquad (2.1.16)$$

反过来,证明 Poisson 过程满足条件$(1)'\sim(4)'$,只需验证条件$(3)',(4)'$成立。由定义 2.2 中条件(3)可得

$$
\begin{aligned}
P\{N(t+h)-N(t)=1\} &= P\{N(h)-N(0)=1\} \\
&= \mathrm{e}^{-\lambda h}\frac{\lambda h}{1!} \\
&= \lambda h[1-\lambda h+o(h)] \\
&= \lambda h+o(h),
\end{aligned}
\qquad (2.1.17)
$$

$$
\begin{aligned}
P\{N(t+h)-N(t)\geqslant 2\} &= P\{N(h)-N(0)\geqslant 2\} \\
&= \sum_{n=2}^{\infty}\mathrm{e}^{-\lambda h}\frac{(-\lambda h)^n}{n!} \\
&= o(h)。
\end{aligned}
$$
∎

条件$(1)'\sim(4)'$一般也作为 Poisson 过程的定义,与定义 2.2 相比,它更容易应用到实际问题中,作为判定某一现象能否用 Poisson 过程来刻画的依据。而我们是很难验证定义 2.2 中(3)这一 Poisson 分布的条件的(有时可以通过记录不同时刻下的 $N(t)$,来与很多不同参数的 Poisson 分布比较,但这是非常麻烦的事),但定义 2.2 在理论研究中是常用的。

例 2.3 事件 A 的发生形成强度为 λ 的 Poisson 过程$\{N(t),t\geqslant 0\}$。如果每次事件发生时以概率 p 能够被记录下来,并以 $M(t)$ 表示到 t 时刻被记录下来的事件总数,则$\{M(t),t\geqslant 0\}$是一个强度为 λp 的 Poisson 过程。

证明 由于每次事件发生时,对它的记录和不记录都与其他的事件能否被记录独立,而且事件发生服从 Poisson 分布,所以 $M(t)$ 也是具有平稳独立增量的,故只需验证 $M(t)$ 服从均值为 λpt 的 Poisson 分布,即对 $t>0$,有

$$
P\{M(t)=m\}=\frac{(\lambda pt)^m}{m!}\mathrm{e}^{-\lambda pt}。
\qquad (2.1.18)
$$

又由于

$$
\begin{aligned}
P\{M(t)=m\} &= \sum_{n=0}^{\infty}P\{M(t)=m\mid N(t)=m+n\}P\{N(t)=m+n\} \\
&= \sum_{n=0}^{\infty}C_{m+n}^m p^m(1-p)^n\frac{(\lambda t)^{m+n}}{(m+n)!}\mathrm{e}^{-\lambda t} \\
&= \mathrm{e}^{-\lambda t}\sum_{n=0}^{\infty}\frac{(\lambda pt)^m[\lambda(1-p)t]^n}{m!n!} \\
&= \mathrm{e}^{-\lambda t}\frac{(\lambda pt)^m}{m!}\sum_{n=0}^{\infty}\frac{[\lambda(1-p)t]^n}{n!}
\end{aligned}
$$

$$= e^{-\lambda t} \frac{(\lambda p t)^m}{m!} e^{\lambda(1-p)t}$$

$$= e^{-\lambda p t} \frac{(\lambda p t)^m}{m!} 。$$

结论得证。 ■

利用这个例子可以证明 Poisson 过程的分解定理,见习题 2.4。

2.2　与 Poisson 过程相联系的若干分布

首先给出 Poisson 过程的有关记号,如图 2.1 所示,Poisson 过程 $\{N(t),t \geqslant 0\}$ 的一条样本路径一般是跳跃度为 1 的阶梯函数。

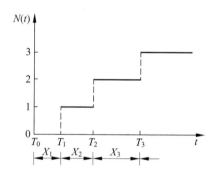

图 2.1　Poisson 过程的样本路径

$T_n(n=1,2,\cdots)$ 是第 n 次事件发生的时刻,规定 $T_0=0$。$X_n(n=1,2,\cdots)$ 是第 n 次与第 $n-1$ 次事件发生的时间间隔。

2.2.1　X_n 和 T_n 的分布

定理 2.2　$X_n(n=1,2,\cdots)$ 服从参数为 λ 的指数分布,且相互独立。

证明　首先考虑 X_1 的分布,注意到事件 $\{X_1 > t\}$ 等价于事件 $\{N(t)=0\}$,即 $(0,t]$ 内没有事件发生。因此

$$P\{X_1 > t\} = P\{N(t) = 0\} = e^{-\lambda t}, \qquad (2.2.1)$$

从而

$$P\{X_1 \leqslant t\} = 1 - e^{-\lambda t} 。$$

再来看 X_2,

$$P\{X_2 > t \mid X_1 = s\}$$

$$= P\{N(s+t) - N(s) = 0 \mid X_1 = s\}$$
$$= P\{N(s+t) - N(s) = 0 \mid N(s) - N(u) = 1, N(u) - N(0) = 0, u < s\}$$
$$= P\{N(s+t) - N(s) = 0\} \text{(独立增量性)}$$
$$= e^{-\lambda t}。 \tag{2.2.2}$$

所以 X_2 与 X_1 独立,且都服从参数为 λ 的指数分布。重复同样的推导,可得定理结论。■

注 定理 2.2 的结果应该是预料之中的,由于 Poisson 过程有平稳独立增量,过程在任何时刻都"重新开始",换言之这恰好就是"无记忆"的体现,与指数分布的"无记忆性"是对应的。

定理 2.3 $T_n(n=1,2,\cdots)$ 服从参数为 n 和 λ 的 Γ 分布。

证明 由于 $T_n = \sum\limits_{i=1}^{n} X_i$,而由上述定理知道,$X_i$ 是相互独立的且服从同一指数分布,同时指数分布是 Γ 分布的一种特殊情形 $(n = 1)$,由 Γ 分布的可加性,易得 T_n 服从参数为 n 和 λ 的 Γ 分布,但我们在这里用另外的方法导出。注意到

$$N(t) \geqslant n \quad \Leftrightarrow \quad T_n \leqslant t$$

即第 n 次事件发生在时刻 t 或之前相当于到时刻 t 已经发生的事件数目至少是 n,因此

$$P\{T_n \leqslant t\} = P\{N(t) \geqslant n\} = \sum_{j=n}^{\infty} e^{-\lambda t} \frac{(\lambda t)^j}{j!}。$$

上式两端对 t 求导可得 T_n 的密度函数

$$\begin{aligned}
f(t) &= -\sum_{j=n}^{\infty} \lambda e^{-\lambda t} \frac{(\lambda t)^j}{j!} + \sum_{j=n}^{\infty} \lambda e^{-\lambda t} \frac{(\lambda t)^{j-1}}{(j-1)!} \\
&= \lambda e^{-\lambda t} \frac{(\lambda t)^{n-1}}{(n-1)!} \\
&= \frac{\lambda^n}{\Gamma(n)} t^{n-1} e^{-\lambda t}。
\end{aligned} \tag{2.2.3}$$

定理 2.2 给出了 Poisson 过程的又一种定义方法:

定义 2.3 计数过程 $\{N(t), t \geqslant 0\}$ 是参数为 λ 的 Poisson 过程,如果每次事件发生的时间间隔 $X_1, X_2, \cdots$ 相互独立,且服从同一参数 λ 的指数分布。

定义 2.3 与前面定义 2.2 等价性的证明见参考文献[29]或文献[10]。

定义 2.3 提供了对 Poisson 过程进行计算机模拟的方便途径：只需产生 n 个同指数分布的随机数，将其作为 $X_i(i=1,2,\cdots)$ 即可得到 Poisson 过程的一条样本路径。

例 2.4 设从早上 8:00 开始有无穷多个人排队等候服务，只有一名服务员，且每个人接受服务的时间是独立的并服从均值为 20min 的指数分布，则到中午 12:00 为止平均有多少人已经离去，已有 9 个人接受服务的概率是多少？

解 由所设条件可知，离去的人数 $\{N(t)\}$ 是强度为 3 的 Poisson 过程（单位：h）。设 8:00 为零时刻，则

$$P\{N(4) - N(0) = n\} = \mathrm{e}^{-12}\frac{(12)^n}{n!}, \tag{2.2.4}$$

其均值为 12，即到 12:00 为止，离去的人平均是 12 名。而有 9 个人接受过服务的概率是

$$P\{N(4) = 9\} = \mathrm{e}^{-12}\frac{(12)^9}{9!}. \tag{2.2.5}$$

2.2.2 事件发生时刻的条件分布

假设到时刻 t，Poisson 过程描述的事件 A 已经发生了 n 次，我们现在来考虑这 n 次事件发生的时刻 $T_1, T_2, \cdots, T_n$ 的联合分布。首先，简化这个问题，考虑 $n=1$ 时的情形，对于 $s \leqslant t$，

$$\begin{aligned}
P\{T_1 \leqslant s \mid N(t) = 1\} &= \frac{P\{T_1 \leqslant s, N(t) = 1\}}{P\{N(t) = 1\}} \\
&= \frac{P\{A \text{ 发生在 } s \text{ 时刻之前},(s,t] \text{ 内 } A \text{ 没有发生}\}}{P\{N(t) = 1\}} \\
&= \frac{P\{N(s) = 1\} \cdot P\{N(t) - N(s) = 0\}}{P\{N(t) = 1\}} \\
&= \frac{\lambda s \mathrm{e}^{-\lambda s} \cdot \mathrm{e}^{-\lambda(t-s)}}{\lambda t \mathrm{e}^{-\lambda t}} \\
&= \frac{s}{t},
\end{aligned} \tag{2.2.6}$$

即在已知 $[0,t]$ 内 A 只发生一次的前提下，A 发生的时刻在 $[0,t]$ 上是均匀分布的。这一结果与我们的猜想相符合，因为 Poisson 过程有平稳独立增量。事件在 $[0,t]$ 的任何相同长度的子区间内发生的概率都是相等的。

现在来考虑 $n \geqslant 2$ 的情况。

定理 2.4　在已知 $N(t)=n$ 的条件下,事件发生的 n 个时刻 $T_1,T_2,\cdots,T_n$ 的联合分布密度是

$$f(t_1,t_2,\cdots,t_n)=\frac{n!}{t^n},\quad 0<t_1<t_2<\cdots<t_n。 \tag{2.2.7}$$

证明　设 $0<t_1<t_2<\cdots<t_n<t_{n+1}=t$。取 h_i 充分小使得 $t_i+h_i<t_{i+1}$, $i=1,2,\cdots,n$,则

$$P\{t_i<T_i\leqslant t_i+h_i,i=1,2,\cdots,n\mid N(t)=n\}$$

$$=\frac{P\{N(t_i+h_i)-N(t_i)=1,N(t_{i+1})-N(t_i+h_i)=0,1\leqslant i\leqslant n,N(t_1)=0\}}{P\{N(t)=n\}}$$

$$=\frac{\lambda h_1\mathrm{e}^{-\lambda h_1}\cdots\lambda h_n\mathrm{e}^{-\lambda h_n}\mathrm{e}^{-\lambda(t-h_1-h_2-\cdots-h_n)}}{\mathrm{e}^{-\lambda t}(\lambda t)^n/n!}$$

$$=\frac{n!}{t^n}h_1\cdots h_n。$$

故按定义,给定 $N(t)=n$ 时,$(T_1,\cdots,T_n)$ 的 n 维条件分布密度函数

$$f(t_1,\cdots,t_n)=\lim_{\substack{h_i\to 0\\ 1\leqslant i\leqslant n}}\frac{P\{t_i<T_i\leqslant t_i+h_i,1\leqslant i\leqslant n\mid N(t)=n\}}{h_1 h_2\cdots h_n}$$

$$=\frac{n!}{t^n},\quad 0<t_1<t_2<\cdots<t_n。 \tag{2.2.8}$$

■

从概率论的知识我们知道,(2.2.8)式恰好是 $[0,t]$ 区间上服从均匀分布的 n 个相互独立随机变量 $Y_1,Y_2,\cdots,Y_n$ 的顺序统计量 $Y_{(1)},Y_{(2)},\cdots,Y_{(n)}$ 的联合分布(见参考文献[36]),所以直观上,在已知 $[0,t]$ 内发生了 n 次事件的前提下,各次事件发生的时刻 $T_1,T_2,\cdots,T_n$(不排序)可看作相互独立的随机变量,且都服从 $[0,t]$ 上的均匀分布。

例 2.5　乘客按照强度为 λ 的 Poisson 过程来到某火车站,火车在时刻 t 启程,计算在 $(0,t]$ 内到达的乘客等待时间的总和的期望值,即求 $E\left[\sum_{i=1}^{N(t)}(t-T_i)\right]$,其中 T_i 是第 i 个乘客来到的时刻。

解　在 $N(t)$ 给定的条件下,取条件期望

$$E\left[\sum_{i=1}^{N(t)}(t-T_i)\mid N(t)=n\right]=E\left[\sum_{i=1}^{n}(t-T_i)\mid N(t)=n\right]$$

$$=nt-E\left[\sum_{i=1}^{n}T_i\mid N(t)=n\right]。 \tag{2.2.9}$$

由定理 2.4,记 $U_1,U_2,\cdots,U_n$ 为 n 个独立的服从 $(0,t]$ 上的均匀分布的随机变量,有

$$E\left[\sum_{i=1}^{n} T_i \mid N(t) = n\right] = E\left[\sum_{i=1}^{n} U_i\right] = \frac{nt}{2}。 \qquad (2.2.10)$$

则

$$E\left[\sum_{i=1}^{n}(t - T_i) \mid N(t) = n\right] = nt - \frac{nt}{2} = \frac{nt}{2}。 \qquad (2.2.11)$$

所以

$$E\left[\sum_{i=1}^{N(t)}(t - T_i)\right] = E\left\{E\left[\sum_{i=1}^{N(t)}(t - T_i) \mid N(t) = n\right]\right\}$$

$$= \frac{t}{2}E[N(t)]$$

$$= \frac{\lambda t^2}{2}。 \qquad (2.2.12)$$

例 2.6 考虑例 2.3 中每次事件发生时被记录到的概率随时间发生变化时的情况,设事件 A 在 s 时刻发生被记录到的概率是 $P(s)$,若以 $M(t)$ 表示到 t 时刻被记录的事件数,那么它还是 Poisson 过程吗? 试给出 $M(t)$ 的分布。

解 很容易看出 $M(t)$ 已不能形成一个 Poisson 过程,因为虽然它仍然具有独立增量性,但由于 $P(s)$ 的影响,它已不再有平稳增量性。但可以证明,$\forall t, M(t)$ 依然是 Poisson 分布,参数与 t 和 $P(s)$ 有关。实际上,$M(t)$ 的均值为 λtp,其中

$$p = \frac{1}{t}\int_0^t P(s)\mathrm{d}s。 \qquad (2.2.13)$$

事实上,若对 $N(t)$ 给定的条件下取条件期望,则有

$$P\{M(t) = m\}$$

$$= \sum_{k=0}^{\infty} P\{M(t) = m \mid N(t) = m + k\}P\{N(t) = m + k\}$$

$$= \sum_{k=0}^{\infty} P\{已知[0,t]中发生了 m + k 次事件,只有 m 件被记录\} \times$$

$$P\{N(t) = m + k\}。 \qquad (2.2.14)$$

由于每次事件是否被记录是独立的,所以(2.2.14)式中

$$P\{M(t) = m \mid N(t) = m + k\}$$

可以看作在 $m+k$ 次独立试验中有 m 次成功(被记录)和 k 次失败(不被记录)

的概率,故

$$P\{M(t) = m \mid N(t) = m + k\} = \binom{m+k}{m} p^m (1-p)^k,$$

$$(2.2.15)$$

其中 p 是每次试验成功的概率。由定理 2.4,并且已知事件的发生和被记录是独立的,所以

$$p = P\{\text{事件在}[0,t]\text{内发生且被记录} \mid N(t) = m + k\}$$

$$= \int_0^t P\{\text{事件在 } s \text{ 时刻发生且被记录} \mid N(t) = m + k\}\mathrm{d}s$$

$$= \int_0^t \frac{1}{t} P(s)\mathrm{d}s = \frac{1}{t} \int_0^t P(s)\mathrm{d}s, \qquad (2.2.16)$$

从而

$$\sum_{k=0}^{\infty} P\{M(t) = m \mid N(t) = m + k\} P\{N(t) = m + k\}$$

$$= \sum_{k=0}^{\infty} \binom{m+k}{m} p^m (1-p)^k \frac{(\lambda t)^{m+k}}{(m+k)!} \mathrm{e}^{-\lambda t}$$

$$= \sum_{k=0}^{\infty} \frac{(m+k)!}{m! k!} p^m (1-p)^k \frac{(\lambda t)^{m+k}}{(m+k)!} \mathrm{e}^{-\lambda t}$$

$$= \frac{(\lambda t p)^m}{m!} \mathrm{e}^{-\lambda t} \sum_{k=0}^{\infty} \frac{(1-p)^k}{k!} (\lambda t)^k$$

$$= \frac{(\lambda t p)^m}{m!} \mathrm{e}^{-\lambda p t} \text{。} \qquad (2.2.17)$$

故

$$P\{M(t) = m\} = \frac{(\lambda t p)^m}{m!} \mathrm{e}^{-\lambda p t},$$

其中 $p = \dfrac{1}{t} \displaystyle\int_0^t P(s)\mathrm{d}s$。

2.3 Poisson 过程的推广

2.3.1 非齐次 Poisson 过程

当 Poisson 过程的强度 λ 不再是常数,而与时间 t 有关时,Poisson 过程被推广为非齐次 Poisson 过程。一般来说,非齐次 Poisson 过程是不具备平稳增

量的(例如例 2.6)。在实际中,非齐次 Poisson 过程也是比较常用的。例如在考虑设备的故障率时,由于设备使用年限的变化,出故障的可能性会随之变化;放射性物质的衰变速度,会因各种外部条件的变化而随之变化;昆虫产卵的平均数量随年龄和季节而变化等。在这样的情况下,再用齐次 Poisson 过程来描述就不合适了,于是改用非齐次的 Poisson 过程来处理。

定义 2.4 计数过程 $\{N(t),t\geqslant 0\}$ 称作强度函数为 $\lambda(t)>0(t\geqslant 0)$ 的非齐次 Poisson 过程,如果

(1) $N(0)=0$;

(2) 过程有独立增量;

(3) $P\{N(t+h)-N(t)=1\}=\lambda(t)h+o(h)$;

(4) $P\{N(t+h)-N(t)\geqslant 2\}=o(h)$。

令 $m(t)=\int_0^t \lambda(s)\mathrm{d}s$,类似于 Poisson 过程,非齐次 Poisson 过程有如下的等价定义。

定义 2.5 计数过程 $\{N(t),t\geqslant 0\}$ 称作强度函数为 $\lambda(t)>0(t\geqslant 0)$ 的非齐次 Poisson 过程,若

(1) $N(0)=0$;

(2) 过程有独立增量;

(3) 对任意实数 $t\geqslant 0,s\geqslant 0,N(t+s)-N(t)$ 为具有参数 $m(t+s)-m(t)=\int_t^{t+s}\lambda(u)\mathrm{d}u$ 的 Poisson 分布。

二者等价性的证明见参考文献[25]。

注 我们称 $m(t)$ 为非齐次 Poisson 过程的均值函数(或累积强度函数)。

以下的定理给出了 Poisson 过程与非齐次 Poisson 过程之间的转换关系。实际上,非齐次 Poisson 过程不过是"换了一个时钟来计时"的 Poisson 过程(见图 2.2)。

定理 2.5 设 $\{N(t),t\geqslant 0\}$ 是一个强度函数为 $\lambda(t)$ 的非齐次 Poisson 过程。对任意 $t\geqslant 0$,令 $N^*(t)=N(m^{-1}(t))$,则 $\{N^*(t)\}$ 是一个强度为 1 的 Poisson 过程。

证明 首先由 $\lambda(t)>0$ 知,$m(t)=\int_0^t \lambda(s)\mathrm{d}s>0$ 且单调增加,所以 $m^{-1}(t)$ 存在且单调增加。为证明定理,只需证明 $\{N^*(t),t\geqslant 0\}$ 满足 2.1 节中的条件 $(1)'\sim(4)'$,其中 $(1)'$、$(2)'$ 不难由 $N(t)$ 的相应性质继承得到。下面证

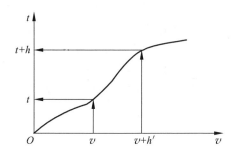

图 2.2   非齐次 Poisson 过程到 Poisson 过程的时间变量的转换

明它满足 $(3)'$、$(4)'$。

记 $v(t) = m^{-1}(t)$，则

$$N^*(t) = N(m^{-1}(t)) = N(v(t))。 \qquad (2.3.1)$$

设 $v = m^{-1}(t)$，$v + h' = m^{-1}(t+h)$，则由

$$h = m(v+h') - m(v)$$
$$= \int_v^{v+h'} \lambda(s)\mathrm{d}s$$
$$= \lambda(v)h' + o(h') \qquad (2.3.2)$$

得

$$\lim_{h \to 0^+} \frac{P\{N^*(t+h) - N^*(t) = 1\}}{h} = \lim_{h' \to 0^+} \frac{P\{N(v+h') - N(v) = 1\}}{\lambda(v)h' + o(h')}$$
$$= \lim_{h' \to 0^+} \frac{\lambda(v)h' + o(h')}{\lambda(v)h' + o(h')} = 1, \quad (2.3.3)$$

即

$$P\{N^*(t+h) - N^*(t) = 1\} = h + o(h)。$$

同理可得

$$P\{N^*(t+h) - N^*(t) \geqslant 2\} = o(h)。$$

所以 $\{N^*(t), t \geqslant 0\}$ 是参数为 1 的 Poisson 过程。

注   用此定理可以简化非齐次 Poisson 过程的问题到 Poisson 过程中进行讨论。另一方面也可以进行反方向的操作，即从一个参数为 λ 的 Poisson 过程构造一个强度函数为 $\lambda(t)$ 的非齐次 Poisson 过程。

例 2.7   设某设备的使用期限为 10 年，在前 5 年内它平均 2.5 年需要维修一次，后 5 年平均 2 年需维修一次。试求它在使用期内只维修过一次的概率。

解　用非齐次 Poisson 过程考虑,强度函数

$$\lambda(t) = \begin{cases} \dfrac{1}{2.5}, & 0 \leqslant t \leqslant 5, \\[2mm] \dfrac{1}{2}, & 5 < t \leqslant 10, \end{cases}$$

$$m(10) = \int_0^{10} \lambda(t)\mathrm{d}t = \int_0^5 \frac{1}{2.5}\mathrm{d}t + \int_5^{10} \frac{1}{2}\mathrm{d}t = 4.5。$$

因此

$$P\{N(10) - N(0) = 1\} = \mathrm{e}^{-4.5} \frac{(4.5)^1}{1!} = \frac{9}{2}\mathrm{e}^{-\frac{9}{2}}。 \qquad ■$$

2.3.2　复合 Poisson 过程

定义 2.6　称随机过程 $\{X(t), t \geqslant 0\}$ 为复合 Poisson 过程,如果对于 $t \geqslant 0$, $X(t)$ 可以表示为

$$X(t) = \sum_{i=1}^{N(t)} Y_i, \qquad (2.3.4)$$

其中 $\{N(t), t \geqslant 0\}$ 是一个 Poisson 过程,$Y_i(i=1,2,\cdots)$ 是一族独立同分布的随机变量,并且与 $\{N(t), t \geqslant 0\}$ 也是独立的。

容易看出,复合 Poisson 过程不一定是计数过程,但是当 $Y_i \equiv c(i=1, 2,\cdots,c)$ 为常数时,可化为 Poisson 过程。

例 2.8　保险公司接到的索赔次数服从一个 Poisson 过程 $\{N(t), t \geqslant 0\}$, 每次要求赔付的金额 Y_i 都相互独立,且有同分布 F,每次的索赔数额与它发生的时刻无关,则 $[0,t]$ 时间内保险公司需要赔付的总金额 $\{X(t), t \geqslant 0\}$ 就是一个复合 Poisson 过程,其中

$$X(t) = \sum_{i=1}^{N(t)} Y_i。$$

例 2.9(顾客成批到达的排队系统)　设顾客到达某服务系统的时间 S_1, $S_2,\cdots$ 形成一强度为 λ 的 Poisson 过程,在每个时刻 $S_n(n=1,2,\cdots)$ 可以同时有多名顾客到达。Y_n 表示在时刻 S_n 到达的顾客人数,假定 $Y_n(n=1,2,\cdots)$ 相互独立,并且与 $\{S_n\}$ 也独立,则在 $[0,t]$ 时间内到达服务系统的顾客总人数也可用一复合 Poisson 过程来描述。

定理 2.6　设 $\left\{X(t) = \sum_{i=1}^{N(t)} Y_i, t \geqslant 0\right\}$ 是一复合 Poisson 过程,Poisson 过

程$\{N(t),t\geqslant 0\}$的强度为 λ,则

(1) $X(t)$有独立增量;

(2) 若 $E(Y_i^2)<+\infty$,则

$$E[X(t)] = \lambda t E Y_1, \qquad \text{var}[X(t)] = \lambda t E(Y_1^2)。 \qquad (2.3.5)$$

证明　(1) 令 $0\leqslant t_0<t_1<t_2<\cdots<t_n$,则

$$X(t_k) - X(t_{k-1}) = \sum_{i=N(t_{k-1})+1}^{N(t_k)} Y_i, \qquad k=1,2,\cdots,n,$$

由 Poisson 过程的独立增量性及各 $Y_i(i=1,2,\cdots,n)$之间的独立性不难得出 $X(t)$的独立增量性。

(2) 利用矩母函数方法,首先有

$$\varphi_t(u) = E(e^{uX_t})$$

$$= \sum_{n=0}^{\infty} E[e^{uX_t} \mid N(t)=n]P\{N(t)=n\}$$

$$= \sum_{n=0}^{\infty} E[e^{u(Y_1+\cdots+Y_n)} \mid N(t)=n]e^{-\lambda t}\frac{(\lambda t)^n}{n!}$$

$$= \sum_{n=0}^{\infty} E[e^{u(Y_1+\cdots+Y_n)}]e^{-\lambda t}\frac{(\lambda t)^n}{n!}$$

$$= \sum_{n=0}^{\infty} E(e^{uY_1})\cdots E(e^{uY_n})e^{-\lambda t}\frac{(\lambda t)^n}{n!}$$

$$= \sum_{n=0}^{\infty} [E(e^{uY_1})]^n e^{-\lambda t}\frac{(\lambda t)^n}{n!}$$

$$= e^{\lambda t[E(e^{uY_1})-1]}。 \qquad (2.3.6)$$

对(2.3.6)式求导得

$$E[X(t)] = \lambda t E Y_1 \quad 及 \quad \text{var}[X(t)] = \lambda t E(Y_1^2)。 \qquad ■$$

例 2.10　在保险的索赔模型中,设保险公司接到的索赔要求是强度为每月 2 次的 Poisson 过程。每次赔付服从均值为 10000 元的正态分布,则一年中保险公司平均的赔付额是多少?

解　由定理 2.6 易得

$$E[X(12)] = 2 \times 12 \times 10000 元 = 240000 元。$$

2.3.3　条件 Poisson 过程

Poisson 过程描述的是一个有着"风险"参数 λ 的个体发生某一事件的频

率,如果我们考虑一个总体,其中的个体存在差异,比如发生事故的倾向性因人而异,这时我们可以把概率分布(2.1.1)解释为给定 λ 时,$N(t)$ 的条件分布 $P_{k|\lambda}(t)$。

定义 2.7 设随机变量 $\Lambda > 0$,在 $\Lambda = \lambda$ 的条件下,计数过程 $\{N(t), t \geqslant 0\}$ 是参数为 λ 的 Poisson 过程,则称 $\{N(t), t \geqslant 0\}$ 为条件 Poisson 过程。

在风险理论中常用条件 Poisson 过程作为意外事件出现的模型。意外事件的发生是 Poisson 过程,但由于意外事件发生的频率无法预知,只能用随机变量来表示,但一段时间之后频率确定下来,这个 Poisson 过程就有了确定的参数。

设 Λ 的分布是 G,那么随机选择一个个体在长度为 t 的时间区间内发生 n 次事件的概率为

$$P\{N(t+s) - N(s) = n\} = \int_0^\infty \mathrm{e}^{-\lambda t} \frac{(\lambda t)^n}{n!} \mathrm{d}G(\lambda)。 \qquad (2.3.7)$$

这是全概率公式。

定理 2.7 设 $\{N(t), t \geqslant 0\}$ 是条件 Poisson 过程,且 $E(\Lambda^2) < +\infty$,则

(1) $E[N(t)] = tE\Lambda$;

(2) $\mathrm{var}[N(t)] = t^2 \mathrm{var}(\Lambda) + tE\Lambda$。

证明 (1) $E[N(t)] = E\{E[N(t)|\Lambda]\} = E(t\Lambda) = tE\Lambda$;

(2) $\qquad \mathrm{var}[N(t)] = E[N^2(t)] - \{E[N(t)]\}^2$

$\qquad\qquad\qquad\qquad = E\{E[N^2(t) \mid \Lambda]\} - (tE\Lambda)^2$

$\qquad\qquad\qquad\qquad = E[(\Lambda t)^2 + \Lambda t] - t^2(E\Lambda)^2$

$\qquad\qquad\qquad\qquad = t^2 \mathrm{var}(\Lambda) + tE\Lambda$。 ∎

例 2.11 设意外事故的发生频率受某种未知因素影响有两种可能 λ_1,λ_2,且 $P\{\Lambda = \lambda_1\} = p$,$P\{\Lambda = \lambda_2\} = 1 - p = q$,$0 < p < 1$ 为已知。已知到时刻 t 已发生了 n 次事故。求下一次事故在 $t+s$ 之前不会到来的概率。另外,这个发生频率为 λ_1 的概率是多少?

解 事实上,我们不难计算

$P\{(t, t+s) \text{ 内无事故} \mid N(t) = n\}$

$$= \frac{\sum\limits_{i=1}^2 P\{\Lambda = \lambda_i\} P\{N(t) = n, N(t+s) - N(t) = 0 \mid \Lambda = \lambda_i\}}{\sum\limits_{i=1}^2 P\{\Lambda = \lambda_i\} P\{N(t) = n, \mid \Lambda = \lambda_i\}}$$

$$= \frac{p(\lambda_1 t)^n \mathrm{e}^{-\lambda_1(s+t)} + (1-p)(\lambda_2 t)^n \mathrm{e}^{-\lambda_2(s+t)}}{p(\lambda_1 t)^n \mathrm{e}^{-\lambda_1 t} + (1-p)(\lambda_2 t)^n \mathrm{e}^{-\lambda_2 t}}$$

$$= \frac{p\,\lambda_1^n \mathrm{e}^{-\lambda_1(s+t)} + q\lambda_2^n \mathrm{e}^{-\lambda_2(s+t)}}{p\,\lambda_1^n \mathrm{e}^{-\lambda_1 t} + q\lambda_2^n \mathrm{e}^{-\lambda_2 t}}$$

以及

$$P\{\Lambda = \lambda_1 \mid N(t) = n\} = \frac{p\mathrm{e}^{-\lambda_1 t}(\lambda_1 t)^n}{p\mathrm{e}^{-\lambda_1 t}(\lambda_1 t)^n + (1-p)\mathrm{e}^{-\lambda_2 t}(\lambda_2 t)^n}。$$

习　题　2

2.1　一队同学顺次等候体检。设每人体检所需要的时间服从均值为 2min 的指数分布并且与其他人所需时间是相互独立的,则 1h 内平均有多少同学接受过体检,在这 1h 内最多有 40 名同学接受过体检的概率是多少(设学生非常多,医生不会空闲)?

2.2　在某公共汽车起点站有 1,2 两路公共汽车。乘客乘坐 1,2 路公共汽车的强度分别为 λ_1,λ_2,当 1 路公共汽车有 N_1 人乘坐后出发;2 路公共汽车在 N_2 人乘坐后出发。设在 0 时刻两路公共汽车同时开始等候乘客到来,求:(1)1 路公共汽车比 2 路公共汽车早出发的概率表达式;(2)当 $N_1 = N_2$, $\lambda_1 = \lambda_2$ 时,计算上述概率。

2.3　设 $\{N_i(t), t \geqslant 0\}(i = 1, 2, \cdots, n)$ 是 n 个相互独立的 Poisson 过程,参数分别为 $\lambda_i(i = 1, 2, \cdots, n)$。记 T 为全部 n 过程中,第一个事件发生的时刻。

(1) 求 T 的分布;

(2) 证明 $\left\{ N(t) = \sum_{i=1}^{n} N_i(t), t \geqslant 0 \right\}$ 是 Poisson 过程,参数为 $\lambda = \sum_{i=1}^{n} \lambda_i$;

(3) 求当 n 个过程中,只有一个事件发生时,它是属于 $\{N_1(t), t \geqslant 0\}$ 的概率。

2.4　证明 Poisson 过程分解定理:对于参数为 λ 的 Poisson 过程

$$\{N(t), t \geqslant 0\}, \quad 0 < p_i < 1, \quad \sum_{i=1}^{r} p_i = 1, \quad i = 1, 2, \cdots, r,$$

可分解为 r 个相互独立的 Poisson 过程,参数分别为 $\lambda p_i, i = 1, 2, \cdots, r$。

2.5　设 $\{N(t), t \geqslant 0\}$ 是参数 $\lambda = 3$ 的 Poisson 过程。试求:

(1) $P\{N(1) \leqslant 3\}$;

(2) $P\{N(1)=1, N(3)=2\}$;

(3) $P\{N(1)\geqslant 2 \mid N(1)\geqslant 1\}$。

2.6 对于 Poisson 过程 $\{N(t)\}$，证明当 $s<t$ 时,

$$P\{N(s)=k \mid N(t)=n\} = \binom{n}{k}\left(\frac{s}{t}\right)^k\left(1-\frac{s}{t}\right)^{n-k}, \quad k=0,1,2,\cdots,n。$$

2.7 设 $\{N_1(t)\}$ 和 $\{N_2(t)\}$ 分别是参数为 λ_1, λ_2 的 Poisson 过程，令 $X(t)=N_1(t)-N_2(t)$，问 $\{X(t)\}$ 是否为 Poisson 过程，为什么？

2.8 计算 T_1, T_2, T_3 的联合密度分布（提示 $T_2=T_1+X_2, T_3=X_1+X_2+X_3$）。

2.9 对 $s>0$，试计算 $E[N(t)N(t+s)]$。

2.10 设某医院专家门诊，从早上 8：00 开始就已有无数患者等候，而每次专家只能为一名患者服务，服务的平均时间为 20min，且每名患者的服务时间服从独立的指数分布。则 8：00 到 12：00 门诊结束时接受过治疗的患者平均在医院停留了多长时间？

2.11 $\{N(t), t\geqslant 0\}$ 是强度函数为 $\lambda(t)$ 的非齐次 Poisson 过程，$X_1, X_2, \cdots$ 是事件之间的间隔时间，问：

(1) 诸 X_i 是否独立？

(2) 诸 X_i 是否同分布？

2.12 设每天过某路口的车辆数为：早上 7：00～8：00，11：00～12：00 为平均每分钟 2 辆，其他时间平均每分钟 1 辆。则早上 7：30 到中午 11：20 平均有多少辆汽车经过此路口？这段时间经过路口的车辆数超过 500 辆的概率是多少？

2.13 $[0, t]$ 时间内某系统受到冲击的次数 $N(t)$ 形成参数为 λ 的 Poisson 过程。每次冲击造成的损害 $Y_i(i=1,2,\cdots,n)$ 独立同指数分布，均值为 μ。设损害会积累，当总损害超过一定极限 A 时，系统将终止运行。以 T 记系统运行的时间（寿命），试求系统的平均寿命 ET （提示：对于非负随机变量，$ET = \int_0^{+\infty} P\{T>t\}\mathrm{d}t$）。

第 3 章

更 新 过 程

3.1 更新过程的定义和性质

从 2.2 节我们了解到 Poisson 过程是事件发生的时间间隔 $X_1, X_2, \cdots$ 服从同一指数分布的计数过程(这里仍然沿用第 2 章的有关记号),现在将其做以下推广:保留 $X_1, X_2, \cdots$ 的独立性和同分布性,但是分布可以任意,而不必局限为指数分布,这样得到的计数过程叫做更新过程。

定义 3.1 设 $\{X_n, n=1,2,\cdots\}$ 是一列独立同分布的非负随机变量,分布函数为 $F(x)$,令 $T_n = \sum_{i=1}^{n} X_i$,$n \geqslant 1$,$T_0 = 0$。我们把由

$$N(t) = \sup\{n: T_n \leqslant t\} \tag{3.1.1}$$

定义的计数过程称为**更新过程**。特别地,假设 $F(0) = P\{X_n = 0\} \neq 1$,记 $\mu = EX_n = \int_0^{+\infty} x \mathrm{d}F(x)$,则 $\mu > 0$。

本书不考虑 $P\{X_n = 0\} = 1$ 的情况,因为若 $P\{X_n = 0\} = 1$,则 $\mu = 0$,意味着平均更新时间为 0,有限时间可以有无穷次更新。

在更新过程中我们将事件发生一次叫做一次更新,从而定义 3.1 中 X_n 就是第 $n-1$ 次和第 n 次更新相距的时间,T_n 是第 n 次更新发生的时刻,而 $N(t)$ 就是 t 时刻之前发生的总的更新次数。更新过程常用于设备更新和库存分析等领域。

应当注意,虽然对于每个 t,$N(t) < +\infty$ 以概率 1 成立,但 $\lim_{t \to +\infty} N(t) = +\infty$ 也以概率 1 成立。事实上,"当时间趋于无穷,更新总次数有限"等价于

"存在一次更新的时间间隔为无穷",即 $\{\lim\limits_{t\to+\infty} N(t) < +\infty\} \Leftrightarrow \{\exists\, n > 0, X_n = +\infty\}$，所以

$$P\{\lim\limits_{t\to+\infty} N(t) < +\infty\} = P\{\exists\, n > 0, X_n = +\infty\}$$

$$= P\left\{\bigcup_{n=1}^{\infty}\{X_n = +\infty\}\right\}$$

$$\leqslant \sum_{n=1}^{\infty} P\{X_n = +\infty\} = 0。$$

以下几个事件的集合关系在分析中常被用到。

(1) $\{N(t) \geqslant n\} \Leftrightarrow \{T_n \leqslant t\}$；

直观上，$\{N(t) \geqslant n\}$ 的含义是 t 时刻之前更新次数不少于 n，$T_n \leqslant t$ 的含义是第 n 次更新的发生时刻在 t 时刻之前，两个事件是等价的。

(2) $\{N(t) = n\} \subset \{T_n \leqslant t\}$；

由(1)直接得到。在相关条件期望计算中，应当注意到 $E(X_1 \mid N(t) = 1) \neq E(X_1)$，因为 $\{N(t) = 1\} \subset \{X_1 \leqslant t\}$，即 $\{N(t) = 1\}$ 发生意味着首次更新的时间小于或等于 t，$\{N(t) = 1\}$ 与 X_1 不独立。一般地，$E(X_1 \mid N(t) = n) \neq EX_1$，$n \geqslant 1$。

(3) $\{N(t) > n\} \subset \{T_n < t\}$；

事件 $\{N(t) > n\}$ 发生，则 $\{T_n < t\}$ 发生，但 $\{T_n < t\}$ 发生，$\{N(t) > n\}$ 不一定发生。下面我们来看 $N(t)$ 的具体分布。

因为 $\{N(t) \geqslant n\} \Leftrightarrow \{T_n \leqslant t\}$，所以

$$P\{N(t) = n\} = P\{N(t) \geqslant n\} - P\{N(t) \geqslant n+1\}$$

$$= P\{T_n \leqslant t\} - P\{T_{n+1} \leqslant t\}$$

$$= P\left\{\sum_{i=1}^{n} X_i \leqslant t\right\} - P\left\{\sum_{i=1}^{n+1} X_i \leqslant t\right\}。 \qquad (3.1.2)$$

以 $M(t)$ 记 $E[N(t)]$ 并称之为**更新函数**，要注意，$M(t)$ 是关于 t 的函数而不是随机变量。

定理 3.1　$M(t) = E[N(t)] = \sum\limits_{n=1}^{\infty} P\{N(t) \geqslant n\} = \sum\limits_{n=1}^{\infty} P\{T_n \leqslant t\}$。

证明　$M(t) = E[N(t)]$

$$= \sum_{n=1}^{\infty} nP\{N(t) = n\}$$

$$= \sum_{n=1}^{\infty} n[P\{N(t) \geqslant n\} - P\{N(t) \geqslant n+1\}]$$

$$= \sum_{n=1}^{\infty} P\{N(t) \geqslant n\}$$

$$= \sum_{n=1}^{\infty} P\{T_n \leqslant t\}。$$

例 3.1 考虑一个时间离散的计数过程 $\{N_j, j=1,2,\cdots\}$，在每个时刻独立地做 Bernoulli 试验，设成功的概率为 p，失败的概率为 $q=1-p$。以试验成功作为事件（更新），则此过程是更新过程，求它的更新函数 $M(k)$。

解 首先，易知更新的时间间隔为独立的同几何分布

$$P\{X_i = n\} = q^{n-1} p, \quad i = 1,2,\cdots, \quad n = 1,2,\cdots$$

则第 r 次成功（更新）发生的时刻 $T_r = \sum_{i=1}^{r} X_i$，具有负二项分布

$$P\{T_r = n\} = C_{n-1}^{r-1} q^{n-r} p^r。$$

由此，有

$$P\{N_m = r\} = P\{T_r \leqslant m\} - P\{T_{r+1} \leqslant m\}$$

$$= \sum_{n=r}^{m} C_{n-1}^{r-1} q^{n-r} p^r - \sum_{n=r+1}^{m} C_{n-1}^{r} q^{n-r-1} p^{r+1}。 \tag{3.1.3}$$

所以，更新函数

$$M(k) = \sum_{r=0}^{k} r P\{N_k = r\}。$$

直接化简 (3.1.3) 式是烦琐的，但直观上，$P\{N_m = r\}$ 的含义为在时刻 m 成功次数为 r 的概率，即相当于 m 次试验成功 r 次的概率，实质上服从二项分布，则 $M(k)$ 为分布 $B(k,p)$ 的期望。进一步，时间间隔为几何分布，则更新时刻为 Pascal 分布，更新次数为二项分布。

我们不加证明地叙述一个更新函数的性质。

性质 3.1 $M(t) < +\infty$，对于一切 $t < +\infty$。

注意 $M(t)$ 的有限性不能直接由 $P\{N(t) < +\infty\} = 1$ 的结果推出。因为随机变量以概率 1 有限并不能推出其期望有限。例如：令 Y 是随机变量，概率分布为

$$P\{Y = 2^n\} = \frac{1}{2^n}, \quad n \geqslant 1,$$

则

$$P\{Y < +\infty\} = \sum_{n=1}^{\infty} P\{Y = 2^n\} = \sum_{n=1}^{\infty} \frac{1}{2^n} = 1。$$

但是

$$EY = \sum_{n=1}^{\infty} 2^n P\{Y = 2^n\} = \sum_{n=1}^{\infty} 2^n \frac{1}{2^n} = +\infty。$$

因此，即使 Y 有限，仍旧可能使 $EY = +\infty$。

3.2　更新推理、更新方程和关键更新定理

3.2.1　更新推理和更新方程

我们将每次更新的时刻称为更新点，由于更新之后，系统恢复如新，所以过程的概率性质与原过程相同。如设 s 时刻为一更新点，则 $(s,t]$ 时间区间内更新发生的次数与 $(0,t-s]$ 之间的更新发生次数同分布，这种性质在其他时刻是没有的。

更新推理是更新过程中的一种常用分析方法，它的基本思路是对更新点取条件期望或概率，利用更新点系统恢复如新的性质，条件期望或概率可以化为无条件期望或概率，使计算得以简化，通常可以得到一个积分方程。尽管可以取任意更新点作为条件，但一般取第一个更新点或 t 时刻之前的最后一次更新为条件。

定理 3.2　更新函数 $M(t)$ 满足如下的积分方程

$$M(t) = F(t) + \int_0^t M(t-x)\mathrm{d}F(x)。 \tag{3.2.1}$$

证明　利用条件期望的性质知

$$M(t) = E[N(t)] = E[E(N(t) \mid T_1)]$$

$$= E[N(t) \mid T_1 > t]P\{T_1 > t\} + \int_0^t E[N(t) \mid T_1 = x]\mathrm{d}F(x)。$$

一方面当给定 $T_1 > t$ 时，必然有 $N(t) = 0$，故 $E[N(t) \mid T_1 > t] = 0$；另一方面当给定 $T_1 = x$ 时，系统恢复如新，$(s,t]$ 时间区间内更新发生的次数与 $(0,t-s]$ 之间的更新发生次数同分布，所以

$$M(t) = \int_0^t E[N(t) \mid T_1 = x]\mathrm{d}F(x)$$

$$= \int_0^t E[1 + N(t-x)]\mathrm{d}F(x)$$

$$= \int_0^t [1 + M(t-x)]\mathrm{d}F(x)$$

$$= F(t) + \int_0^t M(t-x) \mathrm{d}F(x)。$$ ■

例 3.2　假设有一个时间间隔为均匀分布的更新过程。计算当 $t \leqslant 1$ 时，其对应的更新函数 $M(t)$。

解　由(3.2.1)式知更新方程为

$$M(t) = t + \int_0^t M(t-x)\mathrm{d}x = t + \int_0^t M(y)\mathrm{d}y。$$

求导数得

$$M'(t) = 1 + M(t)。$$

令 $h(t) = 1 + M(t)$，可得

$$h'(t) = h(t)。$$

解之得 $h(t) = C\mathrm{e}^t$，即 $M(t) = C\mathrm{e}^t - 1$。由 $M(0) = 0$，可知 $C = 1$，所以

$$M(t) = \mathrm{e}^t - 1, \quad 0 \leqslant t \leqslant 1。$$

比方程(3.2.1)更一般的更新方程定义如下。

定义 3.2（更新方程）　称如下形式的积分方程为**更新方程**：

$$K(t) = H(t) + \int_0^t K(t-s)\mathrm{d}F(s), \tag{3.2.2}$$

其中 $H(t), F(t)$ 为已知，当 $t < 0$ 时 $H(t), F(t)$ 均为 0。当 $H(t)$ 在任何区间上有界时，称方程(3.2.2)为**适定(proper)更新方程**，简称为**更新方程**。

定理 3.3　若更新方程(3.2.2)中 $H(t)$ 为有界函数，则方程存在唯一的在有限区间内有界的解

$$K(t) = H(t) + \int_0^t H(t-s)\mathrm{d}M(s), \tag{3.2.3}$$

其中 $M(t)$ 是分布函数 $F(t)$ 的更新函数。

证明　略。

定理 3.4（Wald 等式）　设 $EX_i < +\infty, i = 1, 2, \cdots$，则

$$E(T_{N(t)+1}) = E(X_1 + X_2 + \cdots + X_{N(t)+1}) = E(X_1)E[N(t)+1]。$$

证明　**证法一**　对第一次更新的时刻 X_1 取条件

$$E(T_{N(t)+1} \mid X_1 = x) = \begin{cases} x, & \text{若 } x > t, \\ x + E(T_{N(t-x)+1}), & \text{若 } x \leqslant t, \end{cases} \tag{3.2.4}$$

如图 3.1。

记 $K(t) = E(T_{N(t+1)})$，则

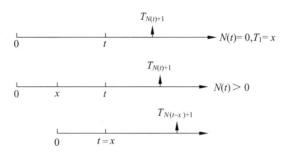

图 3.1 对第一次更新的时刻 X_1 取条件的两种情况

$$K(t) = E(T_{N(t)+1}) = E[E(T_{N(t)+1} \mid X_1 = x)]$$

$$= \int_0^{+\infty} E(T_{N(t)+1} \mid X_1 = x)\mathrm{d}F(x)$$

$$= \int_0^t [x + K(t-x)]\mathrm{d}F(x) + \int_t^{+\infty} x\,\mathrm{d}F(x)$$

$$= E(X_1) + \int_0^t K(t-x)\mathrm{d}F(x) \text{。}$$

这是更新方程,由定理 3.3 知

$$K(t) = E(X_1) + \int_0^t EX_1\,\mathrm{d}M(x)$$

$$= E(X_1)[1 + M(t)]$$

$$= E(X_1)E[N(t)+1] \text{。}$$

证法二 对任意正整数 i, $\{N(t)+1 \geqslant i\} \Leftrightarrow \{N(t) \geqslant i-1\} \Leftrightarrow \left\{ \sum_{k=1}^{i-1} X_k \leqslant t \right\}$,

所以 $\{N(t+1) \geqslant i\}$ 与 X_i 独立。因此

$$E[T_{N(t)+1}] = E\left(\sum_{i=1}^{N(t)+1} X_i \right) = E\left(\sum_{i=1}^{\infty} I_{\{N(t)+1 \geqslant i\}} X_i \right)$$

$$= \sum_{i=1}^{\infty} E(I_{\{N(t)+1 \geqslant i\}} X_i)$$

$$= \sum_{i=1}^{\infty} E(X_i)E(I_{\{N(t)+1 \geqslant i\}}) \ (\{N(t)+1 \geqslant i\} \text{ 与 } X_i \text{ 独立})$$

$$= E(X_1) \sum_{i=1}^{\infty} P(N(t)+1 \geqslant i)$$

$$= E(X_1)E[N(t)+1] \text{。}$$

一般来说(即使 $N(t)$ 是 Poisson 过程), $E(T_{N(t)}) = E(X_1 + X_2 + \cdots +$

$X_{N(t)} \neq EX_1 E[N(t)]$，这等价于 $E[X_{N(t)+1}] \neq E(X_1)$。这里的差异是：$X_1$ 是一个全新设备的运行时间，而 $X_{N(t)+1}$ 对应的是一个已经运行了一段时间的设备，虽然我们不知道其开始了多久，但那些只运行了很短时间的新设备，大概率已经不在考虑范围内了。

在更新过程中应当注意符号的实际含义，这对理解问题常常是很关键的。例如 $T_{N(t)+1}$ 的含义是 t 时刻之后的第一次更新时刻，而 $T_{N(t)}$ 表示 t 时刻之前的最后一次更新的时刻，两者有不同的概率性质。它们的不同主要反映在对信息的依赖上。例如根据教室监视器，在每个时刻，我们可以知道第一个人一定进了教室，或一定没有进教室，但我们无法确定是否是最后一个进教室的人，因为这个事件需要未来的信息。也就是说，事件 $\{T_{N(t)} = s_1, s_1 < t\}$ 与 s_1 时刻之后的信息有关，例如与事件 $\{N(t) - N(s_1) = 0\}$ 不独立；而事件 $\{T_{N(t)+1} = s_2, s_2 > t\}$ 与 s_2 时刻之后的信息无关，与事件 $\{N(s_2 + \tau) - N(s_2) = 0, \tau > 0\}$ 是独立的。

3.2.2　关键更新定理及其应用

有时我们需要计算更新方程解的渐近表示，下面的关键更新定理给出了最重要的结果。我们只给出更新时间间隔的分布为连续分布的情况。

定理 3.5（关键更新定理）　记 F 为 X_n 的分布函数，$\mu = EX_n$，设函数 $h(t)$，$t \in [0, +\infty)$，满足：(1) $h(t)$ 非负不增；(2) $\int_0^\infty h(t) \mathrm{d}t < +\infty$。$H(t)$ 是更新方程

$$H(t) = h(t) + \int_0^t H(t-x) \mathrm{d}F(x)$$

的解。那么若 F 是连续分布，有

$$\lim_{t \to +\infty} H(t) = \begin{cases} \dfrac{1}{\mu} \displaystyle\int_0^{+\infty} h(x) \mathrm{d}x, & \mu < +\infty, \\ 0, & \mu = +\infty。 \end{cases}$$

证明　略。

计算与更新过程有关的某个数学期望在很大时的渐近值时，常常先利用更新推理得到一个更新方程，再用关键更新定理便可得到近似的数学期望值。下面的例子显示了这个典型的推理过程。

例 3.3（剩余寿命与年龄的极限分布）　以 $r(t) = T_{N(t)+1} - t$ 表示时刻 t 的剩余寿命，即从 t 开始到下次更新剩余的时间，$s(t) = t - T_{N(t)}$ 为 t 时刻的

年龄。我们来求 $r(t)$ 和 $s(t)$ 的极限分布。

解 令

$$\overline{R}_y = P\{r(t) > y\}。 \qquad (3.2.5)$$

对第一次更新的时刻 X_1 取条件,得

$$P\{r(t) > y \mid X_1 = x\} = \begin{cases} 1, & x > t + y, \\ 0, & t < x \leqslant t + y, \\ \overline{R}_y(t - x), & 0 < x \leqslant t。 \end{cases} \qquad (3.2.6)$$

(读者可试着画一个类似图 3.1 的图)由全概率公式有

$$\begin{aligned} \overline{R}_y(t) &= \int_0^{+\infty} P\{r(t) > y \mid X_1 = x\} \, \mathrm{d}F(x) \\ &= \int_{t+y}^{+\infty} \mathrm{d}F(x) + \int_0^t \overline{R}_y(t - x) \, \mathrm{d}F(x) \\ &= 1 - F(t + y) + \int_0^t \overline{R}_y(t - x) \, \mathrm{d}F(x)。 \end{aligned}$$

这是一个更新方程,它的解为

$$\overline{R}_y(t) = 1 - F(t + y) + \int_0^t [1 - F(t + y - x)] \, \mathrm{d}M(x)。 \qquad (3.2.7)$$

这时仍假设 $\mu = EX_1 < +\infty$,则

$$\mu = \int_0^{+\infty} x \, \mathrm{d}F(x) = \int_0^{+\infty} [1 - F(x)] \, \mathrm{d}x < +\infty,$$

所以

$$\int_0^{+\infty} [1 - F(t + y)] \, \mathrm{d}t = \int_y^{+\infty} [1 - F(z)] \, \mathrm{d}z < +\infty,$$

即 $1 - F(t + y)$ 满足关键更新定理 3.5 的条件,于是

$$\begin{aligned} \lim_{t \to +\infty} P\{r(t) > y\} &= \lim_{t \to +\infty} \overline{R}_y(t) \\ &= \frac{1}{\mu} \int_y^{+\infty} [1 - F(z)] \, \mathrm{d}z, \quad z > 0。 \qquad (3.2.8) \end{aligned}$$

年龄 $s(t)$ 的分布可由 (3.2.8) 式导出。注意到 $\{r(t) > x\} \Leftrightarrow \{$过程在 $[t, t+x]$ 没有更新$\}$,$\{r(t-y) > x+y\} \Leftrightarrow$ 过程在 $[t-y, (t-y)+(x+y)]$ 没有更新,$\{s(t) > y\} \Leftrightarrow$ 过程在 $[t-y, t]$ 没有更新,所以

$$\{r(t) > x, s(t) > y\} \Leftrightarrow \{r(t - y) > x + y\},$$

从而

$$\begin{aligned} \lim_{t \to +\infty} P\{r(t) > x, s(t) > y\} &= \lim_{t \to +\infty} P\{r(t - y) > x + y\} \\ &= \frac{1}{\mu} \int_{x+y}^{+\infty} [1 - F(z)] \, \mathrm{d}z。 \end{aligned}$$

特别地

$$\lim_{t \to +\infty} P\{s(t) > y\} = \lim_{t \to +\infty} P\{s(t) > y, r(t) > 0\}$$

$$= \frac{1}{\mu} \int_y^{+\infty} [1 - F(z)] \mathrm{d}z \text{。}$$

注意到 $T_{N(t)+1} = t + r(t)$，$T_{N(t)} = t - s(t)$，$\{s(t) > y\} \Leftrightarrow \{$过程在$[t-y, t]$没有更新$\} \Leftrightarrow \{r(t-y) > y\}$，所以 $T_{N(t)+1}$，$T_{N(t)}$ 和 $s(t)$ 的分布都可以由(3.2.7)式得到类似的更新方程。

在更新过程中，我们考虑系统只有一个状态的情况，比如机器一直是开的（即更换零件不需时间）。而实际中，零件损坏之后会有一个拆卸更换的过程，这段时间机器是"关"的。这里我们就来考虑有"开""关"两种状态的更新过程，即**交替更新过程**。

下面利用关键更新定理给出交替更新过程的一个性质。

设系统最初是开的，持续开的时间是 Z_1，而后关闭，时间为 Y_1 之后再打开，时间为 Z_2 又关闭，时间为 Y_2 之后再打开，……交替进行，每当系统被打开称作一次更新。

我们假设随机向量列 $\{(Z_n, Y_n), n \geq 1\}$ 是独立同分布的，从而 $\{Z_n\}$，$\{Y_n\}$ 都是独立同分布的，但 Z_i，Y_i 之间允许不独立。

定理 3.6 设 H 是 Z_n 的分布，G 是 Y_n 的分布，F 是 $Z_n + Y_n$ 的分布，且这些分布都是连续分布。记 $P(t) = P\{t$ 时刻系统是开的$\}$，设 $E(Y_n + Z_n) < +\infty$，则

$$\lim_{t \to +\infty} P(t) = \frac{EZ_n}{EZ_n + EY_n} \text{。}$$

证明 对第一次更新的时刻 $X_1 = Z_1 + Y_1$，取条件概率得

$$P\{t \text{ 时刻系统开着} \mid X_1 = x\} = \begin{cases} P\{Z_1 > t \mid Z_1 + Y_1 > t\}, & x \geq t, \\ P(t-x), & x < t \text{。} \end{cases}$$

$$(3.2.9)$$

则

$$P(t) = \int_0^{+\infty} P\{t \text{ 时刻系统开着} \mid X_1 = x\} \mathrm{d}F(x)$$

$$= \int_t^{+\infty} P\{Z_1 > t \mid X_1\} \mathrm{d}F(x) + \int_0^t P(t-x) \mathrm{d}F(x)$$

$$= P\{Z_1 > t\} + \int_0^t P(t-x) \mathrm{d}F(x)$$

$$= \overline{H}(t) + \int_0^t P(t-x)\mathrm{d}F(x)。$$

根据定理 3.3 可得

$$P(t) = \overline{H}(t) + \int_0^t \overline{H}(t-x)\mathrm{d}M(x)。$$

又 $\int_0^{+\infty} \overline{H}(t)\mathrm{d}t = EZ_1 < +\infty$，且显然 $\overline{H}(t)$ 非负不增，由关键更新定理 3.5 得

$$\lim_{t\to+\infty} P(t) = \frac{\int_0^t \overline{H}(t)\mathrm{d}t}{E(Y_1+Z_1)} = \frac{EZ_1}{EZ_1+EY_1}。$$

3.3　更新回报定理

定义 3.3　设 $\{N(t), t\geqslant 0\}$ 是一个更新过程，允许 R_n 依赖于 X_n（即回报的多少与等待的时间有关），只要求随机向量列 (X_n, R_n) 独立同分布，则

$$R(t) = \sum_{i=1}^{N(t)} R_i$$

称为**更新回报过程**。

定理 3.7（更新回报定理）　若 $\{R(t), t\geqslant 0\}$ 是一个更新回报过程，其更新间隔 $X_1, X_2, \cdots$ 满足 $EX_1 < +\infty$，每次得到的回报 $\{R_n\}$ 满足 $ER_1 < +\infty$。则：

（1）

$$\lim_{t\to+\infty} \frac{1}{t}R(t) = \frac{ER_1}{EX_1}\mathrm{a.\,s.};$$

（2）

$$\lim_{t\to+\infty} \frac{1}{t}E(R(t)) = \frac{ER_1}{EX_1}。$$

定理 3.7 告诉我们，长时间之后，单位时间的平均报酬等于一次更新的平均报酬除以一次更新所需的平均时间。

例 3.4（火车的调度）　设乘客到达火车站形成一更新过程，其更新间距分布 F 有有限期望 μ。现设车站用如下方法调度火车：当有 K 个乘客到达车站时发出一列火车。同时还假定当有 n 个乘客在车站等候时车站每单位时间要付出 nc 元偿金，而开出一列火车的成本是 D 元。求车站在长期运行下单位时间的平均成本。

解　如果把每次火车离站看作是一次更新，我们就得到一个更新回报过

程,此过程的一个周期的平均长度是有 K 个旅客到达车站所需的平均时间,即 $E[\text{周期长度}]=K\mu$。若以 T_n 表示在一个周期中的第 n 个旅客和第 $n+1$ 个旅客的到达时间间距,则

$$E[\text{一周期长度的成本}]=E[cT_1+2cT_2+\cdots+(K-1)cT_{K-1}]+D$$
$$=\frac{c\mu K(K-1)}{2}+D。$$

因此,单位时间的平均成本是

$$\frac{c(K-1)}{2}+\frac{D}{K\mu}。$$

例 3.5　有一台使用单个电池的收音机,一旦电池失效,立即换上新电池。如果电池的寿命(单位：h)在区间 $[30,60]$ 上均匀分布,那么长时间来看更换电池的平均速率是多少?

解　若以 $N(t)$ 记到时间 t 为止失效的电池的个数,由更新回报定理 3.7,更换电池的速率为

$$\lim_{t\to+\infty}\frac{N(t)}{t}=\frac{1}{\mu}=\frac{1}{45},$$

即长时间来看,每 45h 更换一次电池。

例 3.6　假设在例 3.5 中,没有多余的电池,而每次失效发生时,必须去购买新电池。如果买到新电池需要用的时间(单位：h)服从 $[0,1]$ 上的均匀分布,那么长时间来看更换电池的平均速率是多少?

解　在这种情形下,两次更换之间的平均时间由 $\mu=E(U_1)+E(U_2)$ 给出,其中 U_1 服从 $[30,60]$ 上的均匀分布,而 U_2 服从 $[0,1]$ 上的均匀分布。因此

$$\mu=45+\frac{1}{2}=45\frac{1}{2}。$$

所以长时间来看,更换电池的平均速率是 $2/91$。

例 3.7(产品保修策略)　假设某产品一旦损坏,顾客立刻更换、退换或者购买新的。设新产品售价为 c,成本为 $c_0<c$,产品寿命为 X,它的分布函数为 $F_X(t)$,$EX=\mu<+\infty$。

设某公司出售该商品采取如下更换策略：

(1) 若产品售出后,在期限 w 内损坏,则免费更换同样的产品,但优惠时间不重新开始,即下一次免费更换的优惠时间为 $w-X$;

(2) 若在 $(w,w+T]$ 期间损坏,则按半价 $c/2$ 更换新产品,且优惠时间重新开始,即下一次免费更换的优惠时间还是 w;

（3）若在 T 时间之后损坏，则顾客需要原价购买新产品，且优惠时间重新开始。请讨论长期执行此策略对厂家的影响（即厂家的期望利润是多少）。

解　令 $N(t)$ 为产品更新过程，T_n 为第 n 次产品更换发生的时刻，Y_n 为用户第 n 次付费更换（包括全价购买和折价更换）的时间间隔，如图 3.2。根据题意，购买过程的更新点为付费更新的时刻。（由于在期限内的损坏，产品更换后，优惠时间没有重新开始，即系统没有恢复如新，所以产品更换时刻不是购买过程的更新点。）

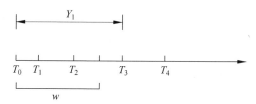

图 3.2　购买过程的更新时刻示意图

设 $(0, Y_1]$ 内用户花费为 c_1，则

$$c_1 = \begin{cases} c, & Y_1 > w + T, \\ \dfrac{c}{2}, & w < Y_1 \leqslant w + T, \end{cases}$$

所以根据更新回报定理 3.7 知

$$\text{顾客的长期平均购买费用} = \frac{Ec_1}{EY_1}。$$

对公司而言，其利润为用户付费所得收入与成本之差，在 $(0, w]$ 时间内免费更换产品的个数的期望值为 $E(N(w)) = M(w)$。因此，在一个购买周期 $(0, Y_1]$ 内，公司所付成本为 $c_0[M(w) + 1]$，公司从每个用户所得的长期平均利润为

$$\frac{Ec_1 - c_0(E(N(w)) + 1)}{EY_1}。 \tag{3.3.1}$$

现在考虑 (3.3.1) 式，因为付费更新的时刻 Y_1 等价于 w 时刻后的首次更换时刻，所以 $Y_1 = T_{N(w)+1} = w + R_w$（$R_w$ 指产品在 w 时刻的剩余寿命），由 (3.2.7) 式知

$P\{Y_1 > t\}$

$$= \begin{cases} 1, & 0 \leqslant t \leqslant w, \\ P\{w + R_w > t\} = 1 - F_X(t) + \displaystyle\int_0^t (1 - F_X(t-x))\mathrm{d}M(x), & w < t, \end{cases}$$

其中 $M(x)$ 为产品更新过程的更新函数,由定理 3.4 中的 Wald 等式知

$$EY_1 = E(T_{N(w)+1}) = \mu(E(N(w))+1),$$

从而

$$Ec_1 = \frac{c}{2}\int_w^{w+T}\mathrm{d}F_{Y_1}(t) + c\int_{w+T}^{+\infty}\mathrm{d}F_{Y_1}(t),$$

其中 $F_{Y_1}(t) = 1 - P\{Y_1 > t\}$。所以(3.3.1)式可以由产品寿命的分布函数 $F_X(t)$ 表示。

 习 题 3

3.1 判断下列命题是否正确

(1) $N(t) < n \Leftrightarrow T_n > t$;

(2) $N(t) \leqslant n \Leftrightarrow T_n \geqslant t$;

(3) $N(t) > n \Leftrightarrow T_n < t$。

3.2 设 $P\{X_i = 1\} = \dfrac{1}{3}, P\{X_i = 2\} = \dfrac{2}{3}$,计算 $P\{N(1) = k\}, P\{N(2) = k\}$ 和 $P\{N(3) = k\}, k \geqslant 0$。

3.3 设旅客相继到达一个火车站是一个强度为 λ 的 Poisson 过程。若每隔时间 t 发出一列火车,同时还假定当有 n 个旅客在车站等候时车站每单位时间要付出 nc 元偿金,而开出一列火车的成本是 D 元。求车站的最优发车时间。

3.4 设 $\{N(t), t \geqslant 0\}$ 是一更新过程,$s(t), r(t)$ 分别表示在时刻 t 的年龄和剩余寿命,求 $\{N(t)\}$ 是 Poisson 过程时的 $P(r(t) > x \mid s(t+x) > x)$。

3.5 假设平均每小时有 3 个信息到达某情报局,如果用 Poisson 过程来刻画该信息流,请计算从上午 9:00 上班到中午 12:00 前最后一次信息到达时刻的概率分布。$\left(\text{参数为 } n \text{ 的 } \Gamma \text{ 分布的密度函数为 } f(x) = \begin{cases} \dfrac{\lambda^n}{\Gamma(n)}x^{n-1}\mathrm{e}^{-\lambda x}, & x > 0, \\ 0, & x < 0. \end{cases}\right)$

3.6 某台机器每次中断运行就换上一个同样类型的机器。问该机器使用时间小于 1 年的百分比是多少? 如果机器的寿命分布是:

(1) 在 $[0,2]$ 上的均匀分布;(2) 均值为 1 的指数分布。

3.7 设 $U_1, U_2, \cdots, U_n$ 是 $(0,1)$ 上的独立同均匀分布的随机变量,假设已知 $F_n(t) = P(U_1 + U_2 + \cdots + U_n \leqslant t)$。若 $N = \min\{n: U_1 + U_2 + \cdots + U_n > 1\}$,

请计算 $E(N)$。

3.8 对更新过程证明，$T_{N(t)}$ 的分布可以用下式表达

$$P(T_{N(t)} \leqslant s) = \bar{F}(t) + \int_0^s \bar{F}(t-y)\mathrm{d}M(y)$$

对任意 $t \geqslant s \geqslant 0$ 成立，其中 $\bar{F}(t) = 1 - F(t)$。

3.9 假设一辆小汽车的寿命可用分布为 $F(x)$ 的随机变量表示，当小汽车损坏或用了 A 年时，车主就以旧换新。以 $R(A)$ 记一辆用了 A 年的旧车卖出的价格，一辆损坏的车没有任何价格，以 C_1 记一辆新车的价格，且假设每当小汽车损坏时还要额外承担费用 C_2。每当购置一辆新车时就说一个循环开始，请计算长时间后单位时间的平均费用。

第4章

Markov 链

有一类随机过程,它具备所谓的"无后效性"(Markov 性),即,要确定过程将来的状态,知道它此刻的情况就足够了,并不需要对它以往状况的认识,这类过程称为 Markov 过程。我们将介绍 Markov 过程中最简单的两种类型:离散时间 Markov 链(简称马氏链)及连续时间的 Markov 链。

4.1 基 本 概 念

4.1.1 Markov 链的定义

定义 4.1(Markov 链) 给定随机过程 $\{X_n, n=0,1,2,\cdots\}$,若它只取有限或可列个值 $E_0, E_1, E_2, \cdots$(我们以 $\{0,1,2,\cdots\}$ 来标记 $E_0, E_1, E_2, \cdots$,并称它们是过程的状态,$\{0,1,2,\cdots\}$ 或者其子集记为 S,称为过程的**状态空间**)。若对 $\{X_n, n=0,1,2,\cdots\}$(一般就认为它的状态是非负整数)和任意的 $n \geqslant 0$ 及状态 $i, j, i_0, i_1 \cdots, i_{n-1}$,有

$$P\{X_{n+1}=j \mid X_0=i_0, X_1=i_1, X_2=i_2, \cdots, X_{n-1}=i_{n-1}, X_n=i\}$$
$$=P\{X_{n+1}=j \mid X_n=i\}, \tag{4.1.1}$$

则称随机过程 $\{X_n, n=0,1,2,\cdots\}$ 为 **Markov 链**。

式(4.1.1)刻画了 Markov 链的特性,故称为 **Markov 性**。

由定义知

$$P\{X_0=i_0, X_1=i_1, \cdots, X_n=i_n\}$$
$$=P\{X_n=i_n \mid X_0=i_0, X_1=i_1, \cdots, X_{n-1}=i_{n-1}\} \times$$
$$P\{X_0=i_0, X_1=i_1, \cdots, X_{n-1}=i_{n-1}\}$$

$$= P\{X_n = i_n \mid X_{n-1} = i_{n-1}\} \times P\{X_0 = i_0, X_1 = i_1, \cdots, X_{n-1} = i_{n-1}\}$$

$$\vdots$$

$$= P\{X_n = i_n \mid X_{n-1} = i_{n-1}\} \times P\{X_{n-1} = i_{n-1} \mid X_{n-2} = i_{n-2}\} \times \cdots \times$$

$$P\{X_1 = i_1 \mid X_0 = i_0\} \times P\{X_0 = i_0\}。$$

可见,一旦 Markov 链的初始分布 $P\{X_0 = i_0\}$ 给定,其统计特性完全由条件概率

$$P\{X_n = i_n \mid X_{n-1} = i_{n-1}\}$$

决定。如何确定这个条件概率,是 Markov 链理论和应用中的重要问题之一。

4.1.2 转移概率

定义 4.2(转移概率) 称式(4.1.1)中的条件概率 $P\{X_{n+1} = j \mid X_n = i\}$ 为 Markov 链 $\{X_n, n = 0, 1, 2, \cdots\}$ 的**一步转移概率**,简称转移概率。

一般情况下,转移概率与状态 i, j 和时刻 n 有关。

定义 4.3(时齐 Markov 链) 当 Markov 链的转移概率 $P\{X_{n+1} = j \mid X_n = i\}$ 只与状态 i, j 有关,而与 n 无关时,称 Markov 链为**时齐的**,并记 $p_{ij} = P\{X_{n+1} = j \mid X_n = i\}(n \geqslant 0)$;否则,就称之为非时齐的。

在本书中,我们只讨论时齐 Markov 链,并且简称为 Markov 链。

当 Markov 链的状态为有限时,称为有限链,否则称为无限链。但无论状态有限还是无限,我们都可以将 $p_{ij}(i, j \in S)$ 排成一个矩阵的形式,令

$$\boldsymbol{P} = (p_{ij}) = \begin{pmatrix} p_{00} & p_{01} & p_{02} & p_{03} & \cdots \\ p_{10} & p_{11} & p_{12} & p_{13} & \cdots \\ p_{20} & p_{21} & p_{22} & p_{23} & \cdots \\ p_{30} & p_{31} & p_{32} & p_{33} & \cdots \\ \vdots & \vdots & \vdots & \vdots & \ddots \end{pmatrix}, \tag{4.1.2}$$

则称 $\boldsymbol{P}$ 为转移概率矩阵,一般简称为转移矩阵。容易看出 $p_{ij}(i, j \in S)$ 有性质

(1) $p_{ij} \geqslant 0, \quad i, j \in S$;

(2) $\sum\limits_{j \in S} p_{ij} = 1, \quad \forall i \in S$。 $\tag{4.1.3}$

4.1.3 一些例子

例 4.1(一个简单的疾病死亡模型,Fix-Neyman(1951)) 考虑一个包含两个健康状态 S_1 和 S_2 以及两个死亡状态 S_3 和 S_4(即由不同原因引起的死亡)的模

型。若个体病愈,则认为它处于状态 S_1,若患病,则认为它处于 S_2,个体可以从 S_1,S_2 进入 S_3 和 S_4,易见这是一个 Markov 链的模型,转移矩阵为

$$\boldsymbol{P} = \begin{pmatrix} p_{11} & p_{12} & p_{13} & p_{14} \\ p_{21} & p_{22} & p_{23} & p_{24} \\ 0 & 0 & 1 & 0 \\ 0 & 0 & 0 & 1 \end{pmatrix}。 \tag{4.1.4}$$

例 4.2（自由随机游动） 设一个球在全直线上做无限制的随机游动,它的状态为 $0,\pm 1,\pm 2,\cdots$。它仍是一个 Markov 链,但转移矩阵比较特殊。

$$\boldsymbol{P} = \begin{pmatrix} \vdots & \vdots & \vdots & \vdots & & \vdots & \vdots & \vdots & \vdots & \\ \cdots & q & 0 & p & 0 & \cdots & 0 & 0 & 0 & 0 & \cdots \\ \cdots & 0 & q & 0 & p & \cdots & 0 & 0 & 0 & 0 & \cdots \\ \vdots & \vdots & \vdots & \vdots & \vdots & & \vdots & \vdots & \vdots & \vdots \\ \cdots & 0 & 0 & 0 & 0 & \cdots & q & 0 & p & 0 & \cdots \\ \cdots & 0 & 0 & 0 & 0 & \cdots & 0 & q & 0 & p & \cdots \\ & \vdots & \vdots & \vdots & \vdots & & \vdots & \vdots & \vdots & \vdots & \end{pmatrix}。 \tag{4.1.5}$$

虽然,它的状态与我们对 Markov 链的定义中提到的 S 有所区别,但其本质是相同的,仍然是可列多个,对它的讨论是类似的。

例 4.3（图上的简单随机游动） 设有一只蚂蚁按照图 4.1 所示的图线爬行,当两个节点相邻时,蚂蚁将爬向与它邻近的节点,并且爬向任何一个邻近节点的概率是相同的。则此 Markov 链的转移矩阵是

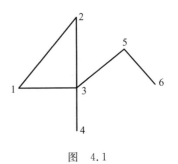

图 4.1

$$\boldsymbol{P} = \begin{pmatrix} 0 & \frac{1}{2} & \frac{1}{2} & 0 & 0 & 0 \\ \frac{1}{2} & 0 & \frac{1}{2} & 0 & 0 & 0 \\ \frac{1}{4} & \frac{1}{4} & 0 & \frac{1}{4} & \frac{1}{4} & 0 \\ 0 & 0 & 1 & 0 & 0 & 0 \\ 0 & 0 & \frac{1}{2} & 0 & 0 & \frac{1}{2} \\ 0 & 0 & 0 & 0 & 1 & 0 \end{pmatrix}。 \tag{4.1.6}$$

　　下面我们再给出两个所谓"嵌入 Markov 链"的例子,它需要从模型中去发现 Markov 性的存在。

　　例 4.4（M/G/1 排队系统）　假设顾客依照参数为 λ 的 Poisson 过程来到一个只有一名服务员的服务站,若服务员空闲则来客就立刻得到服务,否则排队等待直至轮到他。设每名顾客接受服务的时间是独立的随机变量,有共同的分布 G,而且与来到过程独立。这个系统称为 M/G/1 排队系统,字母 M 代表顾客来到的间隔服从指数分布,G 代表服务时间的分布,数字 1 表示只有 1 名服务员。

　　若以 $X(t)$ 表示时刻 t 系统中的顾客人数,则 $\{X(t),t\geqslant 0\}$ 是不具备 Markov 性的,因为若已知 t 时刻系统中的人数,要预测未来,虽然可以不用关心从最近的一位顾客到来又过去了多长时间(因为过程无记忆,所以这段时间不影响下一位顾客的到来),但要注意此刻在服务中的顾客已经接受了多长时间的服务(因为 G 不是指数的,不具备"无记忆性",所以已经服务过的时间将影响到他何时离去)。

　　我们可以考虑如下的 X_n,X_n 表示第 n 位顾客走后剩下的顾客数,$n\geqslant 1$。再令 Y_n 为第 $n+1$ 位顾客接受服务期间到来的顾客数,则

$$X_{n+1}=\begin{cases} X_n-1+Y_n, & \text{若 } X_n>0,\\ Y_n, & \text{若 } X_n=0。\end{cases} \tag{4.1.7}$$

可见 X_{n+1} 可由 X_n 和 Y_n 得到。那么 Y_n 是否会依赖于 $Y_{n-1},Y_{n-2},\cdots$ 呢？我们要证明 $\{Y_n,n\geqslant 1\}$ 是相互独立的。事实上,因为 $\{Y_n,n\geqslant 1\}$ 代表的是在不相重叠的服务时间区间内来到的人数,来到过程又是 Poisson 过程,这就很容易证明 $\{Y_n,n\geqslant 1\}$ 的独立性,并且还是同分布的。

$$P\{Y_n=j\}=\int_0^\infty \mathrm{e}^{-\lambda x}\frac{(\lambda x)^j}{j!}\mathrm{d}G(x),\quad j=0,1,2,\cdots。 \tag{4.1.8}$$

由(4.1.7)、(4.1.8)式得 $\{X_n,n=1,2,\cdots\}$ 是 Markov 链,转移概率为

$$p_{0j}=\int_0^\infty \mathrm{e}^{-\lambda x}\frac{(\lambda x)^j}{j!}\mathrm{d}G(x),\qquad j\geqslant 0, \tag{4.1.9}$$

$$p_{ij}=\int_0^\infty \mathrm{e}^{-\lambda x}\frac{(\lambda x)^{j-i+1}}{(j-i+1)!}\mathrm{d}G(x),\quad j\geqslant i-1,i\geqslant 1, \tag{4.1.10}$$

$$p_{ij}=0,\qquad \text{其他}。 \tag{4.1.11}$$

　　例 4.5　考虑订货问题。设某商店使用 (s,S) 订货策略,每天早上检查某商品的剩余量,设为 x,则订购额为

$$\begin{cases} 0, & \text{若 } x \geqslant s, \\ S-x, & \text{若 } x < s. \end{cases} \quad (4.1.12)$$

设订货和进货不需要时间,每天的需求量 Y_n 独立同分布且 $P\{Y_n = j\} = a_j$,$j = 0, 1, 2, \cdots$。现在我们要从上述问题中寻找一个 Markov 链。

令 X_n 为第 n 天结束时的存货量,则

$$X_{n+1} = \begin{cases} X_n - Y_{n+1}, & \text{若 } X_n \geqslant s, \\ S - Y_{n+1}, & \text{若 } X_n < s. \end{cases} \quad (4.1.13)$$

因此 $\{X_n, n \geqslant 1\}$ 是 Markov 链,请读者写出它的转移概率。

例 4.6 以 S_n 表示保险公司在时刻 n 的盈余,这里的时间以适当的单位来计算(如天,月等)。初始盈余 $S_0 = x$ 显然为已知,但未来的盈余 $S_1, S_2, \cdots$ 却必须视为随机变量,增量 $S_n - S_{n-1}$ 解释为 $n-1$ 和 n 之间获得的盈利(可以为负)。假定 $X_1, X_2, \cdots$ 是不包含利息的盈利且独立同分布为 $F(x)$,则

$$S_n = S_{n-1}(1+i) + X_n,$$

其中 i 为固定的利率,$\{S_n\}$ 是一 Markov 链,转移概率为

$$p_{xy} = F[y - (1+i)x]。$$

4.1.4 n 步转移概率 C-K 方程

定义 4.4(n 步转移概率) 称条件概率

$$p_{ij}^{(n)} = P\{X_{m+n} = j \mid X_m = i\}, \quad i, j \in S, m \geqslant 0, n \geqslant 1 \quad (4.1.14)$$

为 Markov 链的 **n 步转移概率**,相应地称 $\boldsymbol{P}^{(n)} = (p_{ij}^{(n)})$ 为 **n 步转移矩阵**。

当 $n = 1$ 时,$p_{ij}^{(1)} = p_{ij}$,$\boldsymbol{P}^{(1)} = \boldsymbol{P}$。此外规定

$$p_{ij}^{(0)} = \begin{cases} 0, & i \neq j, \\ 1, & i = j. \end{cases} \quad (4.1.15)$$

显然,n 步转移概率 $p_{ij}^{(n)}$ 指的就是系统从状态 i 经过 n 步后转移到 j 的概率,它对中间的 $n-1$ 步转移经过的状态无要求。下面的定理给出了 $p_{ij}^{(n)}$ 和 p_{ij} 的关系。

定理 4.1(Chapman-Kolmogorov 方程,简称 C-K 方程) 对一切 $n, m \geqslant 0$,$i, j \in S$ 有

(1)

$$p_{ij}^{(m+n)} = \sum_{k \in S} p_{ik}^{(m)} p_{kj}^{(n)}; \quad (4.1.16)$$

(2)
$$\boldsymbol{P}^{(n)} = \boldsymbol{P} \cdot \boldsymbol{P}^{(n-1)} = \boldsymbol{P} \cdot \boldsymbol{P} \cdot \boldsymbol{P}^{(n-2)} = \cdots = \boldsymbol{P}^n \, 。 \tag{4.1.17}$$

证明 （1）

$$p_{ij}^{(m+n)} = P\{X_{m+n} = j \mid X_0 = i\}$$

$$= \frac{P\{X_{m+n} = j, X_0 = i\}}{P\{X_0 = i\}}$$

$$= \sum_{k \in S} \frac{P\{X_{m+n} = j, X_m = k, X_0 = i\}}{P\{X_0 = i\}} \quad （全概率公式）$$

$$= \sum_{k \in S} \frac{P\{X_{m+n} = j, X_m = k, X_0 = i\}}{P\{X_0 = i\}} \frac{P\{X_m = k, X_0 = i\}}{P\{X_m = k, X_0 = i\}}$$

$$= \sum_{k \in S} P\{X_{m+n} = j \mid X_m = k, X_0 = i\} P\{X_m = k \mid X_0 = i\}$$

$$= \sum_{k \in S} p_{kj}^{(n)} \cdot p_{ik}^{(m)}$$

$$= \sum_{k \in S} p_{ik}^{(m)} p_{kj}^{(n)} \, 。$$

（2）是（1）的矩阵形式，利用矩阵乘法易得。 ∎

例 4.7（赌徒的破产或称带吸收壁的随机游动）　系统的状态是 0 到 n，反映赌博者 A 在赌博期间拥有的钱数，当他输光或拥有钱数为 n 时，赌博停止；否则他将持续赌博，每次以概率 p 赢得 1，以概率 $q = 1 - p$ 输掉 1。假设 $n = 3$，$p = q = \dfrac{1}{2}$。赌徒 A 从 2 元赌金开始赌博。求解他经过 4 次赌博之后输光的概率。

解　这个概率为 $p_{20}^{(4)} = P\{X_4 = 0 \mid X_0 = 2\}$，转移矩阵

$$\boldsymbol{P} = \begin{pmatrix} 1 & 0 & 0 & 0 \\ \dfrac{1}{2} & 0 & \dfrac{1}{2} & 0 \\ 0 & \dfrac{1}{2} & 0 & \dfrac{1}{2} \\ 0 & 0 & 0 & 1 \end{pmatrix}, \tag{4.1.18}$$

利用矩阵乘法得

$$\boldsymbol{P}^{(4)} = \boldsymbol{P}^4 = \begin{pmatrix} 1 & 0 & 0 & 0 \\ \dfrac{5}{8} & \dfrac{1}{16} & 0 & \dfrac{5}{16} \\ \dfrac{5}{16} & 0 & \dfrac{1}{16} & \dfrac{5}{8} \\ 0 & 0 & 0 & 1 \end{pmatrix} \, 。 \tag{4.1.19}$$

故 $p_{20}^{(4)} = \dfrac{5}{16}$（$\boldsymbol{P}^{(4)}$ 中第 3 行第 1 列）。

例 4.8（广告效益的推算[31]）　某种鲜奶 A 的厂家改变了广告方式。经调查发现买 A 种鲜奶及另外三种鲜奶 B,C,D 的顾客每两个月的平均转换率如下（设市场中只有这 4 种鲜奶）：

$$A \rightarrow A(95\%) \quad B(2\%) \quad C(2\%) \quad D(1\%);$$
$$B \rightarrow A(30\%) \quad B(60\%) \quad C(6\%) \quad D(4\%);$$
$$C \rightarrow A(20\%) \quad B(10\%) \quad C(70\%) \quad D(0\%);$$
$$D \rightarrow A(20\%) \quad B(20\%) \quad C(10\%) \quad D(50\%)。$$

假设目前购买 A,B,C,D 4 种鲜奶的顾客的分布为（25%，30%，35%，10%）。试求半年后鲜奶 A,B,C,D 的市场份额。

解　令 $\boldsymbol{P}$ 为转移矩阵，则显然有

$$\boldsymbol{P} = \begin{pmatrix} 0.95 & 0.02 & 0.02 & 0.01 \\ 0.30 & 0.60 & 0.06 & 0.04 \\ 0.20 & 0.10 & 0.70 & 0.00 \\ 0.20 & 0.20 & 0.10 & 0.50 \end{pmatrix}。$$

令

$$\boldsymbol{\mu} = (\mu_1, \mu_2, \mu_3, \mu_4) = (0.25, 0.30, 0.35, 0.10)。 \tag{4.1.20}$$

首先经过半年后顾客在这 4 种鲜奶上的转移概率是 $\boldsymbol{P}^3$，计算矩阵的乘积得

$$\boldsymbol{P}^2 = \begin{pmatrix} 0.9145 & 0.035 & 0.0352 & 0.0153 \\ 0.485 & 0.38 & 0.088 & 0.047 \\ 0.36 & 0.134 & 0.50 & 0.006 \\ 0.37 & 0.234 & 0.136 & 0.26 \end{pmatrix},$$

$$\boldsymbol{P}^3 = \begin{pmatrix} 0.8894 & 0.0458 & 0.0466 & 0.01820 \\ 0.60175 & 0.2559 & 0.0988 & 0.04355 \\ 0.4834 & 0.1388 & 0.36584 & 0.01196 \\ 0.5009 & 0.2134 & 0.14264 & 0.14306 \end{pmatrix}。$$

因为我们关心各种鲜奶半年后的市场占有率，所以要求出 $\boldsymbol{P}^3$ 的前 3 列。其中第 1、2、3 列即是从 A,B,C,D 4 种鲜奶经 3 次转移后转到 A,B 和 C 的概率，即得 A 的市场占有率变为

$$v_A = (0.25, 0.30, 0.35, 0.10) \begin{pmatrix} 0.8894 \\ 0.60175 \\ 0.4834 \\ 0.5009 \end{pmatrix} \approx 0.624;$$

B 的市场占有率变为

$$v_B = (0.25, 0.30, 0.35, 0.10) \begin{pmatrix} 0.0458 \\ 0.2559 \\ 0.1388 \\ 0.2134 \end{pmatrix} \approx 0.15814;$$

C 的市场占有率变为

$$v_C = (0.25, 0.30, 0.35, 0.10) \begin{pmatrix} 0.0466 \\ 0.0988 \\ 0.36584 \\ 0.14264 \end{pmatrix} \approx 0.183318.$$

于是得到 D 的市场占有率为

$$v_D = 1 - 0.624 - 0.15814 - 0.183318 = 0.034542.$$

A 种鲜奶的市场份额由原来的 25％ 增至 62％，B 种鲜奶的市场份额由原来的 30％ 减至不足 16％，C 种鲜奶的市场份额由原来的 35％ 减至 18％ 稍强，D 种鲜奶的市场份额由原来的 10％ 减至不足 4％。由此可见 A 种鲜奶的新的广告方式很有效益。

4.2　状态的分类及性质

本节我们首先来讨论一下 Markov 链各个状态之间的关系，并以这些关系将状态分类，最后来研究它们的性质。

定义 4.5　称状态 i **可达**状态 $j(i, j \in S)$，若存在 $n \geqslant 0$ 使得 $p_{ij}^{(n)} > 0$，记为 $i \to j$。若同时有状态 $j \to i$，则称 i 与 j **互通**，记为 $i \leftrightarrow j$。

定理 4.2　互通是一种等价关系，即满足：

(1) 自返性 $i \leftrightarrow i$；

(2) 对称性 $i \leftrightarrow j$，则 $j \leftrightarrow i$；

(3) 传递性 $i \leftrightarrow j$，$j \leftrightarrow k$，则 $i \leftrightarrow k$。

证明　从互通的定义可知(1)、(2)是显然的，只证(3)。由互通定义可知，需证 $i \to \gamma$ 且 $j \to k$。首先，由 $i \to j$，$j \to k$ 知道存在 m, n 使得 $p_{ij}^{(m)} > 0$，$p_{jk}^{(n)} > 0$。再由 C-K 方程(4.1.16)知道 $p_{ik}^{(m+n)} = \sum_{l \in S} p_{il}^{(m)} p_{lk}^{(n)} \geqslant p_{ij}^{(m)} p_{jk}^{(n)} > 0$，故 $i \to k$。反过来同样有 $k \to i$，即证 $i \leftrightarrow k$。

我们把任何两个相通状态归为一类,由上述定理可知,同在一类的状态应该都是互通的,并且任何一个状态不能同时属于两个不同的类。

定义 4.6 若 Markov 链只存在一个类,就称它是**不可约的**。否则称为**可约的**。

例 4.9 我们来看例 4.1 中疾病死亡模型的 4 个状态之间的关系,为清楚起见,经常以转移图来表示 Markov 链的状态变化,由转移矩阵可得图 4.2。

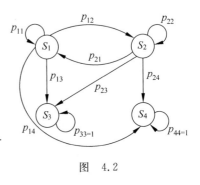

图 4.2

容易看出 $S_1 \to S_1$, $S_2 \to S_1$, $S_1 \to S_2$, $S_2 \to S_2$, $S_1 \to S_3$, $S_2 \to S_3$, $S_1 \to S_4$, $S_2 \to S_4$。所以只有 $S_1 \leftrightarrow S_2$,但 $S_3 \nrightarrow S_1$, $S_4 \nrightarrow S_1$, $S_3 \nrightarrow S_2$, $S_4 \nrightarrow S_2$, $S_3 \nrightarrow S_4$, $S_4 \nrightarrow S_3$。状态可分为三类 $\{S_1, S_2\}$,$\{S_3\}$ 和 $\{S_4\}$。

读者可用类似的方法来说明赌徒输光问题中任何两个状态 i, j, $0 < i < n$, $0 < j < n$ 都互通,并可将所有状态分为三类:$\{0\}$, $\{1, 2, \cdots, n-1\}$, $\{n\}$。

下面我们给出状态的一些性质,然后证明同在一类的状态具有相同的性质。

定义 4.7(周期性) 若集合 $\{n: n \geq 1, p_{ii}^{(n)} > 0\}$ 非空,则称它的最大公约数 $d = d(i)$ 为状态 i 的**周期**。若 $d > 1$,称 i 是**周期的**;若 $d = 1$,称 i 是**非周期的**。并特别规定上述集合为空集时,称 i 的周期为无穷大。

注 由定义 4.7 知道,虽然 i 有周期 d,但并不是对所有的 n, $p_{ii}^{(nd)}$ 都大于 0。如果集合 $\{n: n \geq 1, p_{ii}^{(n)} > 0\}$ 为 $\{3, 9, 18, 21, \cdots\}$,其最大公约数 $d = 3$,即 3 是 i 的周期,显然,$n = 6, 12, 15$ 都不属于此集合,即 $p_{ii}^{(6)} = 0$, $p_{ii}^{(12)} = 0$, $p_{ii}^{(15)} = 0$。但是可以证明,当 n 充分大之后一定有 $p_{ii}^{(dn)} > 0$(详见参考文献[38])。

例 4.10 考察如图 4.3 所示的 Markov 链。

由状态 1 出发再回到状态 1 的可能步长为 $T = \{4, 6, 8, 10, \cdots\}$,它的最大公约数是 2,虽然从状态 1 出发 2 步并不能回到状态 1,我们仍然称 2 是状态 1 的周期。

定理 4.3 若状态 i, j 同属一类,则 $d(i) = d(j)$。

证明 由类的定义知 $i \leftrightarrow j$,即存在 m, n 使 $p_{ij}^{(m)} > 0$, $p_{ji}^{(n)} > 0$。则由 C-K 方程 (4.1.16) 知 $p_{ii}^{(m+n)} = \sum_{k \in S} p_{ik}^{(m)} p_{ki}^{(n)} \geq p_{ij}^{(m)} p_{ji}^{(n)} > 0$。对所有使得 $p_{jj}^{(s)} > 0$ 的 s,有

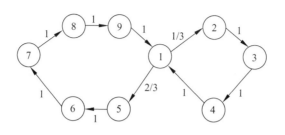

图 4.3

$p_{ii}^{(n+s+m)} \geqslant p_{ij}^{(m)} p_{jj}^{(s)} p_{ji}^{(n)} > 0$。显然 $d(i)$ 应同时整除 $n+m$ 和 $n+m+s$，则它必定整除 s。而 $d(j)$ 是 j 的周期，所以也有 $d(i)$ 整除 $d(j)$，反过来也可证明 $d(j)$ 整除 $d(i)$，于是 $d(i)=d(j)$。 ∎

定义 4.8（常返性） 对于任何状态 i,j，以 $f_{ij}^{(n)}$ 记从 i 出发经 n 步后首次到达 j 的概率，则有

$$f_{ij}^{(0)} = 0,$$
$$f_{ij}^{(n)} = P\{X_n = j, X_k \neq j, k = 1, 2, \cdots, n-1 \mid X_0 = i\},$$
$$n \geqslant 1. \tag{4.2.1}$$

令 $f_{ij} = \sum_{n=1}^{\infty} f_{ij}^{(n)}$，若 $f_{jj} = 1$，称状态 j 为**常返状态**。若 $f_{jj} < 1$，称 j 为**非常返状态**或**瞬过状态**。

我们来看 f_{ij} 的含义：容易看出集合 $A_n = \{X_n = j, X_k \neq j, k = 1, 2, \cdots, n-1 \mid X_0 = i\}$，在 n 不同时是不相交的，并且 $\bigcup_{n=1}^{\infty} A_n$ 表示总有一个 n 使得过程经 n 步后可从 i 到达 j，所以

$$P\left(\bigcup_{n=1}^{\infty} A_n\right) = \sum_{n=1}^{\infty} P(A_n) = \sum_{n=1}^{\infty} f_{ij}^{(n)} = f_{ij}$$

就表示从 i 出发，有限步内可以到达 j 的概率。当 i 为常返状态时，以概率 1 从 i 出发，在有限步内过程将重新返回 i；而当 i 非常返状态时，以概率 $1-f_{ii} > 0$ 过程不再回到 i，换言之，从 i 滑过了。

对于常返态 i，定义

$$\mu_i = \sum_{n=1}^{\infty} n f_{ii}^{(n)}.$$

可以知道 μ_i 表示的是由 i 出发再返回到 i 所需的平均步数（时间）。

定义 4.9 对于常返态 i，若 $\mu_i < +\infty$，则称 i 为**正常返态**；若 $\mu_i = +\infty$，则

称 i 为**零常返态**。特别地,若 i 正常返且是非周期的,则称之为**遍历状态**。若 i 是遍历状态,且 $f_{ii}^{(1)}=1$,则称 i 为**吸收状态**。此时显然 $\mu_i=1$。

我们可以证明,对于同属一类的状态 i,j,它们同为常返态或非常返态,并且当它们是常返状态时,又同为正常返态和零常返态。但我们首先要引入常返性的另一个判定方法。

定理 4.4　状态 i 为常返状态当且仅当 $\displaystyle\sum_{n=0}^{\infty} p_{ii}^{(n)}=+\infty$;状态 i 为非常返态时

$$\sum_{n=0}^{\infty} p_{ii}^{(n)} = \frac{1}{1-f_{ii}},$$

因而此时有 $\displaystyle\lim_{n\to\infty} p_{ii}^{(n)}=0$。

在证明定理之前,我们需要下面的引理,它给出了转移概率 $p_{ij}^{(n)}$ 与首达概率 $f_{ij}^{(n)}$ 的关系。

引理 4.1　对任意状态 i,j 及 $1\leqslant n<\infty$,有

$$p_{ij}^{(n)} = \sum_{l=1}^{n} f_{ij}^{(l)} p_{jj}^{(n-l)}. \tag{4.2.2}$$

证明　用归纳法。对 $n=1,2$,由 $p_{ij}^{(1)}=f_{ij}^{(1)}$,易证 (4.2.2) 式成立。

假设对 $n-1$,已有 $\displaystyle p_{ij}^{(n-1)} = \sum_{l=1}^{n-1} f_{ij}^{(l)} p_{jj}^{(n-1-l)}$ 成立。

当取 n 时,利用 C-K 方程,有

$$p_{ij}^{(n)} = \sum_{k\in S} p_{ik} p_{kj}^{(n-1)} = p_{ij}^{(1)} p_{jj}^{(n-1)} + \sum_{\substack{k\neq j \\ k\in S}} p_{ik} p_{kj}^{(n-1)}$$

$$= f_{ij}^{(1)} p_{jj}^{(n-1)} + \sum_{\substack{k\neq j \\ k\in S}} f_{ik}^{(1)} \left(\sum_{l=1}^{n-1} f_{kj}^{(l)} p_{jj}^{(n-1-l)} \right)$$

$$= f_{ij}^{(1)} p_{jj}^{(n-1)} + \sum_{l=1}^{n-1} \left(\sum_{\substack{k\neq j \\ k\in S}} f_{ik}^{(1)} f_{kj}^{(l)} \right) p_{jj}^{(n-1-l)}$$

$$= f_{ij}^{(1)} p_{jj}^{(n-1)} + \sum_{l=1}^{n-1} f_{ij}^{(l+1)} p_{jj}^{(n-1-l)}$$

$$= f_{ij}^{(1)} p_{jj}^{(n-1)} + \sum_{l=2}^{n} f_{ij}^{(l)} p_{jj}^{(n-l)}$$

$$= \sum_{l=1}^{n} f_{ij}^{(l)} p_{jj}^{(n-l)}.$$

证明中我们用到了等式 $f_{ij}^{(l+1)} = \sum\limits_{k \neq j} f_{ik}^{(1)} f_{kj}^{(l)}$，请读者自行证之。

现在我们就可以对定理 4.4 给出证明了。

证明(定理 4.4)　用引理 4.1，有

$$\sum_{n=0}^{\infty} p_{ii}^{(n)} = p_{ii}^{(0)} + \sum_{n=1}^{\infty} \left(\sum_{l=1}^{n} f_{ii}^{(l)} p_{ii}^{(n-l)} \right)$$

$$= 1 + \sum_{l=1}^{\infty} \sum_{n=l}^{\infty} f_{ii}^{(l)} p_{ii}^{(n-l)}$$

$$= 1 + \left(\sum_{l=1}^{\infty} f_{ii}^{(l)} \right) \left(\sum_{m=0}^{\infty} p_{ii}^{(m)} \right),$$

所以

$$\sum_{n=0}^{\infty} p_{ii}^{(n)} = \frac{1}{1 - f_{ii}}。$$

从而

$$\sum_{n=0}^{\infty} p_{ii}^{(n)} \text{ 收敛} \Leftrightarrow f_{ii} < 1; \quad \sum_{n=0}^{\infty} p_{ii}^{(n)} = \infty \Leftrightarrow f_{ii} = 1。$$

引理 4.2　若 $i \leftrightarrow j$ 且 i 为常返态，则 $f_{ji} = 1$。

证明　假如 $f_{ji} < 1$，则以正概率 $1 - f_{ji} > 0$ 使得从 j 出发不能在有限步内回到 i。这意味着系统中存在着一个正概率，使得它从 i 出发不能在有限步内回到 i，从而 $f_{ii} < 1$，与假设 i 是常返状态相矛盾。所以只能有 $f_{ji} = 1$。

定理 4.5　常返性是一个类性质。

证明　首先来证明若 $i \leftrightarrow j$，则 i, j 同为常返状态或非常返状态。

由 $i \leftrightarrow j$ 知，存在 n, m，使得 $p_{ij}^{(n)} > 0, p_{ji}^{(m)} > 0$，由 C-K 方程总有

$$p_{ii}^{(n+m+l)} \geqslant p_{ij}^{(n)} p_{jj}^{(l)} p_{ji}^{(m)},$$

$$p_{jj}^{(n+m+l)} \geqslant p_{ji}^{(m)} p_{ii}^{(l)} p_{ij}^{(n)},$$

则求和得到

$$\sum_{l=0}^{\infty} p_{ii}^{(n+m+l)} \geqslant p_{ij}^{(n)} p_{ji}^{(m)} \sum_{l=0}^{\infty} p_{jj}^{(l)},$$

$$\sum_{l=0}^{\infty} p_{jj}^{(n+m+l)} \geqslant p_{ij}^{(n)} p_{ji}^{(m)} \sum_{l=0}^{\infty} p_{ii}^{(l)}。$$

可见，$\sum\limits_{l=0}^{\infty} p_{jj}^{(l)}, \sum\limits_{l=0}^{\infty} p_{ii}^{(l)}$ 相互控制，同为无穷或有限，从而 i, j 同为常返状态或非常返状态。

其次我们还可以证明, 当 i,j 同为常返状态时, 它们同为正常返态或零常返态. 证明将在 4.3 节给出. ■

我们知道任意 Markov 链从一个常返状态出发, 只能到达常返状态, 因此状态空间中的常返状态全体构成一个闭集 C(即从 C 的内部不能到达 C 的外部, 这意味着一旦进入闭集 C 中, 将永远留在 C 中). 在 C 中按照互通关系, 我们得到如下的状态空间分解定理.

定理 4.6　任意 Markov 链的状态空间 S, 可唯一分解为有限个或可列个互不相交的子集 $D,C_1,C_2,\cdots$ 之和, 使得

(1) 每一个 C_n 是常返状态组成的不可约闭集;

(2) C_n 中的状态同类, 或者全是正常返态, 或者全是零常返态. 它们有相同的周期且 $f_{ij}=1, i,j \in C_n$.

(3) D 由全体非常返状态组成. 自 C_n 中状态出发不能到达 D 中状态.

证明　记 C 为全体常返状态组成的集合, 则 $D=S-C$ 为非常返状态全体. 将 C 按互通关系进行分解, 则得

$$S = D \cup C_1 \cup C_2 \cup \cdots,$$

其中每一个 C_n 是由常返状态组成的不可约的闭集. 由定理 4.5 知, C_n 中的状态同类型. 显然, C_n 中的状态不能到达 D 中的状态. ■

对于不可约的 Markov 链, 我们有如下的分解定理.

定理 4.7　周期为 d 的不可约 Markov 链, 其状态空间 S 可唯一地分解为 d 个互不相交的子集之和, 即

$$S = \bigcup_{r=0}^{d-1} S_r, \quad S_r \bigcap S_s = \varnothing, \quad r \neq s, \tag{4.2.3}$$

且使得自 S_r 中任意状态出发, 经 1 步转移必进入 S_{r+1} 中(其中 $S_d = S_0$).

证明　首先, 任意取状态 i, 对每一个 $r=0,1,\cdots,d-1$, 定义集合

$$S_r = \{j: \text{对某个 } n \geqslant 0, p_{ij}^{(nd+r)} > 0\}. \tag{4.2.4}$$

因为 S 不可约, 所以 $\bigcup_{r=0}^{d-1} S_r = S$.

其次, 如果存在 $j \in S_r \bigcap S_s$, 由(4.2.4)式知, 存在 n,m 使得 $p_{ij}^{(nd+r)} > 0$, $p_{ij}^{(md+s)} > 0$. 又因为 $i \leftrightarrow j$, 故存在 h, 使得 $p_{ji}^{(h)} > 0$, 于是

$$p_{ii}^{(nd+r+h)} \geqslant p_{ij}^{(nd+r)} \, p_{ji}^{(h)} > 0,$$

$$p_{ii}^{(md+s+h)} \geqslant p_{ij}^{(md+s)} \, p_{ji}^{(h)} > 0.$$

由此可见 $r+h$ 和 $s+h$ 都能被 d 整除, 从而其差 $r+h-(s+h)=r-s$ 也能被 d

整除。但是 $0 \leqslant r, s \leqslant d-1$，故只能有 $r-s=0$，于是得到 $S_r = S_s$。这说明，当 $r \neq s$ 时，$S_r \cap S_s = \varnothing$。

再其次证明对任意 $j \in S_r$，有 $\sum\limits_{k \in S_{r+1}} p_{jk} = 1$。事实上，若 $p_{ij}^{(nd+r)} > 0$，则当 $k \notin S_{r+1}$ 时，

$$0 = p_{ik}^{(nd+r+1)} \geqslant p_{ij}^{(nd+r)} p_{jk} > 0,$$

从而 $p_{jk} = 0$，于是有

$$1 = \sum_{k \in S} p_{jk} = \sum_{k \in S_{r+1}} p_{jk} + \sum_{k \notin S_{r+1}} p_{jk} = \sum_{k \in S_{r+1}} p_{jk}。$$

最后证明分解的唯一性，这只需要证明 $\{S_r\}$ 与最初状态 i 的选择无关，亦即如果对某个固定的 i，状态 j 与 k 属于某个 S_r，则对另外选定的 i'，状态 j 与 k 仍属于同一个 $S_{r'}$（r 与 r' 可以不同）。实际上，设对某个 i 得到分解 $S_0, S_1, \cdots, S_{d-1}$，对 i' 得到分解 $S_0', S_1', \cdots, S_{d-1}'$。又假设 $j, k \in S_r, i' \in S_s$，则当 $r \geqslant s$ 时，从 i' 出发，只能在 $r-s, r-s+d, r-s+2d, \cdots$ 步上到达 j 或 k，故 j 与 k 都属于 S_{r-s}'。而当 $r < s$ 时，从 i' 出发，只能在 $d-(s-r)=r-s+d, r-s+2d, \cdots$ 步上到达 j 或 k，故 j 与 k 都属于 S_{r-s+d}'。∎

例 4.11 设 Markov 链的状态空间 $S = \{0, 1, 2, \cdots\}$，转移概率为 $p_{00} = \dfrac{1}{2}$，$p_{i\,i+1} = \dfrac{1}{2}, p_{i0} = \dfrac{1}{2}, i \in S$。

由图 4.4 易知，$f_{00}^{(1)} = \dfrac{1}{2}, f_{00}^{(2)} = \dfrac{1}{2} \times \dfrac{1}{2}, f_{00}^{(3)} = \dfrac{1}{2} \times \dfrac{1}{2} \times \dfrac{1}{2}, \cdots, f_{00}^{(n)} = \dfrac{1}{2^n}$，故

$$f_{00} = \sum_{n=1}^{\infty} \frac{1}{2^n} = 1, \quad \mu_0 = \sum_{n=1}^{\infty} n 2^{-n} < +\infty。$$ 可见状态 0 是正常返态，显然它是非周期的，故 0 是遍历状态。对其他状态 $i > 0$，由 $i \leftrightarrow 0$，故 i 也是遍历状态。

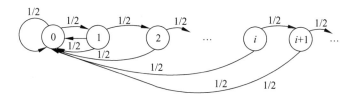

图 4.4 例 4.11 图示

例 4.12 考虑直线上无限制的随机游动，状态空间为 $S = \{0, \pm 1, \pm 2, \cdots\}$，转移概率为 $p_{i,i+1} = 1 - p_{i,i-1} = p, i \in S$。对于状态 0，可知 $p_{00}^{(2n+1)} = 0$，

$n=1,2,\cdots$，即从 0 出发奇数次不可能返回到 0。而

$$p_{00}^{(2n)} = \binom{2n}{n} p^n (1-p)^n = \frac{(2n)!}{n!n!} [p(1-p)]^n,$$

即经过偶数次回到 0 当且仅当它向左、右移动距离相同。

由 Stirling 公式知，当 n 充分大时，$n! \sim n^{n+\frac{1}{2}} e^{-n} \sqrt{2\pi}$。于是 $p_{00}^{(2n)} \sim \frac{[4p(1-p)]^n}{\sqrt{n\pi}}$。而 $p(1-p) \leqslant \frac{1}{4}$ 且 $p(1-p) = \frac{1}{4} \Leftrightarrow p = \frac{1}{2}$。于是当 $p = \frac{1}{2}$ 时，

$\sum_{n=0}^{\infty} p_{ii}^{(n)} = +\infty$，否则 $\sum_{n=0}^{\infty} p_{ii}^{(n)} < +\infty$，即当 $p \neq \frac{1}{2}$ 时状态 0 是瞬过状态，$p = \frac{1}{2}$ 时是常返状态。显然，过程的各个状态都是相通的，故以此可得其他状态的常返性（请读者自己考虑它们的周期是什么）。

4.3   极限定理及不变分布

4.3.1   极限定理

对于一个系统来说，考虑它的长期的性质是很必要的，本节我们将研究 Markov 链的极限情况和平稳 Markov 链的有关性质。首先来看两个例子。

例 4.13   设 Markov 链的转移矩阵为

$$\boldsymbol{P} = \begin{pmatrix} 1-p & p \\ q & 1-q \end{pmatrix}, \quad 0 < p,q < 1, \tag{4.3.1}$$

现在考虑 $\boldsymbol{P}^{(n)}$，当 $n \to \infty$ 时的情况。由 $\boldsymbol{P}^{(n)} = \boldsymbol{P}^n$ 知，只需计算 $\boldsymbol{P}$ 的 n 重乘积的极限。令

$$\boldsymbol{Q} = \begin{pmatrix} 1 & -p \\ 1 & q \end{pmatrix}, \tag{4.3.2}$$

$$\boldsymbol{D} = \begin{pmatrix} 1 & 0 \\ 0 & 1-p-q \end{pmatrix}, \tag{4.3.3}$$

则

$$\boldsymbol{Q}^{-1} = \begin{pmatrix} \dfrac{q}{p+q} & \dfrac{p}{p+q} \\ -\dfrac{1}{p+q} & \dfrac{1}{p+q} \end{pmatrix}, \quad \boldsymbol{P} = \boldsymbol{Q}\boldsymbol{D}\boldsymbol{Q}^{-1}。 \tag{4.3.4}$$

从而

$$\boldsymbol{P}^n = (\boldsymbol{Q}\boldsymbol{D}\boldsymbol{Q}^{-1})^n = \boldsymbol{Q}\begin{pmatrix} 1 & 0 \\ 0 & 1-p-q \end{pmatrix}^n \boldsymbol{Q}^{-1}$$

$$= \begin{pmatrix} \dfrac{q+p(1-p-q)^n}{p+q} & \dfrac{p-p(1-p-q)^n}{p+q} \\[3mm] \dfrac{q-q(1-p-q)^n}{p+q} & \dfrac{p+q(1-p-q)^n}{p+q} \end{pmatrix}。 \tag{4.3.5}$$

由于 $|1-p-q|<1$,(4.3.5)式的极限为

$$\lim_{n\to\infty}\boldsymbol{P}^n = \begin{pmatrix} \dfrac{q}{p+q} & \dfrac{p}{p+q} \\[3mm] \dfrac{q}{p+q} & \dfrac{p}{p+q} \end{pmatrix}。 \tag{4.3.6}$$

可见此 Markov 链的 n 步转移概率有一个稳定的极限。

例 4.14　在例 4.12 中令 $p=\dfrac{1}{3}$,则

$$\lim_{n\to\infty}p_{00}^{(2n)} = \lim_{n\to\infty}\frac{\left(4\times\dfrac{1}{3}\times\dfrac{2}{3}\right)^n}{\sqrt{n\pi}} = 0。 \tag{4.3.7}$$

令 $p=\dfrac{1}{2}$,则

$$\lim_{n\to\infty}p_{00}^{(2n)} = \lim_{n\to\infty}\frac{\left(4\times\dfrac{1}{2}\times\dfrac{1}{2}\right)^n}{\sqrt{n\pi}} = 0。 \tag{4.3.8}$$

由(4.3.7)式和(4.3.8)式知道,从 0 出发经过无穷次的转移之后,系统在某一规定时刻回到 0 的概率趋于 0。

我们容易证明例 4.13 中所有状态是正常返态,而例 4.12 中当 $p=\dfrac{1}{3}$ 时状态 0 是非常返态,当 $p=\dfrac{1}{2}$ 时,0 是零常返态。那么两个例子给出的是不是一般结论呢?答案是肯定的,我们有以下 Markov 链的一个基本极限定理。

定理 4.8　若状态 j 是周期为 d 的常返状态,则

$$\lim_{n\to\infty}p_{jj}^{(nd)} = \frac{d}{\mu_j}, \tag{4.3.9}$$

当 $\mu_j=+\infty$ 时,$\dfrac{d}{\mu_j}=0$。

证明　对 $n\geqslant 0$,令

$$r_n = \sum_{v=n+1}^{\infty} f_v,$$

这里 $f_v = f_{jj}^{(v)}$，于是

$$\sum_{n=0}^{\infty} r_n = \sum_{n=1}^{\infty} n f_n = \mu_j 。 \tag{4.3.10}$$

令 $r_0 = 1$，以 $f_v = r_{v-1} - r_v$ 代入 (4.2.2) 式，并记 $p_v = p_{jj}^{(v)}$，得

$$p_n = - \sum_{v=1}^{n} (r_v - r_{v-1}) p_{n-v},$$

即

$$\sum_{v=0}^{n} r_v p_{n-v} = \sum_{v=0}^{n-1} r_v p_{n-1-v},$$

这表明 $\sum_{v=0}^{n} r_v p_{n-v}$ 的值与 n 无关。既然 $r_0 p_0 = 1$，所以得

$$\sum_{v=0}^{n} r_v p_{n-v} = 1, \quad n \geq 0 。 \tag{4.3.11}$$

设 $\lambda = \limsup\limits_{n \to \infty} p_{nd}$，因为当 k 非 d 的倍数时，$p_k = 0$，故

$$\lambda = \limsup_{n \to \infty} p_{nd} = \limsup_{k \to \infty} p_k 。 \tag{4.3.12}$$

从而存在子列 $\{n_m\}$，$n_m \to \infty$，使得 $\lambda = \lim\limits_{m \to \infty} p_{n_m d}$。任取 s 使得 $f_s > 0$，由于 d 可以整除 s，利用 (4.2.2) 式以及 $f_j = 1$ 得到

$$\lambda = \liminf_{m \to \infty} p_{n_m d} = \left(f_s p_{n_m d - s} + \sum_{v=1, v \neq s}^{n_m d} f_v p_{n_m d - v} \right)$$

$$\leq f_s \liminf_{m \to \infty} p_{n_m d - s} + \left(\sum_{v=1, v \neq s} f_v \right) \cdot \limsup_{m \to \infty} p_m$$

$$\leq f_s \liminf_{m \to \infty} p_{n_m d - s} + (1 - f_s) \lambda 。 \tag{4.3.13}$$

于是

$$\liminf_{m \to \infty} p_{n_m d - s} \geq \lambda,$$

故由 (4.3.12) 式得

$$\lim_{m \to \infty} p_{n_m d - s} = \lambda 。$$

上式对每一个使得 $f_s > 0$ 的 s 以及每一个使得 $\lim\limits_{m \to \infty} p_{n_m d} = \lambda$ 的子列 $\{n_m\}$ 成立，因此，由于 s 是 d 的倍数，得

$$\lim_{m \to \infty} p_{n_m d - 2s} = \lim_{m \to \infty} p_{(n_m d - s) - s} = \lambda, \cdots$$

将此事实连续用若干次后，可见

$$\lim_{m \to \infty} p_{n_m d - u} = \lambda$$

对形如 $u = \sum\limits_{i=1}^{l} c_i d_i$ 的 u 成立，这里 c_i, d_i 都是正整数，使得 $f_{d_i} > 0, i = 1,$ $2, \cdots, l$。由周期 d 的定义知，存在满足 $f_{d_i} > 0$ 的 $d_i, i = 1, 2, \cdots, l$，使得 $d_1,$ $d_2, \cdots, d_l$ 的最大公因子也是 d。于是，当 k 大于某个正整数 k_0 时，必有正整数 c_i，使得

$$kd = \sum_{i=1}^{l} c_i d_i \text{。}$$

这样就证明了对每个 $k \geq k_0$，有

$$\lim_{m \to \infty} p_{(n_m - k)d} = \lambda \text{。}$$

在(4.3.11)式中令 $n = (n_m - k_0)d$，并注意到当 v 不是 d 的整数倍时 $p_v = 0$，则得

$$\sum_{v=0}^{n_m - k_0} r_{vd} p_{(n_m - k_0 - v)d} = 1 \text{。}$$

令 $m \to \infty$，易见，当 $\sum\limits_{v=0}^{\infty} r_{vd} < +\infty$ 时，

$$\lambda \sum_{v=0}^{\infty} r_{vd} = 1,$$

否则 $\lambda = 0$。从而有

$$\lambda = \frac{1}{\sum\limits_{v=0}^{\infty} r_{vd}} \text{。}$$

但因为当 v 不是 d 的整数倍时，$f_v = 0$，故由 r_n 的定义易见

$$r_{vd} = \frac{1}{d} \sum_{j=vd}^{vd+d-1} r_j \text{。}$$

从而由(4.3.10)式，得

$$\sum_{v=0}^{\infty} r_{vd} = \frac{1}{d} \sum_{v=0}^{\infty} r_v = \frac{\mu_j}{d},$$

即

$$\lambda = \frac{d}{\mu_j} \text{。}$$

用与上述计算 $\lim\limits_{n \to \infty} \sup p_{nd}$ 类似的方法，可以得到

$$\lim_{n \to \infty} \inf p_{nd} = \frac{d}{\mu_j} \text{。}$$

注 在定理 4.8 中只提到 i 是常返状态的情形。当 i 是非常返状态时，

由于 $\sum\limits_{n=1}^{\infty} p_{ii}^{(n)} < +\infty$，易见 $\lim\limits_{n\to\infty} p_{ii}^{(n)} = 0$。

由定理 4.8，我们有以下推论。

推论 4.1   设 i 为常返状态，则
$$i \text{ 为零常返状态} \Leftrightarrow \lim_{n\to\infty} p_{ii}^{(n)} = 0.$$

证明   若 i 为零常返状态，则 $\mu_i = +\infty$，从而 $\lim\limits_{n\to\infty} p_{ii}^{(nd)} = 0$。而当 m 不是 d 的整数倍时，$p_{ii}^{(m)} = 0$，故 $\lim\limits_{n\to\infty} p_{ii}^{(n)} = 0$。

反之，若 $\lim\limits_{n\to\infty} p_{ii}^{(n)} = 0$。设 i 为正常返状态，则 $\mu_i < +\infty$，由定理 4.8 知道 $\lim\limits_{n\to\infty} p_{ii}^{(nd)} > 0$，矛盾。   ■

利用推论 4.1，我们把定理 4.5 的第二部分补充证明如下：

证明（定理 4.5）   设 $i \leftrightarrow j$ 为常返状态且 i 为零常返状态，则
$$p_{ii}^{(n)} \to 0. \tag{4.3.14}$$

考虑到
$$p_{ii}^{(n+m+l)} \geqslant p_{ij}^{(n)} p_{jj}^{(m)} p_{ji}^{(l)} \geqslant 0, \tag{4.3.15}$$

令 $m \to \infty$，对 (4.3.15) 式取极限，得
$$0 \geqslant \lim_{m\to\infty} p_{jj}^{(m)} \geqslant 0, \tag{4.3.16}$$

故 j 也为零常返状态。反之，由 j 为零常返状态也可推得 i 为零常返状态，从而证明了 i,j 同为零常返状态或正常返状态。   ■

下面我们要利用定理 4.8 来讨论 $p_{ij}^{(n)}$ 的极限性质。一般来说，我们讨论两个问题。一是极限 $\lim\limits_{n\to\infty} p_{ij}^{(n)}$ 是否存在，二是其极限是否与 i 有关。首先有下面的结论。

定理 4.9   若 j 为非常返状态或零常返状态，则对 $\forall i \in S$，
$$\lim_{n\to\infty} p_{ij}^{(n)} = 0. \tag{4.3.17}$$

证明   由引理 4.1，得
$$p_{ij}^{(n)} = \sum_{l=1}^{n} f_{ij}^{(l)} p_{jj}^{(n-l)}. \tag{4.3.18}$$

对 $N < n$，有
$$\sum_{l=1}^{n} f_{ij}^{(l)} p_{jj}^{(n-l)} \leqslant \sum_{l=1}^{N} f_{ij}^{(l)} p_{jj}^{(n-l)} + \sum_{l=N+1}^{n} f_{ij}^{(l)}, \tag{4.3.19}$$

先固定 N，令 $n \to \infty$，由于 $p_{jj}^{(n)} \to 0$，所以式 (4.3.19) 右端第一项趋于 0。再令 $N \to \infty$，式 (4.3.19) 右端第二项因 $\sum\limits_{l=1}^{\infty} f_{ij}^{(l)} \leqslant 1$ 而趋于 0，故

$$\lim_{n\to\infty}p_{ij}^{(n)}=0 .$$

定理得证。　■

推论 4.2　有限状态的 Markov 链,不可能全为非常返状态,也不可能有零常返状态,从而不可约的有限 Markov 链是正常返的。

证明　设状态空间 $S=\{1,2,\cdots,N\}$。若全部 N 个状态非常返,对状态 $i\to j$,有 $p_{ij}^{(n)}\to 0$。若 $i\not\to j$,即 i 不可达 j,对 $\forall n,p_{ij}^{(n)}=0$。于是当 $n\to\infty$ 时,

$$\sum_{j=0}^{N}p_{ij}^{(n)}\to 0 ,但 \sum_{j=0}^{N}p_{ij}^{(n)}=1 ,矛盾。$$

若 S 中有零常返状态,设为 i,令 $C=\{j:i\to j\}$,则有 $\sum_{j\in C}p_{ij}^{(n)}=1$ 并且对 $j\in C,j\to i$。因为若 $j\not\to i$ 与 i 为常返状态矛盾,故 $i\leftrightarrow j$,从而 j 也为零常返状态,则 $\lim_{n\to\infty}p_{ij}^{(n)}=0$,从而 $\sum_{j\in C}p_{ij}^{(n)}\to 0\ (n\to\infty)$,矛盾。　■

推论 4.3　若 Markov 链有一个零常返状态,则必有无限个零常返状态。

前面定理考虑的是非常返状态和零常返状态的渐近性质,但是当 j 是正常返状态时,极限 $\lim_{n\to\infty}p_{ij}^{(n)}$ 不一定存在,即使存在也可能与 i 有关。因此我们研究其子列的极限 $\lim_{n\to\infty}p_{ij}^{(nd)}(d\geqslant 1)$ 和 $\dfrac{1}{n}\sum_{k=1}^{n}p_{ij}^{(k)}$ 的极限。令

$$f_{ij}(r)=\sum_{m=0}^{\infty}f_{ij}^{(md+r)} ,\quad 0\leqslant r\leqslant d-1 \tag{4.3.20}$$

表示从状态 i 出发,在时刻 $n=r\ \mathrm{mod}(d)$ 首次到达状态 j 的概率,显然

$$\sum_{r=0}^{d-1}f_{ij}(r)=\sum_{m=0}^{\infty}\sum_{r=0}^{d-1}f_{ij}^{(md+r)}=\sum_{m=0}^{\infty}f_{ij}^{(m)}=f_{ij} . \tag{4.3.21}$$

则有如下结论。

定理 4.10　若 j 为正常返状态且周期为 d,则对 $\forall i$ 及 $0\leqslant r\leqslant d-1$,有

$$\lim_{n\to\infty}p_{ij}^{(nd+r)}=f_{ij}(r)\frac{d}{\mu_j} . \tag{4.3.22}$$

证明　因为当 $n\neq kd$ 时,$p_{jj}^{(n)}=0$,所以

$$p_{ij}^{(nd+r)}=\sum_{k=0}^{nd+r}f_{ij}^{(k)}p_{jj}^{(nd+r-k)}=\sum_{m=0}^{n}f_{ij}^{(md+r)}p_{jj}^{(n-m)d} .$$

于是,对于 $1\leqslant N<n$ 有

$$\sum_{m=0}^{N}f_{ij}^{(md+r)}p_{jj}^{(n-m)d}\leqslant p_{ij}^{(nd+r)}\leqslant\sum_{m=0}^{N}f_{ij}^{(md+r)}p_{jj}^{(n-m)d}+\sum_{m=N+1}^{\infty}f_{ij}^{(md+r)} .$$

在上式中先令 $n \to \infty$，然后再令 $N \to \infty$，由定理 4.8 得

$$f_{ij}(r) \frac{d}{\mu_j} \leqslant \lim_{n \to \infty} p_{ij}^{(nd+r)} \leqslant f_{ij}(r) \frac{d}{\mu_j}.$$

式(4.3.22)得证。∎

推论 4.4　设不可约的、正常返的、周期为 d 的 Markov 链(即每个状态都是正常返的)，其状态空间为 S，则对任何状态 $i \to j, i, j \in S$，有

$$\lim_{n \to \infty} p_{ij}^{(nd)} = \begin{cases} \dfrac{d}{\mu_j} & \text{若 } i \text{ 与 } j \text{ 同属于子集 } S_s, \\ 0, & \text{其他,} \end{cases} \tag{4.3.23}$$

其中 $S = \bigcup\limits_{s=0}^{d-1} S_s$ 为定理 4.7 中所给出的。特别地，当 $d=1$ 时，则 $\forall i, j \in S$ 有

$$\lim_{n \to \infty} p_{ij}^{(n)} = \frac{1}{\mu_j}.$$

证明　在定理 4.10 中取 $r=0$，得

$$\lim_{n \to \infty} p_{ij}^{(nd)} = f_{ij}(0) \frac{d}{\mu_j},$$

其中 $f_{ij}(0) = \sum\limits_{m=0}^{\infty} f_{ij}^{(md)}$。若 i 与 j 不在同一个 S_s 中，则由定理 4.7 知，$p_{ij}^{(md)} = 0$，从而 $f_{ij}^{(md)} = 0$，于是得 $f_{ij}(0) = 0$。若 i 与 j 在同一个 S_s 中，则 $p_{ij}^{(n)} = 0$ $(n \neq 0 \bmod(d))$，从而 $f_{ij}^{(n)} = 0(n \neq 0 \bmod(d))$，于是得

$$f_{ij}(0) = \sum_{m=0}^{\infty} f_{ij}^{(md)} = \sum_{m=0}^{\infty} f_{ij}^{(m)} = f_{ij} = 1.$$

综上，(4.3.23)式得证。∎

虽然一般来说，极限 $\lim\limits_{n \to \infty} p_{ij}^{(n)}$ 不一定存在，但是利用如下一个几乎显然的引理，可以得到关于其平均值 $\lim\limits_{n \to \infty} \dfrac{1}{n} \sum\limits_{k=1}^{n} p_{ij}^{(k)}$ 的极限定理。

引理 4.3　设有非负数列 $\{a_n\}$ 的 d 个子列 $\{a_{kd+s}\}, s=0,1,2,\cdots,d-1$，如果对每一个 s，存在极限

$$\lim_{k \to \infty} a_{kd+s} = b_s,$$

则有

$$\lim_{n \to \infty} \frac{1}{n} \sum_{k=1}^{n} a_k = \frac{1}{d} \sum_{s=0}^{d-1} b_s. \tag{4.3.24}$$

定理 4.11 对于任意状态 $i,j \in S$,有

$$\lim_{n \to \infty} \frac{1}{n} \sum_{k=1}^{n} p_{ij}^{(k)} = \begin{cases} 0, & j \text{ 为非常返状态或零常返状态,} \\ \dfrac{f_{ij}}{\mu_j}, & j \text{ 为正常返状态。} \end{cases} \quad (4.3.25)$$

证明 若 j 为非常返状态或零常返状态,由定理 4.9 知 $\lim\limits_{n \to \infty} p_{ij}^{(n)} = 0$,所以

$$\lim_{n \to \infty} \frac{1}{n} \sum_{k=1}^{n} p_{ij}^{(k)} = 0。$$

若 j 为正常返状态且有周期 d,则令引理 4.3 中的 $a_{kd+s} = p_{ij}^{(kd+s)}$,然后利用定理 4.10 得到 $b_s = f_{ij}(s) \dfrac{d}{\mu_j}$。从而得

$$\lim_{n \to \infty} \frac{1}{n} \sum_{k=1}^{n} p_{ij}^{(k)} = \frac{1}{d} \sum_{s=0}^{d-1} f_{ij}(s) \frac{d}{\mu_j} = \frac{1}{\mu_j} \sum_{s=0}^{d-1} f_{ij}(s) = \frac{f_{ij}}{\mu_j}。 \quad \blacksquare$$

推论 4.5 如果 $\{X_n\}$ 是不可约的、常返的 Markov 链(即每个状态都是常返的),则对任意状态 $i,j \in S$,有

$$\lim_{n \to \infty} \frac{1}{n} \sum_{k=1}^{n} p_{ij}^{(k)} = \frac{1}{\mu_j}。$$

在 Markov 链理论中,μ_j 是一个重要的量,它表示自 j 出发再返回到 j 所需的平均步数(时间),所以 $\dfrac{1}{\mu_j}$ 代表了自 j 出发每单位时间内返回到 j 的平均次数。因此若取 $i = j$,则 $\dfrac{1}{n} \sum\limits_{k=1}^{n} p_{jj}^{(k)} \simeq \dfrac{1}{\mu_j}$ 也近似地反映了自 j 出发每单位时间内返回到 j 的平均次数。在本小节的讨论中,虽然给出了 μ_j 的计算公式,但是都不容易计算。我们在下节通过不变分布给出另外一种计算 μ_j 的方法。

例 4.15 设 Markov 链的状态空间为 $S = \{1,2,3,4,5\}$,转移矩阵为

$$\boldsymbol{P} = \begin{pmatrix} 1 & 0 & 0 & 0 & 0 \\ 0 & 1 & 0 & 0 & 0 \\ \dfrac{1}{2} & 0 & 0 & \dfrac{1}{2} & 0 \\ 0 & 0 & \dfrac{1}{2} & 0 & \dfrac{1}{2} \\ 0 & \dfrac{1}{2} & 0 & \dfrac{1}{2} & 0 \end{pmatrix}。$$

试确定常返状态、瞬过状态,并对常返状态 i 确定其平均回转时间 μ_i。

解 画出转移图如图 4.5 所示。

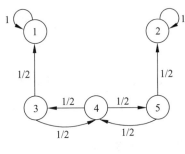

图   4.5

显然,状态 1,2 的周期为 1,状态 3,4,5 的周期为 2。

$$
\boldsymbol{P}^n \xrightarrow{\ n \to \infty\ }
\begin{pmatrix}
1 & 0 & 0 & 0 & 0 \\
0 & 1 & 0 & 0 & 0 \\
* & * & 0 & 0 & 0 \\
* & * & 0 & 0 & 0 \\
* & * & 0 & 0 & 0
\end{pmatrix}。
\tag{4.3.26}
$$

从而 1,2 为正常返状态,3,4,5 为瞬过状态,$\mu_1 = \mu_2 = 1$。此 Markov 链可分为三类 $\{1\},\{2\}$ 和 $\{3,4,5\}$。

4.3.2 不变分布与极限分布

前面我们只讨论了 Markov 链的转移概率 p_{ij} 的有关问题,下面我们将就它的初始分布的问题给出一些结论。首先是关于 Markov 链的不变分布(亦称平稳分布)和极限分布的概念。

定义 4.10   对于 Markov 链,概率分布 $\{\pi_j, j \in S\}$ 称为不变的,若

$$
\pi_j = \sum_{i \in S} \pi_i p_{ij}。
\tag{4.3.27}
$$

可见,若 Markov 链的初始分布 $P\{X_0 = j\} = p_j$ 是不变分布,则 X_1 的分布将是

$$
\begin{aligned}
P\{X_1 = j\} &= \sum_{i \in S} P\{X_1 = j \mid X_0 = i\} \cdot P\{X_0 = i\} \\
&= \sum_{i \in S} p_{ij} p_i = p_j。
\end{aligned}
\tag{4.3.28}
$$

这与 X_0 的分布是相同的。依次递推,$X_n, n = 0,1,2,\cdots$ 将有相同的分布,这也是称 $\{p_i, i \in S\}$ 为不变分布的原因。

定义 4.11 称 Markov 链是遍历的,如果所有状态相通且均是周期为 1 的正常返状态,对于遍历的 Markov 链,极限

$$\lim_{n \to \infty} p_{ij}^{(n)} = \pi_j, \quad j \in S \qquad (4.3.29)$$

称为 Markov 链的**极限分布**。

由定理 4.10 知,$\pi_j = \dfrac{1}{\mu_j}$。

下面的定理说明对于不可约遍历的 Markov 链,极限分布就是不变分布并且还是唯一的不变分布。

定理 4.12 对于不可约非周期的 Markov 链:

(1) 若它是遍历的,则 $\pi_j = \lim\limits_{n \to \infty} p_{ij}^{(n)} > 0$($j \in S$)是不变分布且是唯一的不变分布;

(2) 若状态都是瞬过的或全为零常返的,则不变分布不存在。

证明 (1) 对遍历的 Markov 链,由定理 4.9 知 $\lim\limits_{n \to \infty} p_{ij}^{(n)} > 0$ 存在,记为 π_j。

首先证 $\{\pi_j, j \in S\}$ 是不变分布。由于 $\sum\limits_{i \in S} p_{ij}^{(n)} = 1$,则有

$$\lim_{n \to \infty} \sum_{i \in S} p_{ij}^{(n)} = 1。 \qquad (4.3.30)$$

易证 (4.3.30)式中极限与求和可交换,即有

$$\sum_{i \in S} \pi_j = 1。 \qquad (4.3.31)$$

利用 C-K 方程,得

$$p_{ij}^{(n+1)} = \sum_{k \in S} p_{ik}^{(n)} p_{kj},$$

两边取极限,得

$$\lim_{n \to \infty} p_{ij}^{(n+1)} = \lim_{n \to \infty} \sum_{k \in S} p_{ik}^{(n)} p_{kj} = \sum_{k \in S} (\lim_{n \to \infty} p_{ik}^{(n)}) p_{kj}, \qquad (4.3.32)$$

即 $\pi_j = \sum\limits_{k \in S} \pi_k p_{kj}$,从而 $\{\pi_j, j \in S\}$ 是不变分布。

再来证 $\{\pi_j, j \in S\}$ 是唯一的不变分布。假设另外还有一个平衡分布 $\{\tilde{\pi}_j, j \in S\}$,则由 $\tilde{\pi}_j = \sum\limits_{k \in S} \tilde{\pi}_k p_{kj}$ 归纳得到

$$\tilde{\pi}_j = \sum_{k \in S} \tilde{\pi}_k p_{kj}^{(n)}, \quad n = 1, 2, \cdots \qquad (4.3.33)$$

令 $n \to \infty$,对 (4.3.33)式两端取极限,有

$$\tilde{\pi}_j = \sum_{k \in S} \tilde{\pi}_k \lim_{n \to \infty} p_{kj}^{(n)} = \sum_{k \in S} \tilde{\pi}_k \cdot \pi_j。 \qquad (4.3.34)$$

因为 $\sum\limits_{i \in S} \widetilde{\pi}_i = 1$，所以 $\widetilde{\pi}_j = \pi_j$，得证不变分布唯一。

（2）假设存在一个不变分布 $\{\pi_j, j \in S\}$，则由（1）中证明知道

$$\pi_j = \sum_{i \in S} \pi_i p_{ij}^{(n)}, \quad n = 1, 2, \cdots$$

成立，令 $n \to \infty$，知 $p_{ij}^{(n)} \to 0$，则推出 $\pi_j = 0, j \in S$，这是不可能的。于是对于非常返或零常返 Markov 链不存在不变分布。 ■

对于有限状态的遍历的 Markov 链，定理确定了求解极限分布的方法，即 $\pi_j, j \in S$ 是方程 $\pi_j = \sum\limits_{i \in S} \pi_i p_{ij}$ 的解，同时由 $\pi_j = \dfrac{1}{\mu_j}$ 给出了求解状态的平均回转时间的简单方法。

例 4.16   设 Markov 链的转移矩阵为

$$\boldsymbol{P} = \begin{bmatrix} 0.5 & 0.5 & 0 \\ 0.5 & 0 & 0.5 \\ 0 & 0.5 & 0.5 \end{bmatrix},$$

则它的不变分布满足

$$\begin{cases} \pi_1 = 0.5\pi_1 + 0.5\pi_2, \\ \pi_2 = 0.5\pi_1 + 0.5\pi_3, \\ \pi_3 = 0.5\pi_2 + 0.5\pi_3, \end{cases}$$

求解得 $\boldsymbol{\pi} = (\pi_1, \pi_2, \pi_3) = \left(\dfrac{1}{3}, \dfrac{1}{3}, \dfrac{1}{3}\right)$。则

$$\lim_{n \to \infty} p_{ij}^{(n)} = \lim_{n \to \infty} P\{X_n = j \mid X_0 = i\} = \frac{1}{3},$$

即 0 时刻从 i 出发在很久的时间之后 Markov 链处于状态 1,2,3 的概率均为 $\dfrac{1}{3}$，即 X_n 的极限分布为均匀分布。

例 4.17   设有 6 个车站，车站中间的公路连接情况如图 4.6 所示。汽车每天可以从一个站驶向与之直接相邻的车站，并在夜晚到达车站留宿，次日凌晨重复相同的活动。设每天凌晨汽车开往临近的任何一个车站都是等可能的，试说明很长时间后，各站每晚留宿的汽车比例趋于稳定。求出这个比例以便正确地设置各站

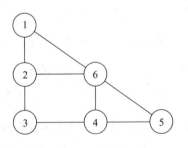

图 4.6   例 4.17 图示

的服务规模。

解　以$\{X_n, n=0,1,2,\cdots\}$记第 n 天某辆汽车留宿的车站号，这是一个 Markov 链，转移概率矩阵为

$$
P = \begin{pmatrix}
0 & \dfrac{1}{2} & 0 & 0 & 0 & \dfrac{1}{2} \\[2mm]
\dfrac{1}{3} & 0 & \dfrac{1}{3} & 0 & 0 & \dfrac{1}{3} \\[2mm]
0 & \dfrac{1}{2} & 0 & \dfrac{1}{2} & 0 & 0 \\[2mm]
0 & 0 & \dfrac{1}{3} & 0 & \dfrac{1}{3} & \dfrac{1}{3} \\[2mm]
0 & 0 & 0 & \dfrac{1}{2} & 0 & \dfrac{1}{2} \\[2mm]
\dfrac{1}{4} & \dfrac{1}{4} & 0 & \dfrac{1}{4} & \dfrac{1}{4} & 0
\end{pmatrix} 。
$$

解方程组

$$
\begin{cases}
\pi P = \pi , \\
\displaystyle\sum_{i=1}^{6} \pi_i = 1 ,
\end{cases}
$$

其中 $\pi = (\pi_1, \pi_2, \pi_3, \pi_4, \pi_5, \pi_6)$，可得 $\pi = \left(\dfrac{1}{8}, \dfrac{3}{16}, \dfrac{1}{8}, \dfrac{3}{16}, \dfrac{1}{8}, \dfrac{1}{4}\right)$，从而无论开始汽车从哪一个车站出发在很长时间后它在任一个车站留宿的概率都是固定的，从而所有的汽车也将以一个稳定的比例在各车站留宿。

4.4　群体消失模型与人口模型

4.4.1　群体消失模型（分支过程）

考虑一个从单个祖先开始的群体。每个个体生命结束时以概率 $p_j = P\{Z=j\}, j=0,1,2,\cdots$ 来产生 j 个新的后代，与其他的个体产生的后代个数相互独立，其中 Z 为它产生的后代数。以 X_n 记第 n 代的个体数，从而

$$
X_{n+1} = \sum_{i=1}^{X_n} Z_{n,i},
$$

其中 $Z_{n,i}$ 表示第 n 代的第 i 个成员产生的后代的个数。由于考虑的是单个祖先，所以 $X_0 = 1$。

首先来考虑第 $n+1$ 代的平均个体数 EX_{n+1},对 X_n 取条件,有

$$
\begin{aligned}
EX_{n+1} &= E[E(X_{n+1} \mid X_n)] \\
&= \mu E(X_n) \\
&= \mu^2 E(X_{n-1}) \\
&\quad\vdots \\
&= \mu^n E(X_1) = \mu^{n+1},
\end{aligned}
$$

其中 $\mu = \sum\limits_{i=0}^{\infty} i p_i$ 是每个个体的后代个数的均值。从而可以看出,若 $\mu < 1$,则平均个体数单调下降趋于 0。若 $\mu = 1$,则各代平均个体数相同。当 $\mu > 1$ 时,平均个体数按指数阶上升至无穷。

以 π_0 记从单个个体开始群体迟早灭绝的概率。对初始个体的后代取条件,可以导出一个确定 π_0 的方程

$$
\begin{aligned}
\pi_0 &= P\{\text{群体消亡}\} \\
&= \sum_{j=0}^{\infty} P\{\text{群体消亡} \mid X_1 = j\} \cdot p_j \\
&= \sum_{j=0}^{\infty} \pi_0^j p_j.
\end{aligned}
$$

上面的第二个等式是因为群体最终灭绝是以第 1 代为祖先的 j 个家族全部消亡,而各家族已经假定为独立的,每一家族灭绝的概率均为 π_0。

很自然我们会假设:家族消亡与 μ 有关,在此我们给出一个定理,以证明 $\pi_0 = 1$ 的充要条件是 $\mu \leqslant 1$(不考虑 $p_0 = 1$ 和 $p_0 = 0$ 的平凡情况,即家族在第 0 代后就消失或永不消失)。

定理 4.13   设 $0 < p_0 < 1$,则 $\pi_0 = 1 \Leftrightarrow \mu \leqslant 1$。

证明   由 π_0 的表达式

$$
\pi_0 = \sum_{j=0}^{\infty} \pi_0^j p_j = F(\pi_0) \tag{4.4.1}
$$

可知,它是直线 $y = x$ 和曲线 $y = F(x)$ 交点的横坐标,显然 $(1,1)$ 是一个交点。当 $p_0 + p_1 = 1$ 时,$y = F(x)$ 是一条直线;当 $p_0 + p_1 < 1$ 时,由于

$$
F'(x) = \sum_{j=1}^{\infty} j x^{j-1} p_j > 0, \quad 0 < x < 1, \tag{4.4.2}
$$

$$
F''(x) = \sum_{j=2}^{\infty} j(j-1) x^{j-2} p_j > 0, \quad 0 < x < 1, \tag{4.4.3}
$$

可见 $F(x)$ 是单调增加的凸函数,如图 4.7 所示。

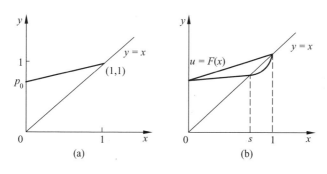

图 4.7 $F(x)$ 的图示

从图 4.7(a)可以知道,当 $p_0 + p_1 = 1$ 时,方程(4.4.1)只有一个解,即 $\pi_0 = 1$,家族最终必定消亡。由图 4.7(b)可分为两种情况:(1)若 $0 < s < 1$,$F(s) > s$,$F(1) = 1$,方程(4.4.1)只有唯一的解 $\pi_0 = 1$;(2)存在一个 $0 < s < 1$ 使得 $F(s) = s$,那么此时 π_0 应取 s 还是 1 呢?可以证明,π_0 必定取值为 s,为此只需证明 π_0 是方程(4.4.1)的最小解。利用归纳法,首先,当 $n = 1$ 时,有

$$\pi = \sum_{j=0}^{\infty} \pi^j p_j \geqslant \pi^0 p_0 = p_0 = P\{X_1 = 0\}.$$

假设 $\pi \geqslant P\{X_n = 0\}$,则

$$P\{X_{n+1} = 0\} = \sum_{j=0}^{\infty} P\{X_{n+1} = 0 \mid X_1 = j\} \cdot p_j$$

$$= \sum_{j=0}^{\infty} P\{X_n = 0\}^j \cdot p_j$$

$$\leqslant \sum_{j=0}^{\infty} \pi^j p_j$$

$$= \pi.$$

从而,对一切 n,$\pi \geqslant P\{X_n = 0\}$。而 $\lim\limits_{n \to \infty} P\{X_n = 0\} = P\{$群体最终灭绝$\} = \pi_0$。从而 $\pi \geqslant \pi_0$。这就证明了在这种情况下 π_0 取值应为 s。

再来看在上述这三种情形下 μ 的情况。

第一种情况,若 $p_0 + p_1 = 1$,显然

$$\mu = \sum_{j=0}^{\infty} j p_j = p_1 < 1.$$

第二种情况,若 $p_0 + p_1 < 1$ 而且方程(4.4.1)只有一个根 $\pi_0 = 1$,由

图 4.7(b)容易看出，此时 $F'(1) \leqslant 1$。而 $F'(1) = \sum_{j=0}^{\infty} jp_j = \mu$，从而 $\mu \leqslant 1$。

第三种情况下，容易看出 $F'(1) = \mu > 1$，这就证明了 $\pi_0 = 1 \Leftrightarrow \mu \leqslant 1$。 ∎

在实际应用中，考虑一个群体的真实增长时，分支过程的假定在群体达到无限之前就不成立了（比如独立同分布性）。但另一方面，利用分支过程研究消亡现象是有意义的，因为一般灭绝常常发生在过程的早期。

4.4.2　人口结构变化的 Markov 链模型

考虑社会的教育水平与文化程度的发展变化，可以建立如下模型：将全国所有 16 岁以上的人口分为文盲、初中、高中（含中专）、大学（含大专）、中级技术人才、高级技术人才、特级专家等 7 类，结构的变化为升级、退化（如，初中文化者会重新变为文盲）、进入（年龄达到 16 岁或移民进入）、迁出（死亡或移民国外）。用 $(n_1(t), n_2(t), \cdots, n_7(t))$ 表示在 t 年各等级的人数，$N(t) = \sum_{i=1}^{7} n_i(t)$ 为全社会 16 岁以上人口总数（简称为总人数），以 q_{ij} 记每年从 i 级转为 j 级的人数在 i 级人数中的百分比，则

$$Q = (q_{ij})_{7 \times 7}$$

是一个准转移阵（每行所有元素之和 $\leqslant 1$）。

再考虑进入与迁出，记 w_i 为每年从 i 级迁出占 i 级总人数的比例，r_i 为每年进入 i 级的人数在总进入人数的比例，则

$$\sum_{j=1}^{7} q_{ij} + w_i = 1, \quad r_i \geqslant 0, \quad \sum_{i=1}^{7} r_i = 1。 \tag{4.4.4}$$

记 $R(t)$ 为总进入人数，$W(t)$ 为总迁出人数，则

$$N(t+1) = N(t) + R(t) - W(t), \tag{4.4.5}$$

$$n_j(t+1) = \sum_{i=1}^{7} n_i(t)q_{ij} + r_j R(t) - n_j(t)w_j。 \tag{4.4.6}$$

令

$$M(t) = N(t+1) - N(t) = R(t) - W(t)。 \tag{4.4.7}$$

设总人数以常数百分比 α 增长（可以为负增长），即

$$M(t) = \alpha N(t), \quad \alpha = \frac{N(t+1)}{N(t)} - 1, \tag{4.4.8}$$

于是

$$\frac{n_j(t+1)}{N(t+1)} = \frac{N(t)}{N(t+1)}\left[\sum_{i=1}^{7}\frac{n_i(t)}{N(t)}q_{ij} + r_j\frac{R(t)}{N(t)} - \frac{n_j(t)}{N(t)}w_j\right]$$

$$= \frac{1}{1+\alpha}\left[\sum_{i=1}^{7}\frac{n_i(t)}{N(t)}q_{ij} + r_j\frac{R(t)}{N(t)} - \frac{n_j(t)}{N(t)}w_j\right].$$

记 $a_j(t) = \dfrac{n_j(t)}{N(t)}$，上式可改写为

$$a_j(t+1) = \frac{1}{1+\alpha}\left[\sum_{i=1}^{7}a_j(t)q_{ij} + r_j\frac{R(t)}{N(t)} - w_j a_j(t)\right]. \quad (4.4.9)$$

由 $R(t) = W(t) + M(t)$，$(4.4.9)$ 式可改写为

$$a_j(t+1) = \frac{1}{1+\alpha}\left[\sum_{i=1}^{7}a_j(t)(q_{ij} + r_j w_i) - w_j a_j(t) + \alpha r_j\right]$$

$\left(\text{这是由于} \dfrac{W(t)}{N(t)} = \dfrac{\sum\limits_{i=1}^{7}n_i(t)w_i}{N(t)} = \sum\limits_{i=1}^{7}a_i(t)w_i\right)$。特别地，当 $\alpha = 0$ 时，有

$$a_j(t+1) = \sum_{i=1}^{7}a_j(t)(q_{ij} + r_j w_i) - w_j a_j(t),$$

记 $\boldsymbol{a}(t) = (a_1(t), \cdots, a_7(t))$，$\boldsymbol{P} = (p_{ij})$，其中

$$p_{ij} = \begin{cases} q_{ij} + r_j w_i, & i \neq j, \\ q_{jj} + r_j w_j, & i = j, \end{cases}$$

则上式变为 $\boldsymbol{a}(t+1) = \boldsymbol{a}(t)\boldsymbol{P}$。这是一个以 $\boldsymbol{P}$ 为转移阵的 Markov 链在 t 时刻的分布满足的方程。

在实际中，我们希望人口结构维持一个合理的稳定水平 $\boldsymbol{a}^*$，并且从现在的 $\boldsymbol{a}(0)$ 出发，通过控制人口进入各级的比例 $\boldsymbol{r} = (r_1, r_2, \cdots, r_7)$ 来尽快地达到这个稳定水平。为此我们讨论一下在不同的 $\boldsymbol{r}$ 下全部可能的稳定结构。

由于 $\boldsymbol{a} = \boldsymbol{a}\boldsymbol{P}$（因为 $\boldsymbol{a}$ 是稳定的），即

$$\boldsymbol{a} = \boldsymbol{a}(\boldsymbol{Q} + \boldsymbol{w}'\boldsymbol{r}),$$

其中 $\boldsymbol{w} = (w_1, w_2, \cdots, w_7)$，$\boldsymbol{r} = (r_1, r_2, \cdots, r_7)$。当数 $\boldsymbol{a}\boldsymbol{w}' \neq 0$ 时，

$$\boldsymbol{r} = \boldsymbol{a}(\boldsymbol{I} - \boldsymbol{Q})(\boldsymbol{a}\boldsymbol{w}')^{-1},$$

即对给定的 $\boldsymbol{a}$，可解下列方程得到 $\boldsymbol{r}$

$$\begin{cases} \boldsymbol{r} = \boldsymbol{a}(\boldsymbol{I} - \boldsymbol{Q})(\boldsymbol{a}\boldsymbol{w}')^{-1}, \\ \boldsymbol{r} \geqslant \boldsymbol{0}, \end{cases}$$

从而对于此 $\boldsymbol{r}$，$\boldsymbol{a}$ 是一个稳定的结构。

4.5　连续时间 Markov 链

　　前面几节讨论的是时间和状态空间都是离散的 Markov 过程,本节我们将介绍另外一种情况的 Markov 过程,它的状态空间仍然是离散的,但时间是连续变化的,称为连续时间 Markov 链,也称为纯不连续 Markov 过程。我们会给出它的一些性质、一个重要的方程(Kolmogorov 方程)和一个重要的应用(生灭过程)。

4.5.1　连续时间 Markov 链

　　定义 4.12　过程$\{X(t),t\geqslant 0\}$的状态空间 S 为离散空间,为方便书写设 S 为$\{0,1,2,\cdots\}$或其子集。若对一切 $s,t\geqslant 0$ 及 $i,j\in S$,有

$$P\{X(t+s)=j \mid X(s)=i,X(u)=x(u),0\leqslant u<s\}$$
$$=P\{X(t+s)=j \mid X(s)=i\} \tag{4.5.1}$$

成立,则称$\{X(t),t\geqslant 0\}$是一个**连续时间 Markov 链**。

　　条件概率 $P\{X(t+s)=j\mid X(s)=i\}$ 记作 $p_{ij}(s,t)$,表示过程在时刻 s 处于状态 i,经 t 时间后转移到 j 的转移概率,并称 $\boldsymbol{P}(s,t)=(p_{ij}(s,t))$ 为相应的转移概率矩阵。

　　定义 4.13　称连续时间 Markov 链是**时齐的**,若 $p_{ij}(s,t)$ 与 s 无关。简记 $p_{ij}(s,t)=p_{ij}(t)$,相应的记 $\boldsymbol{P}(t)=(p_{ij}(t))$。

　　我们只讨论时齐的连续时间 Markov 链,并且简称为连续时间 Markov 链(在不引起混淆的情况下有时也称为 Markov 链)。

　　对于连续时间 Markov 链来说,除了要考虑在某一时刻它将处于什么状态外,还关心它在离开这个状态之前会停留多长的时间,从它具备 Markov 性来看,这个"停留时间"具备"无记忆性"的特征,应该服从指数分布,下面我们给出一个具体的解释。

　　定理 4.14　设$\{X(t),t\geqslant 0\}$是连续时间 Markov 链,假定在时刻 0 过程刚刚到达 $i(i\in S)$。以 τ_i 记过程在离开 i 之前在 i 停留的时间,则 τ_i 服从指数分布。

　　证明　我们只需证明对 $s,t\geqslant 0$,有

$$P\{\tau_i>s+t \mid \tau_i>s\}=P\{\tau_i>t\}, \tag{4.5.2}$$

即无记忆性。

注意到

$$\{\tau_i > s\} \Leftrightarrow \{X(u) = i, 0 < u \leqslant s \mid X(0) = i\},$$
$$\{\tau_i > s + t\} \Leftrightarrow \{X(u) = i, 0 < u \leqslant s, X(v) = i,$$
$$s < v \leqslant s + t \mid X(0) = i\},$$

则

$$P\{\tau_i > s + t \mid \tau_i > s\}$$
$$= P\{X(u) = i, 0 < u \leqslant s, X(v) = i, s < v \leqslant s + t \mid X(u) = i,$$
$$0 \leqslant u \leqslant s\}$$
$$= P\{X(v) = i, s < v \leqslant s + t \mid X(s) = i\}$$
$$= P\{X(u) = i, 0 < u \leqslant t \mid X(0) = i\}$$
$$= P\{\tau_i > t\}。$$

得证。∎

由上述定理,实际上我们得到了另外一个构造连续时间 Markov 链的方法,它是具有如下两条性质的随机过程。

(1) 在转移到下一个状态之前处于状态 i 的时间服从参数为 μ_i 的指数分布;

(2) 在过程离开状态 i 时,将以概率 p_{ij} 到达 j,且 $\sum\limits_{j \in S} p_{ij} = 1$。

注 当 $\mu_i = +\infty$ 时,它在状态 i 停留的平均时间为 0,即一旦进入马上离开,称这样的状态为瞬过的。但假设在我们考虑的连续时间 Markov 链中不存在瞬过态,即,设 $\forall i, 0 \leqslant \mu_i < +\infty$(若 $\mu_i = 0$,称 i 为吸收态,即一旦进入,将停留的平均时间无限长)。由此我们看出,连续时间 Markov 链是一个作下面的运动的随机过程:它以一个 Markov 链的方式在各个状态之间转移,在两次转移之间以指数分布停留。

定义 4.14 称一个连续时间 Markov 链是正则的,若以概率 1 在任意有限长的时间内转移的次数是有限的。

从而可得连续性条件

$$\lim_{t \to 0} p_{ij}(t) = \delta_{ij} = \begin{cases} 1, & i = j, \\ 0, & i \neq j。 \end{cases} \tag{4.5.3}$$

以下我们总假定所考虑的 Markov 链都满足正则性条件。下面是几个连续时间 Markov 链的典型例子。

例 4.18（Poisson 过程）   参数为 λ 的 Poisson 过程 $\{N(t),t\geqslant 0\}$，取值为 $\{0,1,2,\cdots\}$。由第 2 章知道，它在任一个状态 i 停留的时间服从指数分布，并且在离开 i 时以概率 1 转到 $i+1$（又一个事件发生）。由 Poisson 过程的独立增量性容易看出它在 i 停留的时间与状态的转移是独立的 $\left(\text{特别是由它的平稳增量性 } \mu_i=\mu_{i+1}=\dfrac{1}{\lambda},i=0,1,2,\cdots\right)$，从而 Poisson 过程是时齐的连续时间 Markov 链。对 $i\in S$，它的转移概率为

$$p_{i,i}(t)=P\{N(t+s)=i\mid N(s)=i\}$$
$$=P\{N(t)=0\}=\mathrm{e}^{-\lambda t},$$
$$p_{i,i+1}(t)=P\{N(t+s)=i+1\mid N(s)=i\}$$
$$=P\{N(t)=1\}=\lambda t\mathrm{e}^{-\lambda t},$$
$$p_{i,j}(t)=\frac{(\lambda t)^{j-i}}{(j-i)!}\mathrm{e}^{-\lambda t},\quad j>i+1,$$
$$p_{i,j}(t)=0,\quad j<i。$$

例 4.19（Yule 过程）   考察生物群体繁殖过程的模型。设群体中各个生物体的繁殖是相互独立的、强度为 λ 的 Poisson 过程，并且群体中没有死亡，此过程称为 Yule 过程。我们来说明 Yule 过程是一个连续时间 Markov 链。

设在时刻 0 群体中有 1 个个体，则群体将有的个体数是 $\{1,2,\cdots\}$。以 $T_i(i\geqslant 1)$ 记群体数目从 i 增加到 $i+1$ 所需的时间，由 Yule 过程定义，当群体数目为 i 时，这 i 个个体是以相互独立的 Poisson 过程来产生后代的。由 Poisson 过程的可加性知，这相当于一个强度为 λi 的 Poisson 过程。由 Poisson 过程的独立增量性，易知 T_i 与状态的转移是独立的 $(i\geqslant 1)$，并且 $\{T_i\}$ 是相互独立的参数为 $i\lambda$ 的指数变量，这就说明了 Yule 过程是一个连续时间 Markov 链。我们来求它的转移概率 $p_{ij}(t)$。首先

$$P\{T_1\leqslant t\}=1-\mathrm{e}^{-\lambda t},$$
$$P\{T_1+T_2\leqslant t\}=\int_0^t P\{T_1+T_2\leqslant t\mid T_1=x\}\lambda\mathrm{e}^{-\lambda x}\mathrm{d}x$$
$$=\int_0^t (1-\mathrm{e}^{-2\lambda(t-x)})\lambda\mathrm{e}^{-\lambda x}\mathrm{d}x$$
$$=(1-\mathrm{e}^{-\lambda t})^2,$$
$$P\{T_1+T_2+T_3\leqslant t\}$$
$$=\int_0^t P\{T_1+T_2+T_3\leqslant t\mid T_1+T_2\leqslant x\}\mathrm{d}P\{T_1+T_2\leqslant x\}$$

$$= \int_0^t (1 - e^{-3\lambda(t-x)}) 2\lambda e^{-\lambda x} (1 - e^{-\lambda x}) \mathrm{d}x$$

$$= (1 - e^{-\lambda t})^3,$$

...

一般地,用归纳法不难证明

$$P\{T_1 + T_2 + \cdots + T_j \leqslant t\} = (1 - e^{-\lambda t})^j. \tag{4.5.4}$$

而

$$\{T_1 + T_2 + \cdots + T_j \leqslant t\} \Leftrightarrow \{X(t) \geqslant j+1 \mid X(0) = 1\}, \tag{4.5.5}$$

所以

$$p_{1j}(t) = P\{X(t) = j \mid X(0) = 1\}$$
$$= P\{X(t) \geqslant j \mid X(0) = 1\} - P\{X(t) \geqslant j+1 \mid X(0) = 1\}$$
$$= (1 - e^{-\lambda t})^{j-1} - (1 - e^{-\lambda t})^j$$
$$= e^{-\lambda t}(1 - e^{-\lambda t})^{j-1} \quad (j \geqslant 1). \tag{4.5.6}$$

这是一个几何分布,均值为 $e^{\lambda t}$。

又因为

$$p_{ij}(t) = P\{X(s+t) = j \mid X(s) = i\}$$

相当于一个总量从 i 个个体开始的 Yule 过程的群体总数在 t 时间内增加到 j 的概率,而这相当于 i 个独立的服从(4.5.6)式的几何随机变量的和取值为 j 的概率(想一想为什么),于是

$$p_{ij}(t) = \binom{j-1}{i-1} e^{-\lambda t i}(1 - e^{-\lambda t})^{j-i}, \quad j \geqslant i \geqslant 1. \tag{4.5.7}$$

例 4.20(生灭过程) 仍然考虑一个生物群体的繁殖模型。每个个体生育后代如例 4.19 的假定,但是每个个体将以指数速率 μ 死亡。这是一个生灭过程,一个生灭过程的状态为 $\{0, 1, 2, \cdots\}$。在状态 i,它能转移到 $i+1$(生了一个)或 $i-1$(死了一个),以 T_i 记过程从 i 到达 $i+1$ 或 $i-1$ 的时间,类似例 4.19 可以得到,T_i 相互独立且与状态会转移到 $i+1$ 或是 $i-1$ 是独立的,T_i 服从参数为 $i\mu + i\lambda$ 的指数分布(把生灭过程看成两个 Yule 过程之和,一个生,一个灭),并且下一次转移到 $i+1$ 的概率 $p_{i,i+1}$ 是 $\frac{\lambda}{\mu + \lambda}$(见第 2 章习题 2.3),到 $i-1$ 的概率为 $\frac{\mu}{\mu + \lambda}$。

例 4.21(*M/M/s* 排队系统) 顾客的来到是参数为 λ 的 Poisson 过程。服务员数为 s 个,每个顾客接受服务的时间服从参数为 μ 的指数分布。遵循

先来先服务,若服务员没有空闲就排队的原则。以 $X(t)$ 记 t 时刻系统中的总人数,则 $\{X(t),t\geqslant 0\}$ 是一个生灭过程(来到看作出生,离去看作死亡),来到率是恒定参数为 λ 的 Poisson 过程,离去过程的参数会发生变化,以 μ_n 记系统中有 n 个顾客时的离去率,则

$$\mu_n = \begin{cases} n\mu, & 1\leqslant n\leqslant s, \\ s\mu, & n>s_{\,\circ} \end{cases} \tag{4.5.8}$$

请读者自己证明。

4.5.2 转移概率 $p_{ij}(t)$ 和 Kolmogorov 微分方程

对于离散时间时齐 Markov 链,如果已知其转移概率矩阵 $\boldsymbol{P}=(p_{ij})$,则其 n 步转移概率矩阵由其一步转移矩阵的 n 次方可得。但是对于连续时间 Markov 链,转移概率 $p_{ij}(t)$ 的求解一般比较复杂。下面,我们先考虑 $p_{ij}(t)$ 的一些性质。

定理 4.15 时齐连续时间 Markov 链的转移概率 $p_{ij}(t)$ 满足:

(1) $p_{ij}(t)\geqslant 0$;

(2) $\sum\limits_{j\in S} p_{ij}(t)=1$;

(3) $p_{ij}(t+s)=\sum\limits_{k\in S} p_{ik}(t)p_{kj}(s)$。

证明 (1)和(2)由 $p_{ij}(t)$ 的定义易知。

下面证明(3)。

$$\begin{aligned} p_{ij}(t+s) &= P\{X(t+s)=j \mid X(0)=i\} \\ &= \sum_{k\in S} P\{X(t+s)=j,X(t)=k \mid X(0)=i\} \\ &= \sum_{k\in S} P\{X(t+s)=j \mid X(t)=k,X(0)=i\} \times \\ &\quad\ P\{X(t)=k \mid X(0)=i\} \\ &= \sum_{k\in S} P\{X(t+s)=j \mid X(t)=k\} p_{ik}(t) \\ &= \sum_{k\in S} p_{ik}(t)p_{kj}(t)_{\,\circ} \end{aligned}$$

一般称(3)为连续时间 Markov 链的 C-K 方程。

定理 4.16 对固定的 $i,j\in S=\{0,1,2,\cdots,\}$,$p_{ij}(t)$ 是 t 的一致连续函数。

证明　设 $h > 0$,则

$$p_{ij}(t+h) - p_{ij}(t) = \sum_{k=0}^{\infty} p_{ik}(h) p_{kj}(t) - p_{ij}(t)$$

$$= p_{ii}(h) p_{ij}(t) - p_{ij}(t) + \sum_{k \neq i} p_{ik}(h) p_{kj}(t)$$

$$= -(1 - p_{ii}(h)) p_{ij}(t) + \sum_{k \neq i} p_{ik}(h) p_{kj}(t),$$

从而得到

$$p_{ij}(t+h) - p_{ij}(t) \geqslant -(1 - p_{ii}(h)) p_{ij}(t) \geqslant -(1 - p_{ii}(h))$$

和

$$p_{ij}(t+h) - p_{ij}(t) \leqslant \sum_{k \neq i} p_{ik}(h) p_{kj}(t) \leqslant \sum_{k \neq i} p_{ik}(h) = 1 - p_{ii}(h),$$

因此得到

$$\mid p_{ij}(t+h) - p_{ij}(t) \mid \leqslant 1 - p_{ii}(h)。$$

对于 $h < 0$,可得类似不等式,所以有

$$\mid p_{ij}(t+h) - p_{ij}(t) \mid \leqslant 1 - p_{ii}(\mid h \mid) \to 0 \quad (h \to 0),$$

即 $p_{ij}(t)$ 关于 t 是一致连续的。

定理 4.17　(1) $\lim\limits_{t \to 0} \dfrac{1 - p_{ii}(t)}{t} = q_{ii} \leqslant +\infty$;

(2) $\lim\limits_{t \to 0} \dfrac{p_{ij}(t)}{t} = q_{ij} < +\infty$。

证明略(见参考文献[27])。称 q_{ij} 为从状态 i 转移到 j 的转移速率。

推论 4.6　对有限状态时齐的连续时间的 Markov 链,有

$$q_{ii} = \sum_{j \neq i} q_{ij} < +\infty。$$

证明　由定理 4.15 知,$\sum\limits_{j \in S} p_{ij}(t) = 1$,即

$$1 - p_{ii}(t) = \sum_{j \neq i} p_{ij}(t),$$

故

$$\lim_{t \to 0} \frac{1 - p_{ii}(t)}{t} = \lim_{t \to 0} \sum_{j \neq i} \frac{p_{ij}(t)}{t}$$

$$= \sum_{j \neq i} \lim_{t \to 0} \frac{p_{ij}(t)}{t}$$

$$= \sum_{j \neq i} q_{ij} < +\infty。 \quad (4.5.9)$$

注 对于无限状态的情况，一般只能得到 $q_{ii} \geqslant \sum_{j \neq i} q_{ij}$。为了简单起见，设状态空间为 $S = \{1, 2, \cdots, n, \cdots\}$。此时记

$$
Q = \begin{pmatrix}
-q_{11} & q_{12} & q_{13} & \cdots & q_{1i} & \cdots \\
q_{21} & -q_{22} & q_{23} & \cdots & q_{2i} & \cdots \\
\vdots & \vdots & \vdots & & \vdots & \cdots \\
q_{i1} & q_{i2} & q_{i3} & \cdots & -q_{ii} & \cdots \\
\vdots & \vdots & \vdots & & \vdots &
\end{pmatrix},
$$

称为连续时间 Markov 链的 **Q-矩阵**，当矩阵元素 $q_{ii} = \sum_{j \neq i} q_{ij} < +\infty$ 时，称该矩阵为**保守的**。

下面我们应用这两个定理及推论，来导出一个重要的微分方程。

定理 4.18（Kolmogorov 微分方程） 对一切 $i, j \in S$，$t \geqslant 0$ 且 $\sum_{j \neq i} q_{ij} = q_{ii} < +\infty$，有：

(1) 向后方程

$$
p'_{ij}(t) = \sum_{k \neq i} q_{ik} p_{kj}(t) - q_{ii} p_{ij}(t) \text{。} \tag{4.5.10}
$$

(2) 在适当的正则条件下，有向前方程

$$
p'_{ij}(t) = \sum_{k \neq j} q_{kj} p_{ik}(t) - q_{jj} p_{ij}(t) \text{。} \tag{4.5.11}
$$

证明 先证明(1)。由定理 4.15(3)，有

$$
p_{ij}(t+h) = \sum_{k \in S} p_{ik}(h) p_{kj}(t)
$$

或等价地

$$
p_{ij}(t+h) - p_{ii}(h) p_{ij}(t) = \sum_{k \neq i} p_{ik}(h) p_{kj}(t), \tag{4.5.12}
$$

变形为

$$
p_{ij}(t+h) - p_{ij}(t) = \sum_{k \neq i} p_{ik}(h) p_{kj}(t) - (1 - p_{ii}(h)) p_{ij}(t),
$$

$$\tag{4.5.13}$$

于是

$$
\lim_{h \to 0} \frac{p_{ij}(t+h) - p_{ij}(t)}{h} = \lim_{h \to 0} \sum_{k \neq i} \frac{p_{ik}(h)}{h} p_{kj}(t) - \lim_{h \to 0} \frac{1 - p_{ii}(h)}{h} p_{ij}(t) \text{。}
$$

$$\tag{4.5.14}$$

若此 Markov 链状态是有限的，应用定理 4.17 和推论 4.6 从上式直接可得

(1)(向后方程)。

下面证明对于无限状态下依然有(1)成立。由式(4.5.14)我们只需证明其中的极限与求和可交换次序即可。

对于固定的 N,有

$$\liminf_{h \to 0} \sum_{k \neq i} \frac{p_{ik}(h)}{h} p_{kj}(t) \geqslant \liminf_{h \to 0} \sum_{\substack{k \neq i \\ k < N}} \frac{p_{ik}(h)}{h} p_{kj}(t)$$

$$= \sum_{\substack{k \neq i \\ k < N}} \liminf_{h \to 0} \frac{p_{ik}(h)}{h} p_{kj}(t)$$

$$= \sum_{\substack{k \neq i \\ k < N}} q_{ik} p_{kj}(t), \tag{4.5.15}$$

由 N 的任意性,得

$$\liminf_{h \to 0} \sum_{k \neq i} \frac{p_{ik}(h)}{h} p_{kj}(t) \geqslant \sum_{k \neq i} q_{ik} p_{kj}(t)。 \tag{4.5.16}$$

又因为 $\forall k \in S, p_{kj} \leqslant 1$,所以

$$\limsup_{h \to 0} \sum_{k \neq i} \frac{p_{ik}(h)}{h} p_{kj}(t)$$

$$\leqslant \limsup_{h \to 0} \left[\sum_{\substack{k \neq i \\ k < N}} \frac{p_{ik}(h)}{h} p_{kj}(t) + \sum_{k \geqslant N} \frac{p_{ik}(h)}{h} \right]$$

$$= \limsup_{h \to 0} \left[\sum_{\substack{k \neq i \\ k < N}} \frac{p_{ik}(h)}{h} p_{kj}(t) + \left(\sum_{k} \frac{p_{ik}(h)}{h} - \sum_{k < N} \frac{p_{ik}(h)}{h} \right) \right]$$

$$= \limsup_{h \to 0} \left[\sum_{\substack{k \neq i \\ k < N}} \frac{p_{ik}(h)}{h} p_{kj}(t) + \left(\frac{1 - p_{ii}(h)}{h} - \sum_{\substack{k < N \\ k \neq i}} \frac{p_{ik}(h)}{h} \right) \right]$$

$$= \sum_{\substack{k \neq i \\ k < N}} q_{ik} p_{kj}(t) + q_{ii} - \sum_{\substack{k \neq i \\ k < N}} q_{ik}。 \tag{4.5.17}$$

同样由 N 的任意性,可知

$$\limsup_{h \to 0} \sum_{k \neq i} \frac{p_{ik}(h)}{h} p_{kj}(t) \leqslant \sum_{k \neq i} q_{ik} p_{kj}(t) \quad \left(\text{因为 } q_{ii} = \sum_{k \neq i} q_{ik} < +\infty \right),$$

这就证明了

$$\lim_{h \to 0} \sum_{k \neq i} \frac{p_{ik}(h)}{h} p_{kj}(t) = \sum_{k \neq i} q_{ik} p_{kj}(t)。 \tag{4.5.18}$$

于是(1)得证。(1)用矩阵形式写出即是 $\boldsymbol{P}'(t) = \boldsymbol{QP}(t)$,其中 $\boldsymbol{P}(t) = (p_{ij}(t))$,$\boldsymbol{Q} = (q_{ij})$。依定理条件可知,$\boldsymbol{Q}$ 是保守的。

下面证明(2)。在(1)中计算 $t+h$ 的状态时是对退后到时刻 h 的状态来取条件的(所以称为后退方程),这里我们考虑对时刻 t 的状态取条件,用 C-K 方程有

$$p_{ij}(t+h) = \sum_{k \in S} p_{ik}(t) p_{kj}(h)。$$

同理得到

$$\lim_{h \to 0} \frac{p_{ij}(t+h) - p_{ij}(t)}{h} = \lim_{h \to 0} \Big(\sum_{k \neq j} p_{ik}(t) \frac{p_{kj}(h)}{h} - \frac{1 - p_{jj}(h)}{h} p_{ij}(t) \Big)。$$

$$(4.5.19)$$

假定(4.5.19)式中极限与求和运算可交换,则有(2)成立。以矩阵形式写出(4.5.11)式即为

$$\boldsymbol{P}'(t) = \boldsymbol{P}(t)\boldsymbol{Q}。$$

但是这个假定不一定成立,所以在定理中,我们加了"适当正则"这个条件,但是对于有限状态的 Markov 链或生灭过程(特别只生不灭的纯生过程),它都是成立的。 ∎

例 4.22(Poisson 过程)   由 Poisson 过程的第二个定义知

$$p_{k,k+1}(h) = P\{N(t+h) - N(t) = 1 \mid N(t) = k\}$$
$$= \lambda h + o(h),$$
$$p_{k,k}(h) = P\{N(t+h) - N(t) = 0 \mid N(t) = k\}$$
$$= 1 - \lambda h + o(h)。$$

由此导出 $p_{ij}(t)$ 满足的微分方程,首先

$$\lim_{h \to 0} \frac{1 - p_{kk}(h)}{h} = q_{kk} = \lambda,$$
$$\lim_{h \to 0} \frac{p_{k,k+1}(h)}{h} = q_{k,k+1} = \lambda,$$

从而

$$p'_{ij}(t) = q_{i,i+1} p_{i+1,j}(t) - q_{ii} p_{ij}(t) = \lambda p_{i+1,j}(t) - \lambda p_{ij}(t)。$$

当 $j=i$ 时,有

$$p'_{ii}(t) = -\lambda p_{ii}(t);$$

当 $j=i+1$ 时,有

$$p'_{i,i+1}(t) = \lambda p_{i+1,i+1}(t) - \lambda p_{i,i+1}(t);$$

当 $j=i+2$ 时,有

$$p'_{i,i+2}(t) = \lambda p_{i+1,i+2}(t);$$

在其他情况下,微分方程不存在。

由条件 $p_{ii}(0)=1$,则上述微分方程的解为

$$p_{i,i}(t) = \mathrm{e}^{-\lambda t},$$

$$p_{i,i+1}(t) = \lambda t\, \mathrm{e}^{-\lambda t},$$

$$p_{ij}(t) = \mathrm{e}^{-\lambda t}\, \frac{(\lambda t)^{j-i}}{(j-i)!} \quad (j \geqslant i \geqslant 0),$$

可由此验证这个定义与 Poisson 过程的第一个定义的等价性。

例 4.23(Yule 过程)　类似 Poisson 过程,给出 Yule 过程 $\{X(t),t\geqslant 0\}$ 的转移概率。

解　由于考虑的是单一始祖,即 $X(0)=1$,根据模型的假定(见例 4.19),有

$$P\{X(t+h)-X(t) = 1 \mid X(t) = k\} = k\lambda h + o(h),$$

$$P\{X(t+h)-X(t) = 0 \mid X(t) = k\} = 1 - k\lambda h + o(h),$$

$$P\{X(t+h)-X(t) \geqslant 2 \mid X(t) = k\} = o(h),$$

$$P\{X(t+h)-X(t) < 0 \mid X(t) = k\} = 0.$$

重复例 4.22 的过程得 Yule 过程的转移概率 $p_{ij}(t)$ 满足的向前方程为

$$P'_{ii}(t) = -i\lambda p_{ii}(t),$$

$$P'_{ij}(t) = (j-1)\lambda p_{i,j-1}(t) - j\lambda p_{ij}(t), \quad j > i,$$

解得

$$p_{ij}(t) = \binom{j-1}{i-1} \mathrm{e}^{-\lambda t i} (1 - \mathrm{e}^{-\lambda t})^{j-i}, \quad j \geqslant i \geqslant 1.$$

与例 4.19 中结论是相同的。

例 4.24(生灭过程)　同样,例 4.21 的生灭过程应满足

(1) $P\{X(t+h)-X(t)=1 \mid X(t)=i\} = \lambda h + o(h)$;

(2) $P\{X(t+h)-X(t)=-1 \mid X(t)=i\} = i\mu h + o(h)$;

(3) $P\{X(t+h)-X(t)=0 \mid X(t)=i\} = 1 - (\lambda + i\mu) h + o(h)$;

(4) $P\{X(t+h)-X(t) \mid X(t)=0\} = 1 - \lambda_0 + o(h)$;

(5) $p_{ii}(0)=1, p_{ij}(0)=0 \quad (j \neq i)$.

从而导出 Kolmogorov 向后方程为

$$\begin{cases} p'_{ij}(t) = i\mu p_{i-1,j}(t) - (\lambda + i\mu) p_{ij}(t) + \lambda p_{i+1,j}(t), & i \geqslant 0, \\ p'_{0,j}(t) = -\lambda p_{0,j}(t) + \lambda p_{1,j}(t). \end{cases}$$

向前方程为

$$\begin{cases} p'_{ij}(t) = (i+1)\mu p_{i,j+1}(t) - (\lambda + i\mu)p_{ij}(t) + \lambda p_{i,j-1}(t), \\ p'_{i,0}(t) = -\lambda p_{i,0}(t) + \mu p_{i,1}(t) \text{。} \end{cases}$$

例 4.25　考察某一系统运作情况(例如机器运转)。如果运作正常,则认为系统处于状态 1;如果系统正在调整(例如机器维修,计算机杀毒等),则认为系统处于状态 0。系统运作一段时间后,会遇到不能正常运作的情况,此时系统需要调整。调整后又恢复运作。假定系统从开始运作直至遇到需要调整的运作时间是随机的,服从参数为 μ 的指数分布,密度函数为 $\mu e^{-\mu t}, t > 0$。而调整期也是随机的,服从参数为 λ 的指数分布,密度函数为 $\lambda e^{-\lambda t}, t > 0$。假定运作周期是相互独立的,调整期也是相互独立的。如果令 $X(t)$ 为系统在时刻 t 所处的状态,则由于在时刻 t 以后,系统所处的状态仅与在时刻 t 及其以后的剩余运作时间或剩余调整时间有关。利用指数分布的无记忆性知道,$X(t)$ 是时齐 Markov 链。下面我们用 Kolmogorov 方程求出此 Markov 链的转移概率。

为了列出 Kolmogorov 方程,先确定 q_{ij}。当时间增量 Δt 很小时,如果系统在时刻 t 处于状态 0,而在时刻 $t + \Delta t$ 变为状态 1,则只要求在时间区间 $(t, t+\Delta t)$ 内,使系统恢复,此时

$$p_{01}(\Delta t) = \int_0^{\Delta t} \lambda e^{-\lambda t} dt = 1 - e^{-\lambda \Delta t} = \lambda \Delta t + o(\Delta t),$$

所以

$$q_{01} = \lim_{\Delta t \to 0} \frac{p_{00}(\Delta t)}{\Delta t} = \lambda \text{。}$$

同理

$$p_{10}(\Delta t) = \mu \Delta t + o(\Delta t), \quad q_{10} = \mu \text{。}$$

于是得到

$$\boldsymbol{Q} = \begin{pmatrix} -\lambda & \lambda \\ \mu & -\mu \end{pmatrix},$$

从而 Kolmogorov 向前方程为

$$p'_{i0}(t) = -\lambda p_{i0}(t) + \mu p_{i1}(t), \quad i = 0, 1, \tag{4.5.20}$$

$$p'_{i1}(t) = \lambda p_{i0}(t) - \mu p_{i1}(t), \quad i = 0, 1 \text{。} \tag{4.5.21}$$

由于 $p_{i0}(t) + \mu p_{i1}(t) = 1$,故将 $p_{i1}(t) = 1 - p_{i0}(t)$ 代入(4.5.20)式得

$$p'_{i0}(t) + (\lambda + \mu)p_{i0}(t) = \mu, \tag{4.5.22}$$

在初始条件 $p_{ij}(0) = \delta_{ij}$ 下,方程(4.5.22)的解为

$$p_{i0}(t) = \frac{\mu}{\lambda + \mu} + c\mathrm{e}^{-(\lambda+\mu)t}。$$

利用 $p_{00}(0)=1, p_{10}(0)=0$ 确定常数 c，得

$$p_{00}(t) = \frac{\lambda}{\lambda + \mu} + \frac{\lambda}{\lambda + \mu}\mathrm{e}^{-(\lambda+\mu)t},$$

$$p_{10}(t) = \frac{\lambda}{\lambda + \mu} - \frac{\mu}{\lambda + \mu}\mathrm{e}^{-(\lambda+\mu)t}。$$

再利用 $p_{i1}(t)=1-p_{i0}(t)$，得

$$p_{01}(t) = \frac{\lambda}{\lambda + \mu} - \frac{\lambda}{\lambda + \mu}\mathrm{e}^{-(\lambda+\mu)t},$$

$$p_{11}(t) = \frac{\lambda}{\lambda + \mu} + \frac{\mu}{\lambda + \mu}\mathrm{e}^{-(\lambda+\mu)t}。$$

为了进一步研究比如 Brown 运动、扩散过程等连续时间，连续状态空间随机过程，我们给出一般的 Markov 过程的定义来结束本节的讨论。

定义 4.15 一个连续时间参数的随机过程 $\{X_t\}$ 具有 Markov 性质，如果 $\forall s < t$，给定 $\{X_u, u \leqslant s\}$，X_t 的条件分布与给定 X_s, X_t 的条件分布相同。这样具有 Markov 性质的过程称为 Markov 过程。当状态空间可数时，Markov 过程就是连续时间的 Markov 链。

4.6 Markov 链 Monte Carlo 方法

Monte Carlo 方法是随机模拟方法的别称，原理是通过大量随机样本，去了解一个系统，进而得到所要计算的值，例如用模拟产生随机样本，再用样本均值作为数学期望的近似值；或者通过模拟，得到某个事件发生的频率，再用这个频率近似表示该事件发生的概率。Monte Carlo 方法比较直观，随着计算技术的快速发展，已经成为科学计算中最为重要的方法之一。

一般通过构造独立同分布的随机数来计算积分的 Monte Carlo 方法，也称为静态 Monte Carlo 方法。在维数非常高的情况下，因为计算量太大，使用静态 Monte Carlo 方法处理速度太慢。故引入一种动态 Monte Carlo 方法，即通过构造 Markov 链的极限平稳分布，来模拟计算积分的方法，称为 Markov 链 Monte Carlo 方法，以下均简记为 MCMC(Markov Chain Monte Carlo)。

其主要思想是：一方面，如果不变分布是我们要抽样的目标分布，根据不

变分布与极限分布的关系可知,在多次转移之后,Markov 链会收敛到不变分布。再根据不变分布的定义可知,达到不变分布之后的每一步都是同分布的。因此,在某个比较大的步数时,我们可以将过程在其之后的每次取值作为一个随机样本,这些样本是同分布的。另一方面,尽管这些样本没有独立性,但 Markov 链仍然保持了一些类似大数定律和中心极限定理的良好性质,因此我们还是可以利用它来解决一些常见问题。

基于上述想法,我们的任务就是考虑如何构造转移矩阵,使得不变分布恰好是我们要的目标分布。下面介绍 Metropolis-Hasting 算法(简称 M-H 算法)来构造一个将某个给定概率分布作为极限分布的 Markov 链。

M-H 算法的具体思路是:(1)引入平衡方程,平衡方程的解一定是不变分布;(2)对任意给定的不变分布,构造转移概率矩阵使平衡方程成立;(3)提高抽样效率,即为了解决抽样接受率过低的问题,适当修正接受率的设置。

首先介绍平衡方程。假设 $\{p_{ji}\}_{J \times J}$ 为一个转移概率矩阵,如果存在正数 $x_j (j=1,2,\cdots,J)$,满足如下方程:

$$\begin{cases} x_i p_{ij} = x_j p_{ji}, \\ \displaystyle\sum_{j=1}^{N} x_j = 1, \end{cases}$$

则称此方程为**平衡方程**。

因为对所有状态 i 求和可得 $\displaystyle\sum_{i=1}^{J} x_i p_{ij} = x_j \sum_{i=1}^{J} p_{ji} = x_j$,根据定理 4.12 知,遍历的 Markov 链(即不可约、正常返、非周期的 Markov 链)的不变分布是唯一的,所以平衡方程的解为不变分布。不过,这只是一个充分条件,不是所有的不变分布都能满足平衡方程。如果一个 Markov 链的不变分布能满足平衡方程,则称此 Markov 链是**时间可逆的**。(这表示若用概率分布 $\{\pi_j, j=1,2,\cdots,J\}$ 表示 Markov 链的初始分布,则从任意时刻开始以相反方向考察系统的变化情况,仍是一个转移概率为 p_{ij} 的 Markov 链。)

下一步考虑对任意给定的不变分布,如何构造转移概率矩阵使平衡方程成立。一种常用的方法是对任意给定的转移概率矩阵 $\boldsymbol{R}$(通常是常见的),通过引入一个接受率,两者组合成所需要的转移概率矩阵。

具体来说,假设 $\{\pi_j, j=1,2,\cdots,J\}$ 为一个给定的分布,$\boldsymbol{R} = \{r_{ij}\}_{J \times J}$ 为一个给定的转移概率矩阵,只需要令

$$p_{ij} = r_{ij}\alpha_{ij},$$

其中 $\alpha_{ij} = \pi_j r_{ji}$,则对于任意 i,j,均有 $\pi_i p_{ij} = \pi_j p_{ji}$ 成立。

　　这里的 α_{ij} 一般称之为接受率,取值在 $[0,1]$ 之间,可以理解为一个概率值。这很像接受—拒绝抽样,那里是以一个常见分布通过一定的接受—拒绝概率得到一个非常见分布,这里是以一个常见的 Markov 链转移概率矩阵 $\boldsymbol{R}$ 通过一定的接受—拒绝概率得到目标转移矩阵 $\boldsymbol{P}$,两者的解决问题思路是类似的。

　　到此为止,我们已经可以对目标分布做基于 Markov 链的抽样了。不过,前面的抽样算法可能会遇到接受率过低的问题,即 α_{ij} 可能非常的小,导致大部分的抽样值都被拒绝转移,这使得抽样效率很低。

　　因此,下面将通过修正接受率的设置,来提高抽样效率。

　　令 $p_{ij}=r_{ij}\widetilde{\alpha}_{ij}$,其中 $\widetilde{\alpha}_{ij}=\min\left\{\dfrac{\pi_j r_{ji}}{\pi_i r_{ij}},1\right\}$,则平衡方程 $\pi_i p_{ij}=\pi_j p_{ji}$ 仍然成立。

　　由此可得 M-H 算法如下:

　　(1) 输入目标不变分布 π,输入任意给定的 Markov 链转移概率矩阵 $\boldsymbol{R}$。

　　(2) 从任意简单概率分布得到初始状态值 i_0。

　　(3) 重复以下步骤直至 Markov 链达到平稳状态。

　　(3.1) 从条件概率分布 $\{P(X_{n+1}=j\mid X_n=i_n)=r_{i_n j},j=1,2,\cdots,J\}$ 中得到第 $n+1$ 步的状态值 i_{n+1}。

　　(3.2) 得到一个均匀分布 $U[0,1]$ 随机数 u。

　　(3.3) 如果 $u<\widetilde{\alpha}_{i_n i_{n+1}}$,则接受第 $n+1$ 步的状态值为 i_{n+1};否则第 $n+1$ 步的状态值仍为 i_n。

4.7　隐 Markov 链模型

　　在实际问题中,我们所观测到的信号经常会受到某个其他过程的影响,由于技术条件等原因,这个过程可能是不可观测的,我们需要通过可观测到的信号去识别或估计这个隐藏过程的相关性质,这与 Bayes 问题有很多相似之处。隐 Markov 链模型是刻画这类问题的高效方法,它包容度很大,有非常宽的应用面。

　　定义 4.16　对任意的 $i\in S,y\in E$,其中 S 为状态空间,E 是元素个数有限的集合,若有

$$P\{Y_n=y\mid X_1,Y_1,X_{n-1},Y_{n-1},X_n=i\}$$

$$= P\{Y_n = y \mid X_n = i\}, \quad y \in E, i \in S, \tag{4.7.1}$$

$$P\{X_{n+1} = j \mid X_1, Y_1, \cdots, X_{n-1}, Y_n, X_n = i\}$$

$$= P\{X_{n+1} = j \mid X_n = i\}, \quad i, j \in S, \tag{4.7.2}$$

则称 $\{Y_n, n=1,2,\cdots\}$ 和 $\{X_n, n=1,2,\cdots\}$ 构成为**隐 Markov 链模型**。

(4.7.1)式说明如果已知隐藏过程 $\{X_n, n=1,2,\cdots\}$ 在时刻 n 的状态,则观测过程 $\{Y_n, n=1,2,\cdots\}$ 在时刻 n 的状态与以前的隐藏过程和观测过程取值无关。(4.7.2)式说明隐藏过程为一个 Markov 链,且在已知 X_n 的条件下 X_{n+1} 与 Y_n 的历史无关。

例 4.26　考虑一个生产过程。在每个时段它或者处在一个好的状态(状态 1),或者处在一个差的状态(状态 2)。如果在一个时段过程处在状态 1,独立于过去,在下一个时段将以概率 0.9 处在状态 1,而将以概率 0.1 处在状态 2,一旦过程处在状态 2,它将永远处在状态 2。假设每个时段生产一个产品,当过程处在状态 1 时,每个生产的产品以概率 0.99 达到可接受的质量,而当过程处在状态 2 时,生产的产品以概率 0.96 达到可接受的质量。

如果每个产品的状况(或者可接受,或者不可接受)相继地被观测到,而生产过程是一个黑箱,不能观测到,那么可以用一个隐 Markov 链模型来刻画。

假设 $\{X_n, n=1,2,\cdots\}$ 为生产过程所处的状态,$\{Y_n, n=1,2,\cdots\}$ 为每个产品的状况,a 表示产品可接受,u 表示产品不可接受,则已知生产过程所处的状态条件下,每个产品是否可接受的概率为

$$P\{Y_n = u \mid X_n = 1\} = 0.01, \quad P\{Y_n = a \mid X_n = 1\} = 0.99,$$

$$P\{Y_n = u \mid X_n = 2\} = 0.04, \quad P\{Y_n = a \mid X_n = 2\} = 0.96。$$

而隐藏过程 $\{X_n, n=1,2,\cdots\}$ 的转移概率是

$$p_{11} = 0.9 = 1 - p_{12}, \qquad p_{22} = 1。$$

实际上,这个例子的基本构造与混合随机变量类似,只不过将随机变量替换为 Markov 链,即

$$Y_n = I_{\{X_n = 1\}} Z_1 + I_{\{X_n = 2\}} Z_2,$$

其中 X_n 是 Markov 链,Z_1 和 Z_2 分别是二元取值的随机变量。

性质 4.1　若 $\{X_n, n=1,2,\cdots\}$ 和 $\{Y_n, n=1,2,\cdots\}$ 构成隐 Markov 链模型,则有:

(1)

$$P\{Y_1 = y_1, \cdots, Y_n = y_n \mid X_1 = i_1, \cdots, X_n = i_n\}$$

$$= P\{Y_1 = y_1 \mid X_1 = i_1\} \cdot P\{Y_2 = y_2 \mid X_2 = i_2\} \cdots \cdot P\{Y_n = y_n \mid X_n = i_n\};$$

（2）

$$P\{Y_1 = y_1, \cdots, Y_n = y_n, X_1 = i_1, \cdots, X_n = i_n\}$$

$$= P\{X_1 = i_1, \cdots, X_n = i_n\} \cdot P\{Y_1 = y_1, \cdots, Y_n = y_n \mid X_1 = i_1, \cdots, X_n = i_n\}$$

$$= (P\{X_n = i_n \mid X_{n-1} = i_{n-1}\} \cdots \cdot P\{X_2 = i_2 \mid X_1 = i_1\} \cdot P\{X_1 = i_1\}) \cdot$$

$$(P\{Y_1 = y_1 \mid X_1 = i_1\}\{Y_2 = y_2 \mid X_2 = i_2\} \cdots \cdot P\{Y_n = y_n \mid X_n = i_n\});$$

（3）

$$P\{Y_1 = y_1, \cdots, Y_n = y_n\}$$

$$= \sum_{i_1, i_2, \cdots, i_n \in S} P\{Y_1 = y_1, \cdots, Y_n = y_n, X_1 = i_1, \cdots, X_n = i_n\}.$$

证明　（1）根据条件概率公式以及(4.7.1)式和(4.7.2)式知

$$P\{Y_1 = y_1, \cdots, Y_n = y_n \mid X_1 = i_1, \cdots, X_n = i_n\}$$

$$= P\{Y_n = y_n \mid Y_1 = y_1, \cdots, Y_{n-1} = y_{n-1}, X_1 = i_1, \cdots, X_n = i_n\} \cdot$$

$$P\{Y_1 = y_1, \cdots, Y_{n-1} = y_{n-1} \mid X_1 = i_1, \cdots, X_n = i_n\}$$

$$= P\{Y_n = y_n \mid X_n = i_n\} \cdot P\{Y_1 = y_1, \cdots, Y_{n-1} = y_{n-1} \mid X_1 = i_1, \cdots, X_n = i_n\}$$

$$\cdots$$

$$= P\{Y_1 = y_1 \mid X_1 = i_1\} \cdot P\{Y_2 = y_2 \mid X_2 = i_2\} \cdots \cdot P\{Y_n = y_n \mid X_n = i_n\}.$$

（2）利用 Markov 链的性质可得。

（3）显然可得。　■

性质 4.1 说明两个过程的条件分布、联合分布和边缘分布都可以由 $P\{Y_n = y \mid X_n = i\}$，$P\{X_{n+1} = j \mid X_n = i\}$ 和 Markov 链的初始分布 $P\{X_1 = i\}$，$y \in E$，$i, j \in S$ 确定。

应用中的典型问题是：由一段观测到的信号序列$(y_1, y_2, \cdots, y_n)$去估计隐藏过程的状态取值。借助 Bayes 公式可得如下的后验概率：

$$P\{X_k = j \mid Y_1 = y_1, \cdots, Y_n = y_n\}$$

$$= \frac{P(Y_1 = y_1, \cdots, Y_n = y_n, X_k = j)}{P(Y_1 = y_1, \cdots, Y_n = y_n)}, \quad 1 \leqslant k \leqslant n.$$

于是，X_k 最可能的取值为

$$j^* = \arg \max_{j \in E}\{P(X_k = j \mid Y_1 = y_1, \cdots, Y_n = y_n)\}, \quad (4.7.3)$$

其中，$\arg \max\{\cdots\}$ 是使$\{\cdots\}$达到最大的自变量值。

这种估计方法是基于整个观测序列对中间某一时刻状态值的一种最佳估计，称为最大后验概率(Maximum a Posteriori Estimation)估计，简称 MAP 估计。

例 **4.27**   某数字通信系统如图 4.8 所示。其中二进制信源序列 $\{X_n, n \geqslant 1\}$

具有齐次 Markov 性,转移概率矩阵 $\boldsymbol{P} = \begin{pmatrix} 0.7 & 0.3 \\ 0.6 & 0.4 \end{pmatrix}$。

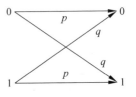

初始值固定为 0。经过二进制信道后,接收到的信号
序列为 $\{Y_n, n \geqslant 1\}$。设信道特征见图 4.8,其中 $p = 0.7, q = 0.3$。试估计:在收到(010)条件下 X_3 的可能值。

图 4.8   某数字通信系统
信道特征

解   该通信系统可用 Markov 链模型描述,信源
序列可视为"隐藏"过程 $\{X_n, n = 1, 2, \cdots\}$,接收端收到的信号为观测过程 $\{Y_n, n = 1, 2, \cdots\}$,现要依据观测结果去估计信源值。

根据题意知,$\{X_n, n = 1, 2, \cdots\}$ 的初始分布为 $(\pi_0, \pi_1) = (1, 0)$,其转移概

率为 $\boldsymbol{P} = \begin{pmatrix} 0.7 & 0.3 \\ 0.6 & 0.4 \end{pmatrix}$,而已知信源序列,收到观测结果的概率为

$$\begin{bmatrix} P\{Y_1 = 0 \mid X_1 = 0\} & P\{Y_1 = 1 \mid X_1 = 0\} \\ P\{Y_1 = 0 \mid X_1 = 1\} & P\{Y_1 = 1 \mid X_1 = 1\} \end{bmatrix} = \begin{pmatrix} 0.7 & 0.3 \\ 0.3 & 0.7 \end{pmatrix}.$$

以下简记 (Y_1, Y_2, Y_3) 为 Y_{123},(X_1, X_2, X_3) 为 X_{123},则后验概率

$$P(X_3 = 1 \mid Y_{123} = 010) = P(Y_{123} = 010, X_3 = 1) / P(Y_{123} = 010).$$

根据性质 4.1,知上面后验概率等式右端的分母与分子部分分别为

$$P(Y_{123} = 010) = \sum_{i,j,k \in \{0,1\}} (\pi_i \cdot p_{ij} p_{jk} \cdot P\{Y_1 = 0 \mid X_1 = i\} \cdot$$

$$P\{Y_2 = 1 \mid X_2 = j\} \cdot P\{Y_3 = 0 \mid X_3 = k\})$$

$$= (1 \times 0.7 \times 0.7) \times (0.7 \times 0.3 \times 0.7) + (1 \times 0.7 \times 0.3) \times$$

$$(0.7 \times 0.3 \times 0.3) + (1 \times 0.3 \times 0.6) \times (0.7 \times 0.7 \times 0.7) +$$

$$(1 \times 0.3 \times 0.4) \times (0.7 \times 0.7 \times 0.3) + 0 + 0 + 0 + 0$$

$$= 0.07203 + 0.01323 + 0.06174 + 0.01764$$

$$= 0.10584.$$

又有

$$P(Y_{123} = 010, X_3 = 1) = \sum_{i,j \in \{0,1\}} P(Y_{123} = 010, X_{123} = ij1)$$

$$= \sum_{i,j \in \{0,1\}} (\pi_i \cdot p_{ij} p_{j1}) \cdot (P\{Y_1 = 0 \mid X_1 = i\} \cdot$$

$$P\{Y_2 = 1 \mid X_2 = j\} \cdot P\{Y_3 = 0 \mid X_3 = 1\})$$

$$= (1 \times 0.7 \times 0.3) \times (0.7 \times 0.3 \times 0.3) +$$

$$(1 \times 0.3 \times 0.4) \times (0.7 \times 0.7 \times 0.3) + 0 + 0$$

$$= 0.01323 + 0.01764$$
$$= 0.03087。$$

所以，$P(X_3 = 1 | S_{123} = 010) = 0.03087/0.10584 = 0.292$。

而 $P(X_3 = 0 | S_{123} = 010) = 1 - 0.292 = 0.708$。因此，在收到观测结果为 (010) 的条件下 X_3 的最可能取值为 0。

例 4.27 中采用的公式计算量通常很大，实用中一般采用递推方法。

令 $Y^n = (Y_1, \cdots, Y_n)$ 为前 n 个信号的随机向量。对于一个固定的信号序列 $y_1, \cdots, y_n$，令 $y^k = (y_1, \cdots, y_k)$，$k \leqslant n$。

性质 4.2 若 $\{Y_n, n = 1, 2, \cdots\}$ 和 $\{X_n, n = 1, 2, \cdots\}$ 构成隐 Markov 链模型，则有

$$P\{X_k = j \mid Y^n = y^n\} = \frac{F_n(j)}{\sum\limits_{i \in S} F_n(i)},$$

其中 $F_n(j) = P\{Y^n = y^n, X_n = j\} = P\{Y_n = y_n \mid X_n = j\} \sum\limits_{i \in S} F_{n-1}(i) p_{ij}$。

证明 首先

$$F_n(j) = P\{Y^{n-1} = y^{n-1}, Y_n = y_n, X_n = j\}$$
$$= \sum_{i \in S} P\{Y^{n-1} = y^{n-1}, X_{n-1} = i, X_n = j, Y_n = y_n\}$$
$$= \sum_{i \in S} F_{n-1}(i) P\{X_n = j, Y_n = y_n \mid Y^{n-1} = y^{n-1}, X_{n-1} = i\}$$
$$= \sum_{i \in S} F_{n-1}(i) p_{ij} P\{Y_n = y_n \mid X_n = j\}$$
$$= P\{Y_n = y_n \mid X_n = j\} \sum_{i \in S} F_{n-1}(i) p_{ij},$$

其中上面推导中的倒数第 3 个等式到下一步用了

$$P\{X_n = j, Y_n = y_n \mid X_{n-1} = i\}$$
$$= P\{X_n = j \mid X_{n-1} = i\} \cdot P\{Y_n = y_n \mid X_n = j, X_{n-1} = i\}$$
$$= p_{ij} P\{Y_n = y_n \mid X_n = j\},$$

所以

$$P\{X_k = j \mid Y^n = y^n\} = \frac{P\{Y^n = y^n, X_n = j\}}{P\{Y^n = y^n\}} = \frac{F_n(j)}{\sum\limits_{i \in S} F_n(i)}。$$

上面的证明过程说明 $F_n(j)$ 可以通过一个递推公式表达，即当 $n = 1$ 时，

$$F_1(i) = P\{X_1 = i, Y_1 = y_1\} = P\{X_1 = i\} P\{Y_1 = y_1 \mid X_1 = i\}。$$

然后利用 $P\{Y_n = y_n \mid X_n = j\}$，$P\{X_{n+1} = j \mid X_n = i\}$ 递推地确定函数 $F_2(i)$，

$F_3(i),\cdots,F_n(i)$，最终得到后验概率 $P\{X_k = j \mid Y^n = y^n\}$。这样可以节约计算资源，适于程序设计。

例 4.28   假设在例 4.26 中 $P(X_1 = 1)$，生产的前 3 个产品分别是 a, u, a，请问：

(1) 当生产了第 3 个产品时，过程在好的状态的概率是多少？

(2) X_4 是 1 的概率是多少？

(3) 生产的下一个产品是可接受的概率是多少？

解   根据题意，令 $y^3 = (a, u, a)$，由方程 (4.7.4)，有

$$F_1(1) = 0.8 \times 0.99 = 0.792,$$
$$F_1(2) = 0.2 \times 0.96 = 0.192,$$
$$F_2(1) = 0.11 \times (0.729 \times 0.9 + 0.192 \times 0) = 0.007128,$$
$$F_2(2) = 0.04 \times (0.729 \times 0.1 + 0.192 \times 1) = 0.010848,$$
$$F_3(1) = 0.99 \times (0.007128 \times 0.9) \approx 0.006351,$$
$$F_3(2) = 0.96 \times (0.007128 \times 0.1 + 0.010848) \approx 0.011098。$$

所以 (1) 的答案是

$$P\{X_3 = 1 \mid y^3 = (a, u, a)\} \approx \frac{0.006351}{0.006351 + 0.011098} \approx 0.364。$$

(2) 根据题意得

$$P\{X_4 = 1 \mid y^3 = (a, u, a)\}$$
$$= P\{X_4 = 1 \mid X_3 = 1, y^3 = (a, u, a)\}P\{X_3 = 1 \mid y^3 = (a, u, a)\} +$$
$$\quad P\{X_4 = 1 \mid X_3 = 2, y^3 = (a, u, a)\}P\{X_3 = 2 \mid y^3 = (a, u, a)\}$$
$$= 0.364 P\{X_4 = 1 \mid X_3 = 1, y^3 = (a, u, a)\} +$$
$$\quad 0.636 P\{X_4 = 1 \mid X_3 = 2, y^3 = (a, u, a)\}$$
$$= 0.364 p_{11} + 0.636 p_{21}$$
$$= 0.3276。$$

(3) 根据题意得

$$P\{S_4 = a \mid y^3 = (a, u, a)\}$$
$$= P\{S_4 = a \mid X_4 = 1, y^3 = (a, u, a)\}P\{X_4 = 1 \mid y^3 = (a, u, a)\} +$$
$$\quad P\{S_4 = a \mid X_4 = 2, y^3 = (a, u, a)\}P\{X_4 = 2 \mid y_3 = (a, u, a)\}$$
$$= 0.3276 \times P\{S_4 = a \mid X_4 = 1\} + P\{S_4 = a \mid X_4 = 2\} \times (1 - 0.3276)$$
$$= 0.99 \times 0.3276 + 0.96 \times 0.6724$$
$$= 0.9698。$$

应用中很多时候需要估计整段状态序列的值,这时优化问题(4.7.3)变为

$$P(X_1 = i_1, \cdots, X_n = i_n \mid Y^n = y^n) = \frac{P(X_1 = i_1, \cdots, X_n = i_n, Y^n = y^n)}{P(Y^n = y^n)}。$$

使上式达到最大值的$(i_1, i_2, \cdots, i_n)^*$就是最佳的估计,即

$$(i_1, i_2, \cdots, i_n)^* = \arg \max_{i_1, i_2, \cdots, i_n \in S} P(X_1 = i_1, \cdots, X_n = i_n \mid Y^n = y^n)$$

$$= \arg \max_{i_1, i_2, \cdots, i_n \in S} P(X_1 = i_1, \cdots, X_n = i_n \quad Y^n = y^n)。$$

$$(4.7.4)$$

从前面的例子中可以看到,这个问题涉及大量的计算,一种有效的算法是著名的**维特比算法**(**Viterbi algorithm**),但本书不做详细介绍。

从上面的这些例子可以看出,为了通过可观测到的信号去识别或估计隐藏过程,如求解问题(4.7.4),我们以 Bayes 原理为基础,利用 Markov 链条件独立的性质,将复杂的多元分布用相对简单的转移概率表达,再进一步将其化为迭代表达,最终满足快速求解的需要。

习 题 4

4.1 设今日有雨,则明日也有雨的概率为 0.7,今日无雨明日有雨的概率为 0.5。求星期一有雨,星期三也有雨的概率。

4.2 某人有 r 把伞用于上下班,如果一天的开始他在家(一天的结束他在办公室)中而且天下雨,只要有伞可取到,他将拿一把到办公室(家)中。如果天不下雨,那么他不带伞,假设每天的开始(结束)下雨的概率为 p,且与过去情况独立。

(1) 定义一个有 $r+1$ 个状态的 Markov 链并确定转移概率;

(2) 计算极限分布;

(3) 他被淋湿的平均次数所占比率是多少(如果天下雨而全部伞在另一处,那么称他被淋湿)?

4.3 对例 4.3 试确定状态的周期,常返性,并给此 Markov 链分类。

4.4 若 $f_{ii} < 1, f_{jj} < 1$,证明

$$\sum_{n=1}^{\infty} p_{ij}^{(n)} < +\infty \quad \text{及} \quad f_{ij} = \frac{\sum_{n=1}^{\infty} p_{ij}^{(n)}}{1 + \sum_{n=1}^{\infty} p_{jj}^{(n)}}。$$

4.5 设一只蚂蚁在直线上爬行,原点处一只蜘蛛在等待捕食,N 处有一挡板,蚂蚁到 N 后只能返回。设蚂蚁向左爬和向右爬的概率分别为 p 和 $1-p$。开始它处于 $0 < n < N$。

(1) 证明:蚂蚁被吃掉的概率为 1。

(2) 求蚂蚁平均爬行多久后被吃掉(设爬行一格用时为 1)。

4.6 4.5 题中设 $N=1$,但蜘蛛也在 0 和 1 之间爬行,起始位置在 0,蚂蚁的初始位置在 1,蜘蛛和蚂蚁分别依如下转移矩阵在 0 和 1 之间转移:

$$\begin{pmatrix} 0.7 & 0.3 \\ 0.3 & 0.7 \end{pmatrix}, \qquad \begin{pmatrix} 0.7 & 0.3 \\ 0.3 & 0.7 \end{pmatrix}.$$

(1) 求在时刻 n,蜘蛛和蚂蚁分别处于 0 和 1 的概率;

(2) 捕捉过程需要的平均时间为多长(设蚂蚁不会在途中被吃掉)?

4.7 将两个红球 4 个白球分别放入甲、乙两个盒子中。每次从两个盒子中各取一球交换,以 $X(n)$ 记第 n 次交换后甲盒中的红球数。

(1) 说明 $\{X(n), n \geq 0\}$ 是一 Markov 链并求转移矩阵 $\boldsymbol{P}$;

(2) 试证 $\{X(n), n = 0, 1, 2, \cdots\}$ 是遍历的;

(3) 求它的极限分布。

4.8 设有 3 个盒子装有红、白两种颜色球,装球情况如下:

盒子	红球	白球
甲	90	10
乙	50	50
丙	40	60

做下面的抽取:在甲盒中随机抽取 1 个球,记下它的颜色,然后重新放回 1 个与它不同颜色的球,在乙盒中随机抽取后记下颜色再放回,在丙盒中抽取后只记颜色不放回。现在某人随机选中一个盒子,按与此盒相应的抽取方式得到了一个如下记录(红,红,红,红,白),则他最可能选取的是哪一个盒子。(提示,对每一个盒子的情况建立一个 Markov 链。)

4.9 转移矩阵称为双随机的,若对一切 j,$\sum_{i=0}^{\infty} p_{ij} = 1$。设一个具有双随机转移阵的 Markov 链,有 n 个状态,且是遍历的,求它的极限概率。

4.10 对于 Yule 过程计算群体总数从 1 增长到 N 的平均时间。

4.11 假定一生物群体中的各个个体以指数率 λ 出生,以指数率 μ 死亡,另外还存在由迁入引起的指数增长率 θ,试对此建立一个生灭模型。

4.12 在习题 4.11 中假设当群体总数是 N 或更多时,就不允许迁入,同样建立一个生灭模型,并求当 $N=3,\theta=\lambda=1,\mu=2$ 时,不允许迁入的时间所占的比例。

4.13 考虑有两个状态的连续时间 Markov 链,状态为 0 和 1,链在离开 0 到达 1 之前在状态 0 停留的时间服从参数为 λ 的指数分布,相应地在 1 停留的时间是参数为 μ 的指数变量。对此建立 Kolmogorov 微分方程,并求其解。

4.14 设有一质点在 1,2,3 上做随机跳跃,在时刻 t 它位于三点之一,且在 $[t,t+h]$ 内以概率 $\frac{1}{2}+o(h)$ 分别可以跳到其他两个状态。试求转移概率满足的 Kolmogorov 方程。

4.15 对于例 4.21 的排队模型建立一个 Kolmogorov 方程并求转移概率。

第5章

鞅

————————————

本章将介绍另一类特殊的随机过程——鞅,近几十年来,鞅论在随机过程及其他数学分支中占据了重要地位。在概率论中,鞅的概念是由 P. lévy 提出的,之后 J. Doob 对其进行了系统的研究,建立了它的初期基础理论体系,而现代鞅论及其应用的发展主要由 P. Meyer,Itô 等人引领。从 20 世纪 70 年代开始,鞅论就在数学和其他很多领域中有广泛的应用,特别是在数学物理和金融数学中。

本章以介绍离散时间鞅为主,阐述鞅的一些基本理论。鞅的定义是从条件期望出发的,所以,对条件期望不熟悉的读者请先学习相关内容,这对于理解鞅论是至关重要的。

5.1 离散时间鞅的概念和性质

给定概率空间 $(\Omega, \mathscr{F}, P)$ 上的一族非降的 σ 域流 $\{\mathscr{F}_n, n=0,1,2,\cdots\}$。过程 $\{\xi_n, n=0,1,2,\cdots\}$ 是关于 $\{\mathscr{F}_n\}$ 的适应过程。

定义 5.1 如果 $\{\xi_n, n=0,1,2,\cdots\}$ 满足:

(1) $E|\xi_n| < +\infty, n=0,1,2,\cdots$;

(2) $\forall m \leqslant n (m, n$ 是非负整数$)$,有 $E(\xi_n | \mathscr{F}_m) \leqslant \xi_m (E(\xi_n | \mathscr{F}_m) \geqslant \xi_m)$。

则称 $(\xi_n, \mathscr{F}_n)$ 是一个上(下)鞅。

当 $(\xi_n, \mathscr{F}_n)$ 既是上鞅又是下鞅时,称 $(\xi_n, \mathscr{F}_n)$ 是**鞅**。

例 5.1 令 M_n 是一个赌博者在第 n 次赌博之后的赌本,M_0 是初始赌本,假设赌徒按照如下策略进行赌博:如果他赢了将停止赌博,如果他输了将把赌注加倍来进行下一次赌博。如果赌博是公平的话,赌博者的赌本会以什么样的方式发生变化呢?

解 令

$$\eta_n = \begin{cases} 1, & \text{赌博者在第 } n \text{ 次赌博赢,} \\ -1, & \text{赌博者在第 } n \text{ 次赌博输,} \end{cases}$$

则考虑 $\{\eta_n\}$ 独立同分布是一种比较合理的假定,不失一般性,设赌博者在第一次的赌注为 $M_0 \geq 1$,之后赌博者的策略将完全由之前的赌博结果来决定。

令 $\mathscr{F}_n = \sigma\{M_0, \eta_1, \eta_2, \cdots, \eta_n\}$,则 $\{M_n\}$ 关于 $\mathscr{F}_n$ 是适应的。设 $P(\eta_n = 1) = p, P(\eta_n = -1) = q$,其中 $p + q = 1$,则

$$M_{n+1} = \begin{cases} M_n, & \text{如果前面 } n \text{ 次中有一次赢了,} \\ M_n + 2^n \eta_{n+1}, & \text{如果前面 } n \text{ 次中都输了。} \end{cases}$$

$$\begin{aligned}
E(M_{n+1} \mid \mathscr{F}_n) &= E(M_{n+1} \mid M_0, \eta_1, \eta_2, \cdots, \eta_n) \\
&= E(M_n \cdot 1_{\{\text{前}n\text{次有一次赢了}\}} + (M_n + 2^n \eta_{n+1}) \cdot 1_{\{\text{前}n\text{次都输了}\}} \mid M_0, \eta_1, \cdots, \eta_n) \\
&= M_n + E(2^n \cdot \eta_{n+1}) \cdot 1_{\{\text{前}n\text{次都输了}\}} \\
&= M_n + 1_{\{\text{前}n\text{次都输了}\}} 2^n (1 - 2q).
\end{aligned}$$

当 $q < \dfrac{1}{2}$ 时,有 $E(M_{n+1} \mid \mathscr{F}_n) \geq M_n$,这是有利于赌博者的赌博。

当 $q > \dfrac{1}{2}$ 时,有 $E(M_{n+1} \mid \mathscr{F}_n) \leq M_n$,这是不利于赌博者的赌博。

当 $q = \dfrac{1}{2}$ 时,有 $E(M_{n+1} \mid \mathscr{F}_n) = M_n$,这种情况下是公平赌博。

鞅最初就指的是一类赌博策略,在公平赌博中,赌博者下次赌博之后的期望资产恰好等于他现在持有的赌本,即从平均角度来看,他不会输也不会赢,但是实际上,如果赌博者最初的资本是有限的,由于赌注呈指数增长,他会破产离场的概率比想象中的要大。如果他的资产和时间都是无穷的话,他赢的概率是 $1 - \left(\dfrac{1}{2}\right)^n \xrightarrow{n \to \infty} 1$。

例 5.2(独立随机变量和) 设 $Y_0, Y_1, Y_2, \cdots$ 是一列独立随机变量且 $E|Y_n| < +\infty, EY_n = 0$。令 $X_n = \sum_{i=0}^{n} Y_i, n = 0, 1, 2, \cdots, \mathscr{F}_n = \sigma\{Y_i, i = 0, 1, 2, \cdots, n\}$,则 $\{X_n, \mathscr{F}_n\}$ 是一个鞅。

证明 首先,$E|X_n| \leq E|Y_0| + E|Y_1| + \cdots + E|Y_n| < +\infty, n = 0, 1, \cdots$。其次

$$E[X_{n+1} \mid Y_0, Y_1, \cdots, Y_n] = E[X_n + Y_{n+1} \mid Y_0, Y_1, \cdots, Y_n]$$

$$= E[X_n \mid Y_0, Y_1, \cdots, Y_n] + E[Y_{n+1} \mid Y_0, Y_1, \cdots, Y_n]$$
$$= X_n + E[Y_{n+1}]$$
$$= X_n。$$

在对称随机游动中,令 Y_n 表示质点向左或向右移动的变量,其中 $X_n = \sum_{i=0}^{n} Y_i$ 代表质点移动 n 次后所在的位置,则 $\{X_n, \mathscr{F}_n\}$ 是一个鞅。

例 5.3　设 $Y_0, Y_1, \cdots, Y_n$ 如例 5.2 假定,另外设 $EY_n^2 = \sigma^2, n = 1, 2, \cdots$,令 $Z_0 = 0, Z_n = \left(\sum_{i=1}^{n} Y_i \right)^2 - n\sigma^2$,那么 $\{Z_n, \mathscr{F}_n\}$ 是一个鞅。

证明　显然能够得到 $E|Z_n| \leqslant 2n\sigma^2 < +\infty$。

$$E[Z_{n+1} \mid \mathscr{F}_n] = E\left[\left\{ \left(Y_{n+1} + \sum_{i=1}^{n} Y_i \right)^2 - (n+1)\sigma^2 \right\} \,\middle|\, Y_0, Y_1, \cdots, Y_n \right]$$
$$= E\left[\left\{ Y_{n+1}^2 + 2Y_{n+1} \left(\sum_{i=1}^{n} Y_i \right) + \left(\sum_{i=1}^{n} Y_i \right)^2 - n\sigma^2 - \sigma^2 \right\} \,\middle|\, Y_0, Y_1, \cdots, Y_n \right]$$
$$= Z_n + E[Y_{n+1}^2 \mid Y_0, Y_1, \cdots, Y_n] +$$
$$\quad 2E[Y_{n+1} \mid Y_0, Y_1, \cdots, Y_n] \left(\sum_{i=1}^{n} Y_i \right) - \sigma^2$$
$$= Z_n。$$

如果单纯考虑 $\left(\sum_{i=1}^{n} Y_i \right)^2$,则易见它是一个下鞅,对于对称随机游动来说,$EY_n^2 = 1, n = 0, 1, 2, \cdots$,则 $Z_n = X_n^2 - n = \left(\sum_{i=1}^{n} Y_i \right)^2 - n$ 是一个鞅。

例 5.4(Wald 鞅)　假设 $Y_0, Y_1, Y_2, \cdots$ 是一个独立同分布随机变量序列,并且存在 $\lambda \neq 0$,使得它们的矩母函数 $\phi(\lambda) = E\exp(\lambda Y_i) < +\infty$。令 $X_0 = 1$,$X_n = (\phi(\lambda))^{-n} \exp\{\lambda(Y_1 + Y_2 + \cdots + Y_n)\}$,那么 $\{X_n, \mathscr{F}_n\}$ 是鞅。

证明　因为

$$E|X_n| = E[(\phi(\lambda))^{-n} \exp\{\lambda(Y_1 + Y_2 + \cdots + Y_n)\}]$$
$$= E\left[\prod_{i=1}^{n} (E\exp(\lambda Y_i))^{-1} \exp\{\lambda(Y_1 + Y_2 + \cdots + Y_n)\} \right]$$
$$= 1,$$

则

$$E[X_{n+1} \mid \mathscr{F}_n] = E[[\phi(\lambda)]^{-n+1} \exp\{\lambda(Y_1 + Y_2 + \cdots + Y_{n+1})\} \mid Y_0 + Y_1 + \cdots + Y_n]$$

$$= \left[\phi(\lambda)\right]^{-n} \exp\{\lambda(Y_1 + Y_2 + \cdots + Y_n)\} \cdot E\left[\frac{1}{\phi(\lambda)} \exp\{\lambda Y_{n+1}\}\right]$$

$$= X_n。$$

当 $Y_1, Y_2, \cdots$ 是独立同分布 $N(0, \sigma^2)$ 时,有

$$\phi(\lambda) = \exp\left\{\frac{1}{2}\lambda^2 \sigma^2\right\}, \quad X_n = \exp\left\{\lambda(Y_1 + Y_2 + \cdots + Y_n) - \frac{n}{2}\lambda^2 \sigma^2\right\}。$$

取 $\lambda = \frac{\mu}{\sigma^2}, \mu$ 为任意常数,则 $X_n = \exp\left\{\frac{\mu}{\sigma^2}(Y_1 + Y_2 + \cdots + Y_n) - \frac{n\mu^2}{2\sigma^2}\right\}$ 是一个鞅。

还可以这样理解,假设 f_0 是正态分布 $N(0, \sigma^2)$ 的密度函数,f_1 是 $N(\mu, \sigma^2)$ 的密度函数,则

$$\frac{f_1(x)}{f_0(x)} = \exp\left\{\frac{2\mu x - \mu^2}{2\sigma^2}\right\}。$$

给定一列独立同 $N(0, \sigma^2)$ 分布的随机变量序列 $Y_0, Y_1, \cdots$,那么

$$X_n = \frac{f_1(Y_0)f_1(Y_1)\cdots f_1(Y_n)}{f_0(Y_0)f_0(Y_1)\cdots f_0(Y_n)} = \exp\left\{\frac{\mu}{\sigma^2}(Y_1 + Y_2 + \cdots + Y_n) - \frac{n\mu^2}{2\sigma^2}\right\}$$

关于 $\mathscr{F}_n$ 是鞅。

下面列出鞅的一些简单性质。

命题 5.1 设 $\{M_n, \mathscr{F}_n\}$ 和 $\{X_n, \mathscr{F}_n\}$ 都是鞅,那么:

(1) $EM_n = EM_0, n = 1, 2, \cdots$;

(2) $\forall a, b \geqslant 0, \{aM_n + bX_n, \mathscr{F}_n\}$ 是鞅;

(3) $\{\min(M_n, X_n), \mathscr{F}_n\}$ 是上鞅,$\{\max(M_n, X_n), \mathscr{F}_n\}$ 是下鞅;

(4) 设 φ 是一个非降凸函数,那么 $E|\varphi(M_n)| < +\infty$,则 $\{\varphi(M_n), \mathscr{F}_n\}$ 是一个下鞅;

证明 (1),(2) 是明显的。

(3) 只需注意到对于 $\{\min\{M_n, X_n\}, \mathscr{F}_n\}$ 有

$$E[M_{n+1} \wedge X_{n+1} \mid \mathscr{F}_n] \leqslant E(M_{n+1} \mid \mathscr{F}_n) \wedge E(X_{n+1} \mid \mathscr{F}_n)$$
$$= M_n \wedge X_n。$$

而对于 $\{\max\{M_n, X_n\}, \mathscr{F}_n\}$ 有

$$E[M_{n+1} \vee X_{n+1} \mid \mathscr{F}_n] \geqslant E(M_{n+1} \mid \mathscr{F}_n) \vee E(X_{n+1} \mid \mathscr{F}_n)$$
$$= M_n \vee X_n。$$

(4) 利用条件期望的 Jensen 不等式可证。

由此命题可知,$\{|M_n|^r, \mathscr{F}_t\} (r \geqslant 1)$ 是下鞅,$M_n^+ = M_n \vee 0$ 是下鞅。对于下

鞅和上鞅可类似证明相应的性质。

5.2　分解定理

在例 5.2 中,如果 $EY_n=0$ 的条件改变为 $EY_n \geqslant 0$,那么 $X_n = \sum_{i=1}^{n} Y_i$ 将不再是一个鞅,而是一个下鞅,这是因为 $E[X_{n+1} \mid \mathscr{F}_n] = E[X_n + Y_{n+1} \mid \mathscr{F}_n] = X_n + EY_{n+1} \geqslant X_n$。但是,如果考虑 $M_n = \sum_{i=1}^{n} (Y_i - EY_i) = \sum_{i=1}^{n} Y_i - \sum_{i=1}^{n} EY_i \overset{\text{def}}{=} X_n - A_n$,则 M_n 是一个鞅,$A_n \geqslant 0$,且非降,而 $X_n = M_n + A_n$,即 X_n 可以分解为一个鞅和非降数列之和。更一般地,考虑例 5.1 中赌博者赌本变化的问题,如果用一个变量来表示每次赌博时赌博者依据之前的赌博结果制定的赌博策略,即令 $b(\eta_1, \eta_2, \cdots, \eta_n)$ 表示他在第 $n+1$ 次赌博时所采用的策略,其中 $n \geqslant 1$,那么他的赌本变化将为

$$M_n = M_0 + \eta_1 + \sum_{k=2}^{n} b(\eta_1, \cdots, \eta_{k-1}) \eta_k$$

$$= M_0 + (\eta_1 - E\eta_1) + \sum_{k=2}^{n} b(\eta_1, \cdots, \eta_{k-1})(\eta_k - E\eta_k) +$$

$$E\eta_1 + \sum_{k=2}^{n} b(\eta_1, \cdots, \eta_{k-1}) E\eta_k。$$

如果赌博不是公平的,例如当 $q < \dfrac{1}{2}$ 时,即 $E\eta_k > 0$ 时,M_n 不是一个鞅而是一个下鞅,但是 $\widetilde{M}_n = M_0 + (\eta_1 - E\eta_1) + \sum_{k=2}^{n} b(\eta_1, \cdots, \eta_{k-1})(\eta_k - E\eta_k)$ 是鞅,而 $A_n = E\eta_1 + \sum_{k=2}^{n} b(\eta_1, \cdots, \eta_{k-1}) E\eta_k$ 是一个递增的随机变量序列,并且 A_n 关于 $\mathscr{F}_{n-1}$ 是可测的(A_n 为 $\mathscr{F}_n$-可料的)。

从这两个例子中可以推断,下鞅可以分解为鞅和非降序列之和,这就是鞅论中著名的 Doob 分解定理。

定理 5.1(Doob 分解定理)　对任意下鞅 $\{\xi_n, \mathscr{F}_n; n \geqslant 1\}$,存在唯一的 $\{M_n\}$ 和 $\{A_n\}$ 使得

(1) $\{M_n, \mathscr{F}_n; n \geqslant 1\}$ 是鞅;

(2) $A_n \in \mathscr{F}_{n-1}, n \geqslant 2, A_n$ 非降,$EA_n < +\infty$;

（3）$\xi_n = M_n + A_n$。

证明   不失一般性，令 $\xi_0 = 0$ 类似前面例子中的作法，分别构造 $\{M_n, n \geqslant 1\}$ 和 $\{A_n, n \geqslant 1\}$ 并且令 $A_1 = 0, M_0 = \xi_0$ 以及

$$M_n \overset{\text{def}}{=} \xi_n - \sum_{k=1}^{n} E(\xi_k - \xi_{k-1} \mid \mathscr{F}_{n-1}) \quad (n \geqslant 1),$$

$$A_n \overset{\text{def}}{=} \xi_n - M_n = \sum_{k=1}^{n} E(\xi_k - \xi_{k-1} \mid \mathscr{F}_{n-1}) \quad (n \geqslant 2)。$$

下面证明按以上方法构造出的 $\{A_n, \mathscr{F}_n; n \geqslant 1\}$ 与 $\{M_n, \mathscr{F}_n; n \geqslant 1\}$ 满足定理中（1），（2）和（3）。

由于 $\{\xi_n, \mathscr{F}_n; n \geqslant 1\}$ 是下鞅，即 ξ_n 满足

$$E(\xi_k - \xi_{k-1} \mid \mathscr{F}_{k-1}) \geqslant \xi_{k-1} - \xi_{k-1} = 0。$$

因此 A_n 是 n 个非负随机变量之和，从而 A_n 非降。同时由 A_n 的表达式，显然有 $A_n \in \mathscr{F}_{n-1}$。而 $EA_n = E\left[\sum_{k=1}^{n} E(\xi_k - \xi_{k-1} \mid \mathscr{F}_{k-1}) \right] = \sum_{k=1}^{n} E(\xi_k - \xi_{k-1}) = E\xi_n - E\xi_1$ $\leqslant E \mid \xi_n \mid + E \mid \xi_1 \mid < +\infty$，条件（2）得证。

对于（1）因为

$$E(M_n \mid \mathscr{F}_{n-1}) = E\left[\left\{ \xi_n - \sum_{k=1}^{n} E(\xi_k - \xi_{k-1} \mid \mathscr{F}_{k-1}) \right\} \Big| \mathscr{F}_{n-1} \right]$$

$$= E(\xi_n \mid \mathscr{F}_{n-1}) - \sum_{k=1}^{n} E(\xi_k - \xi_{k-1} \mid \mathscr{F}_{k-1})$$

$$= E(\xi_n \mid \mathscr{F}_{n-1}) - E(\xi_n - \xi_{n-1} \mid \mathscr{F}_{n-1}) - \sum_{k=1}^{n-1} E(\xi_k - \xi_{k-1} \mid \mathscr{F}_{k-1})$$

$$= \xi_{n-1} - \sum_{k=1}^{n-1} E(\xi_k - \xi_{k-1} \mid \mathscr{F}_{k-1})$$

$$= M_{n-1},$$

从而 $\{M_n, \mathscr{F}_n; n \geqslant 1\}$ 是鞅，即条件（1）得证，由 M_n 的分解又可得（3）。下面证明 $\{M_n\}$ 和 $\{A_n\}$ 的唯一性：假设还存在另外的 $\{\widetilde{M}_n\}$ 和 $\{\widetilde{A}_n\}$ 使得定理的（1），（2），（3）成立。令 $W_n = M_n - \widetilde{M}_n$，则 $A_n - \widetilde{A}_n = \widetilde{M}_n - M_n = -W_n$。根据 $M_n, \widetilde{M}_n$ 则 $A_n, \widetilde{A}_n$ 的性质，有

$$E[W_n \mid \mathscr{F}_{n-1}] = E[(M_n - \widetilde{M}_n) \mid \mathscr{F}_{n-1}] = M_{n-1} - \widetilde{M}_{n-1} = W_{n-1}。$$

同时由

$$E[W_n \mid \mathscr{F}_{n-1}] = E[(\widetilde{A}_n - A_n) \mid \mathscr{F}_{n-1}] = \widetilde{A}_n - A_n = W_n,$$

可知

$$W_n = W_{n-1} = \cdots = W_1 = \widetilde{A}_1 - A_1 = 0 - 0 = 0。$$

唯一性得证。

对于上鞅 $\{\xi_n, \mathscr{F}_n\}$ 可以证明相应的分解定理,或者根据 $\{-\xi_n, \mathscr{F}_n\}$ 是下鞅,利用下鞅分解定理得证。 ■

推论 5.1 如果 $\{\xi_n, \mathscr{F}_n; n \geqslant 1\}$ 是上鞅,则 ξ_n 可以唯一分解为 M_n 和 A_n 的和,$\{M_n, \mathscr{F}_n\}$ 是鞅,A_n 是非增序列,$A_n \in \mathscr{F}_{n-1}$,$A_1 = 0$,$EA_n < +\infty$。

例 5.5 $\{X_n, \mathscr{F}_n; n \geqslant 1\}$ 是一个鞅,$EX_n^2 < +\infty$,则 $\{X_n^2, \mathscr{F}_n; n \geqslant 1\}$ 是一个下鞅。请给出它的 Doob 分解。

解 事实上这个问题在例 5.3 中已有讨论,一般地,根据 Doob 分解定理,令

$$M_n = X_n^2 - \sum_{k=1}^{n} E(X_k^2 - X_{k-1}^2 \mid \mathscr{F}_{k-1}),$$

$$A_n = X_n^2 - M_n。$$

令 $U_n = X_n - X_{n-1}$,则 $X_n^2 = (X_{n-1} + U_n)^2 = X_{n-1}^2 + 2X_{n-1}U_n + U_n^2$。

$$\begin{aligned}
E[X_n^2 \mid \mathscr{F}_{n-1}] &= X_{n-1}^2 + 2X_{n-1}E(U_n \mid \mathscr{F}_{n-1}) + E(U_n^2 \mid \mathscr{F}_{n-1}) \\
&= X_{n-1}^2 + E(U_n^2 \mid \mathscr{F}_{n-1})(因 E(U_n \mid \mathscr{F}_{n-1}) = 0),
\end{aligned}$$

从而

$$\begin{aligned}
A_{n+1} - A_n &= E(X_{n+1}^2 \mid \mathscr{F}_n) - X_n^2 \\
&= X_n^2 + E(U_n^2 \mid \mathscr{F}_{n-1}) - X_n^2 \\
&= E(U_n^2 \mid \mathscr{F}_{n-1})。
\end{aligned}$$

累加可得 $A_n = \sum_{i=1}^{n} E(U_i^2 \mid \mathscr{F}_{i-1})$。

如果 $\{U_n\}$ 是独立随机变量序列,则 $E(U_n^2 \mid \mathscr{F}_{n-1}) = EU_n^2 = \mathrm{var}U_n$,$\mathrm{var}X_n = \mathrm{var}A_n$。

5.3   鞅的停时定理

在例 5.1 中,赌博者的赌本构成了一个鞅序列,这意味着他在赌博中的平均收益都是 0,即对于任意时刻 n,都有 $EM_n = EM_0 = 0$。已经知道赌博者采用

的是加倍赌注策略,并且一旦赢了就停止赌博,假设他在输光赌本时也会离场,这样就有一个自然的问题,在他离场的时候,他的收益是多少,如果用 T 表示他离场的时间,会不会有 $EM_T > EM_0$,这个问题的答案将由下面的停时定理来回答。

定理 5.2　令 $\{M_n, \mathscr{F}_n\}$ 是一个鞅,T 是一个 $\mathscr{F}_n$ 停时,如果 $P\{T < +\infty\} = 1$ 并且 $E[\sup\limits_{n \geq 0} |X_{T \wedge n}|] < +\infty$,则有 $EM_T = EM_0$。

为证明此定理,先做出以下准备。

引理 5.1　设 $\{X_n, \mathscr{F}_n\}$ 是一个(上)鞅,T 是 $\{\mathscr{F}_n\}$-停时,则 $\forall n \geq k$,有
$$E[X_n \cdot 1_{\{T=k\}}] (\leqslant) = E[X_k \cdot 1_{\{T=k\}}]。$$

证明
$$
\begin{aligned}
E[X_n \cdot 1_{\{T=k\}}] &= E[E[X_n \cdot 1_{\{T=k\}} \mid \mathscr{F}_k]] \\
&= E[1_{\{T=k\}} \cdot E[X_n \mid \mathscr{F}_k]] \\
(\leqslant) &= E[1_{\{T=k\}} \cdot X_k]。
\end{aligned}
$$
■

引理 5.2　如果 $\{X_n, \mathscr{F}_n\}$ 是一个(上)鞅,T 是 $\{\mathscr{F}_n\}$-停时,则 $\forall n \geq 1$,有
$$EX_0 (\geqslant) = E[X_{T \wedge n}] (\geqslant) = EX_n。$$

证明
$$
\begin{aligned}
EX_{T \wedge n} &= \sum_{k=0}^{n-1} E(X_T \cdot 1_{\{T=k\}}) + E(X_n \cdot 1_{\{T \geqslant n\}}) \\
&= \sum_{k=0}^{n-1} E(X_k \cdot 1_{\{T=k\}}) + E(X_n \cdot 1_{\{T \geqslant n\}}) \\
(\geqslant) &= \sum_{k=0}^{n-1} E(X_n \cdot 1_{\{T=k\}}) + E(X_n \cdot 1_{\{T \geqslant n\}}) \\
&= EX_n。
\end{aligned}
$$

对于鞅,由于 $EX_0 = EX_n$,结论可得。
■

对于上鞅,我们已经完成了 $E[X_{T \vee n}] \geqslant E[X_n]$ 的证明,但是还需要证明 $E[X_0] \geqslant E[X_{T \vee n}]$,假设 $E[|X_n|] < +\infty$,$\forall n$ 成立,根据 Doob 分解定理
$$M_n = \sum_{k=1}^{n} \{X_k - E(X_k \mid \mathscr{F}_{k-1})\}$$
是一个鞅($M_0 = 0$),从而根据刚刚得到的结论,有
$$
\begin{aligned}
0 &= EM_{T \wedge n} \\
&= E\left[\sum_{k=1}^{T \wedge n} (X_k - E(X_k \mid \mathscr{F}_{k-1}))\right]
\end{aligned}
$$

$$\geqslant E\left[\sum_{k=1}^{T \wedge n}(X_k - X_{k-1})\right]$$

$$= EX_{T \wedge n} - EX_0,$$

从而有 $E[X_0] \geqslant E[X_{T \wedge n}]$ 成立。∎

引理 5.3 对于任意满足 $E|X| < +\infty$ 的随机变量 X，以及满足 $P\{T < +\infty\} = 1$ 的任意 $\{\mathscr{F}_n\}$-停时 T，有

$$\lim_{n \to \infty} E[X \cdot 1_{\{T > n\}}] = 0, \qquad \lim_{n \to \infty} E[X \cdot 1_{\{T \leqslant n\}}] = EX。$$

证明 首先考虑 $|X|$。

$$E|X| \geqslant E[|X| \cdot 1_{\{T \leqslant n\}}]$$

$$= \sum_{k=0}^{n} E[|X| \cdot 1_{\{T = k\}}]$$

$$= E \sum_{k=0}^{n}(|X| \cdot 1_{\{T = k\}})$$

$$\xrightarrow{n \to \infty} E \sum_{k=0}^{\infty}(|X| \cdot 1_{\{T = k\}})$$

$$= E|X|,$$

从而有

$$\lim_{n \to \infty} E[|X| \cdot 1_{\{T \leqslant n\}}] = E|X|, \qquad \lim_{n \to \infty} E[|X| \cdot 1_{\{T > n\}}] = 0。$$

对于 X，注意到

$$0 \leqslant |EX - E[X \cdot 1_{\{T \leqslant n\}}]|$$

$$= |E[X \cdot 1_{\{T > n\}}]|$$

$$\leqslant E[|X| \cdot 1_{\{T > n\}}] \to 0,$$

结论得证。∎

下面来证定理 5.2，令 $X = \sup_{n \geqslant 0}|M_{T \wedge n}|$。由于

$$M_T = \sum_{k=0}^{\infty} M_k \cdot 1_{\{T = k\}} = \sum_{k=0}^{\infty} M_{T \wedge k} \cdot 1_{\{T = k\}},$$

及 $P(T < +\infty) = 1$，有 $\Omega_0 \subset \Omega, P(\Omega_0) = 1$，使得 $\forall \omega \in \Omega_0, T(\omega) < N(\omega) < +\infty$，从而

$$|M_T(\omega)| = \left|\sum_{k=0}^{N(\omega)} M_k \cdot 1_{\{T(\omega) = k\}}\right| \leqslant \left|\sum_{k=0}^{N(\omega)}|M_k| \cdot 1_{\{T(\omega) = k\}}\right| \leqslant X。$$

故 $E|M_T| \leqslant EX < +\infty$，即 M_T 可积。下面证明 $EM_T = EM_0$。因为

$$|E[M_{T \wedge n} - M_T]| \leqslant E|M_{T \wedge n} - M_T| \cdot 1_{\{T > n\}}$$

$$\leqslant 2E[X \cdot 1_{\{T>n\}}]$$

$$\to 0(引理\ 5.3),$$

可得 $E(M_{T \wedge n}) \xrightarrow{n \to \infty} EM_T$，由引理 5.3 $E(M_{T \wedge n}) = EM_0$，结论得证。 ∎

如果假设赌博者的初始赌本为 1，仍然采用加倍策略，一旦赢钱即离场。但是如果他输的话，可以通过借钱来继续赌博，并且他借钱的额度可以到无穷多。令 T 表示他离场的时间，则 $P\{T=n\} = \dfrac{1}{2^n}, n=1,2,\cdots$，即 $P\{T<+\infty\} = \sum_{n=1}^{\infty} P\{T=n\} = 1$ 的条件成立，但是 $EM_T = M_0 + 1 \neq M_0$。注意到在这种情况下，$T>n$ 意味着前面 n 次都输了，它的损失已经到了 $1+2+2^2+\cdots+2^{n-1} = 2^n - 1$，即 $M_n = 2 - 2^n$，由此

$$EM_n \cdot 1_{\{T>n\}} = M_n \cdot P\{T>n\}2^{-n}(2-2^n) = 2^{1-n} - 1_{\circ}$$

当 $n \to \infty$ 时，上式并不趋向于 0。

下面给出另外一些使得 $EM_T = EM_0$ 的条件。

引理 5.4 设 $\{M_n, \mathscr{F}_n\}$ 是鞅，T 是 $\{\mathscr{F}_n\}$-停时，如果 $ET<+\infty$，并且存在常数 $k<+\infty$，使得 $E[|M_{n+1}-M_n| \, \big| \, \mathscr{F}_n] \leqslant k, \forall n<T$ 成立，那么 $EM_T = EM_0$。

证明 令 $Z_0 = |M_0|$，$Z_n = |M_n - M_{n-1}|, n=1,2,\cdots, W = Z_0 + Z_1 + \cdots + Z_T$，则 $W \geqslant |M_T|$，且

$$EW = E\left[\sum_{n=0}^{\infty} \sum_{k=0}^{n} (Z_k \cdot 1_{\{T=n\}}) \right]$$

$$= \sum_{n=0}^{\infty} \sum_{k=0}^{n} E[Z_k \cdot 1_{\{T=n\}}]$$

$$= \sum_{k=0}^{\infty} \sum_{n=k}^{\infty} E[Z_k \cdot 1_{\{T=n\}}]$$

$$= \sum_{k=0}^{\infty} E[Z_k \cdot 1_{\{T \geqslant k\}}]$$

$$= \sum_{k=0}^{\infty} E[E(Z_k \cdot 1_{\{T \geqslant k\}} \, \big| \, \mathscr{F}_{k-1})]$$

$$= \sum_{k=0}^{\infty} E[1_{\{T \geqslant k\}} E[Z_k \, \big| \, \mathscr{F}_{k-1}]]$$

$$\leqslant k \cdot \sum_{k=0}^{\infty} P\{T \geqslant k\}$$

$$\leqslant k(1+ET) < +\infty。$$

由于 $\forall n\, |M_{T\wedge n}| \leqslant W$ 成立,由定理 5.2,此引理可得。　■

下面可以给出一般停时定理的表达:

定理 5.3(停时定理)　令 $\{M_n, \mathscr{F}_n\}$ 是鞅,T 是 $\{\mathscr{F}_n\}$-停时,如果:

(1) $P\{T < +\infty\} = 1$;

(2) $E|M_T| < +\infty$;

(3) $\lim_{n\to\infty} E[M_n \cdot 1_{\{T>n\}}] = 0$。

则有 $EM_T = EM_0$。

证明　对于 EM_T,有

$$
\begin{aligned}
EM_T &= E[M_T \cdot 1_{\{T\leqslant n\}}] + E[M_T \cdot 1_{\{T>n\}}] \\
&= E[M_{T\wedge n}] - E[M_n \cdot 1_{\{T>n\}}] + E[M_T \cdot 1_{\{T>n\}}]。
\end{aligned}
$$

由引理 5.1 可知 $E[M_{T\wedge n}] = EM_0$。注意 (3) $\lim_{n\to\infty} E[M_n \cdot 1_{\{T>n\}}] = 0$,由引理 5.3 和 (2) 可以推出 $\lim_{n\to\infty} E[M_T \cdot 1_{\{T>n\}}] = 0$,从而 $EM_T = \lim_{n\to\infty} E[M_{T\wedge n}] = EM_0$。　■

注　定理中的 (1) 不能由 $E|M_n| < +\infty$ 得出,只能假定它成立。

下面再给出一些使得 $EM_T = EM_0$ 成立的条件。

推论 5.2　假设 $\{M_n, \mathscr{F}_n\}$ 是鞅,T 是 $\{\mathscr{F}_n\}$-停时,如果:

(1) $P\{T < +\infty\} = 1$;

(2) 存在某个常数 k,使得 $\forall n\, E[M_{T\wedge n}^2] \leqslant k$ 成立。

则 $EM_T = EM_0$。

证明　因为 $X_{T\vee n}^2 \geqslant 0$,定理中的条件 (2) 意味着

$$
k \geqslant E[M_{T\wedge n}^2 \cdot 1_{\{T\leqslant n\}}]
$$

$$
= \sum_{k=0}^{n} E[M_T^2 \mid T=k] \cdot P\{T=k\}
$$

$$
\xrightarrow{n\to\infty} \sum_{k=0}^{\infty} E[M_T^2 \mid T=k] \cdot P\{T=k\}
$$

$$
= E[M_T^2]。
$$

由 Schwarz 不等式可知

$$
E[|X_T|] \leqslant (E[X_T^2])^{1/2} < +\infty
$$

因此定理 5.3 中条件 (2) 成立。

对于条件 (3) 重新利用一下 Schwarz 不等式可得

$$
E[M_T \cdot 1_{\{T>n\}}] = E[M_{T\wedge n} \cdot 1_{\{T>n\}}]
$$

$$\leqslant (EM_{T\wedge n}^2)^{1/2} \cdot (E1_{\{T>n\}}^2)^{1/2}$$

$$\leqslant k^{1/2}(P\{T>n\})^{1/2}$$

$$\xrightarrow{n\to\infty} 0。$$

因此定理 5.3 中(3)也成立,故利用定理 5.3 的结论推论 5.2 可证得。 ■
下面给出停时定理的一些应用。

例 5.6 考虑直线上的对称随机游动,假设质点的初始位置 $X_0=0$, $X_n=\sum_{i=1}^{n}Y_i$ 是 n 时刻质点所处的位置, Y_i 表示每次质点的位移, $P\{Y_i=\pm 1\}=\dfrac{1}{2}$, $\{Y_i\}(i=1,2,\cdots)$ 相互独立。

令 $T=\min\{n; X_n=-a$ 或者 $X_n=b\}$,其中 a,b 为正整数。容易证明 T 是一个停时,由于 X_n 常返,所以有 $P\{T<+\infty\}=1$。再由 $X_{T\wedge n}$ 的有界性可知,定理 5.2 的条件成立,从而有 $EX_T=EX_0$。又因

$$EX_T=-aP\{X_T=-a\}+bP\{X_T=b\},$$

由 $P\{X_T=-a\}+P\{X_T=b\}=1$,从而有

$$P\{X_T=-a\}=\frac{b}{a+b}。$$

考虑 $Z_n=X_n^2-n$,则已知 $\{Z_n\}$ 也是鞅,同样由停时定理可知

$$EZ_T=EZ_0=0,$$

$$EZ_T=P\{X_T=-a\}\cdot a^2+P\{X_T=b\}\cdot b^2-ET,$$

故得 $ET=ab$,即质点移动的平均时间为 ab。

例 5.7 如果例 5.6 中的独立随机变量序列 $\{Y_i\}$ 只满足 $EY_k=\mu$, $\mathrm{var}(Y_k)=\sigma^2<+\infty$, 则 $X_n=\sum_{i=1}^{n}Y_i-n\mu\overset{\text{def}}{=\!=}S_n-n\mu$ 是鞅,如果有一个停时 T 使得 $ET<+\infty$,则有 $E|X_T|<+\infty$ 且 $E[X_T]=E[S_T]-\mu ET=0$。

证明 我们对鞅 $\{S_n-n\mu\}$ 应用定理 5.3,首先证明 $E[|X_T|]<+\infty$ 成立。

$$E[|X_T|]\leqslant E\left[\sum_{k=1}^{T}|Y_k-\mu|\right]$$

$$=E\left[\sum_{n=1}^{\infty}\sum_{k=1}^{n}|Y_k-\mu|\cdot 1_{\{T=n\}}\right]$$

$$=E\left[\sum_{k=1}^{\infty}|Y_k-\mu|\cdot 1_{T\geqslant k}\right]。$$

由于 $1_{\{T\geqslant k\}}=1_{\{T>k-1\}}$ 仅仅依赖于 $\{Y_0,\cdots,Y_{k-1}\}$,所以 $1_{\{T>k-1\}}$ 和 Y_k 独立,

故而有

$$E\left[\sum_{k=1}^{\infty}\mid Y_k-\mu\mid \cdot 1_{\{T\geqslant k\}}\right]=\sum_{k=1}^{\infty}E\left[E(\mid Y_k-\mu\mid \cdot 1_{\{T\geqslant k\}})\mid \mathscr{F}_{k-1}\right]$$

$$=\sum_{k=1}^{\infty}E\left[\mid Y_k-\mu\mid\right]\cdot P\{T\geqslant k\}$$

$$=E\mid Y_1-\mu\mid \cdot \sum_{k=1}^{\infty}P\{T\geqslant k\}$$

$$=E\mid Y_1-\mu\mid \cdot ET<+\infty。$$

为了验证定理 5.3 中(3)也成立,利用 Schwarz 不等式有

$$E[X_n\cdot 1_{\{T>n\}}]^2\leqslant EX_n^2\cdot E1_{\{T\geqslant n\}}$$

$$\leqslant n\sigma^2\cdot P\{T\geqslant n\}$$

$$\leqslant \sigma^2\sum_{k\geqslant n}k\cdot P\{T=k\}$$

$$\xrightarrow{n\rightarrow\infty}0\left(因为 ET=\sum_{k=0}^{\infty}kP\{T=k\}<+\infty\right)。\qquad\blacksquare$$

下面讨论一下上鞅和下鞅情形的停时定理。

定理 5.4　设$\{X_n,\mathscr{F}_n\}$是一个上鞅,T 是$\{\mathscr{F}_n\}$-停时。如果 $P(T<+\infty)=1$,并且存在随机变量 $W\geqslant0$,使得 $\forall n\, EW<+\infty, X_{T\wedge n}>-W$ 成立,则有

$$EX_0\geqslant EX_T。$$

证明　令 $c>0, X_n^c=\min\{c,X_n\}, \forall n=0,1,2,\cdots$,则$\{X_n^c,\mathscr{F}_n\}$也是上鞅,从而 $EX_0^c\geqslant EX_{T\wedge n}^c$。

由于 $\forall n\mid X_{T\wedge n}^c\mid\leqslant\max\{c,W\}$ 成立,根据定理 5.3 和控制收敛定理得

$$EX_0\geqslant EX_0^c\geqslant \lim_{n\rightarrow\infty}EX_{T\wedge n}^c=E\lim_{n\rightarrow\infty}X_{T\wedge n}^c=EX_T^c。$$

而

$$\lim_{c\rightarrow\infty}EX_T^c=\lim_{c\rightarrow\infty}\int_{-\infty}^{c}x\mathrm{d}P\{X_T=x\}=EX_T,$$

从而 $EX_0\geqslant EX_T$ 成立。　　　　　　　　　　　　　　　　　　　　　　$\blacksquare$

定理 5.5　如果$\{X_n,\mathscr{F}_n\}$是非负上鞅,T 是$\{\mathscr{F}_n\}$-停时,则

$$EX_0\geqslant E[X_T\cdot 1_{\{T<+\infty\}}]。$$

证明

$$EX_0\geqslant EX_{T\wedge n}$$

$$=E[X_T\cdot 1_{\{T\leqslant n\}}+X_n\cdot 1_{\{T>n\}}]$$

$$\geqslant E[X_T \cdot 1_{\{T \leqslant n\}}]$$

$$= \sum_{k=0}^{n} E[X_T \mid T=k] P\{T=k\}$$

$$\xrightarrow{n \to \infty} \sum_{k=0}^{\infty} E[X_T \mid T=k] P\{T=k\}$$

$$= E[X_T \cdot 1_{\{T < +\infty\}}].$$

对于下鞅情况可类似讨论。 ■

5.4　鞅的收敛定理

对于随机变量序列收敛性的研究是概率论中一个非常重要的分支,其中关于收敛有一个重要结论,即对于可积随机变量序列 $\{X_n\}$ 和可积随机变量 ξ, $X_n \xrightarrow{L^1} \xi$ 的充要条件是 $\{X_n\} \xrightarrow{P} \xi$ 并且 $\{X_n, n \in \mathbb{N}\}$ 一致可积。对于一致可积,不熟悉的读者可查阅相关文献。

因为对于鞅序列 $\sup_n E|X_n| < +\infty$ 蕴含着 X_n a.s. 收敛性,从而对于鞅序列, L^1 的收敛和一致可积性等价,这就是本节中将讨论的鞅的收敛定理。

为了证明鞅的收敛定理,先做如下一些准备。

引理 5.5　对于下鞅序列 $\{X_n, \mathscr{F}_n\}$ $(n=1,2,\cdots)$,考虑任意的两个实数 $a < b$ 以及正整数 N,定义

$V_{a,b}(N)(\omega)$

$= \#\{(i,j) \mid 0 \leqslant i < j \leqslant N, X_i \leqslant a, a < X_k < b (i < k < j), X_j \geqslant b\}$,

$\#\{\cdot\}$ 表示取集合中元素的个数,即 $V_{a,b}(N)$ 表示了 X_n 在 $[0,N]$ 时间段内上穿过 (a,b) 区间的总次数,则 $V_{a,b}(N)(\omega)$ 满足下面的上穿不等式,

$$E[V_{a,b}(N)(\omega)] \leqslant \frac{E[(X_N - a)^+] - E[(X_0 - a)^+]}{b-a}.$$

注　允许 $V_{a,b}(N)(\omega)$ 中的 k 不存在。

证明　令 $\widetilde{X}_n = (X_n - a)^+ = \max\{(X_n - a), 0\}$,从而 $\{\widetilde{X}_n, \mathscr{F}_n\}$ 是一个下鞅。定义 $T_1 = 0$。

对偶数 k,有

$$T_k = \begin{cases} N, & \text{如果 } \widetilde{X}_j \neq 0, j < T_{k-1}, \\ \min\{j; \, j > T_{k-1}, \widetilde{X}_j = 0\}, & \text{其他情形}; \end{cases}$$

对奇数 k,有

$$T_k = \begin{cases} N, & \text{如果 } \widetilde{X}_j < b-a, \text{对所有的 } j < T_{k-1} \text{ 成立} \\ \min\{j; \ j > T_{k-1}, \widetilde{X}_j \geqslant b-a\}, & \text{其他情形} \end{cases}$$

令 $T_{N+1} = N$,则 T_k 是停时列,且 $T_k \leqslant T_{k+1}$,下面证明

$$E\,\widetilde{X}_{T_k} \leqslant E\,\widetilde{X}_{T_{k+1}}\,。 \tag{5.4.1}$$

$$\begin{aligned} E\,\widetilde{X}_{T_k} &= \sum_{i=0}^{N} E[\widetilde{X}_{T_k} \cdot 1_{\{T_k = i\}}] \\ &= \sum_{i=0}^{N} E[\widetilde{X}_i \cdot 1_{\{T_k = i\}}] \\ &\leqslant \sum_{i=0}^{N} E[\widetilde{X}_{T_{k+1}} \cdot 1_{\{T_k = i\}}] \\ &= E\,\widetilde{X}_{T_{k+1}}, \end{aligned}$$

其中"$\leqslant$"成立是因为对于 $i \leqslant n \leqslant N$,有

$$\begin{aligned} E[\widetilde{X}_{T_{k+1} \wedge n} \cdot 1_{\{T_k = i\}}] &= E[\widetilde{X}_{T_{k+1}} \cdot 1_{\{T_{k+1} \leqslant n\}} \cdot 1_{\{T_k = i\}}] + \\ &\quad E[\widetilde{X}_n \cdot 1_{\{T_{k+1} > n\}} \cdot 1_{\{T_k = i\}}] \\ &\leqslant E[\widetilde{X}_{T_{k+1}} \cdot 1_{\{T_{k+1} \leqslant n\}} \cdot 1_{\{T_k = i\}}] + \\ &\quad E[E[\widetilde{X}_{n+1} \mid \mathscr{F}_n] \cdot 1_{\{T_{k+1} > n\}} \cdot 1_{\{T_k = i\}}] \\ &= E[\widetilde{X}_{T_{k+1}} \cdot 1_{\{T_{k+1} \leqslant n\}} \cdot 1_{\{T_k = i\}}] + \\ &\quad E[\widetilde{X}_{n+1} \cdot 1_{\{T_{k+1} > n\}} \cdot 1_{\{T_k = i\}}] \\ &= E[\widetilde{X}_{T_{k+1} \wedge (n+1)} \cdot 1_{\{T_k = i\}}], \end{aligned}$$

即 $E[\widetilde{X}_{T_{k+1} \wedge n} \cdot 1_{\{T_k = i\}}]$ 关于 n 单增,从而

$$E[\widetilde{X}_{T_{k+1} \wedge i} \cdot 1_{\{T_k = i\}}] \leqslant E[\widetilde{X}_{T_{k+1} \wedge N} \cdot 1_{\{T_k = i\}}],$$

即 $E[\widetilde{X}_i \cdot 1_{\{T_k = i\}}] \leqslant E[\widetilde{X}_{T_{k+1}} \cdot 1_{\{T_k = i\}}]$。

由(5.4.1)式得

$$\widetilde{X}_N - \widetilde{X}_0 = \sum_{i=1}^{N} (\widetilde{X}_{T_{i+1}} - \widetilde{X}_{T_i})$$

$$= \sum_{i=2,4,\cdots}(\widetilde{X}_{T_{i+1}} - \widetilde{X}_{T_i}) + \sum_{i=1,3,\cdots}(\widetilde{X}_{T_{i+1}} - \widetilde{X}_{T_i})。$$

当 i 是偶数时,如果发生上穿,则 $\widetilde{X}_{T_{k+1}} - \widetilde{X}_{T_k}$ 是非零且至少是 $b-a$,而上式等号右边的部分由 (5.4.1) 式知是非负的,因此

$$E[\widetilde{X}_N - \widetilde{X}_0] \geqslant (b-a)E[V_{a,b}(N)],$$

即

$$E[V_{a,b}(N)] \leqslant \frac{E[(X_N-a)^+] - E[(X_0-a)^+]}{b-a}。$$

在考虑鞅序列的收敛性时,先回忆一下数列收敛的定义,数列 $\{x_n\}$ 存在极限 x(以 x 有界为例,$a=+\infty$ 时类似),意味着对于任意区间 (a,b) 如果 $x \in (a,b)$,那么存在 N 当 $n>N$ 时有 $x_n \in (a,b)$,如果 $x \notin (a,b)$,则或者同样存在某个 M_1,使得 $n>M_1$ 时,$x_n \leqslant b$,或者存在某个 M_2 使得当 $n>M_2$ 时,$x_n \geqslant a$ 成立。换句话说,无论 (a,b) 区间是何种情形,$\{x_n\}$ 上穿区间 (a,b) 的总次数都只能是有限次。

对于下鞅序列的 $\{M_n\}$ 的收敛,上穿不等式保证的就是对几乎所有的 ω,$M_n(\omega)$ 能够收敛。

定理 5.6 设 $\{X_n, \mathscr{F}_n\}$ 是一个下鞅,满足 $\sup\limits_n E|X_n| < +\infty$,则

$$\{X_n\} \xrightarrow{\text{a. s}} X_\infty, \quad E|X_\infty| < +\infty。$$

当且仅当 $\{X_n^+\}$ 一致可积时,$\{X_n, \mathscr{F}_n, X_\infty, \mathscr{F}_\infty\}$ 仍为下鞅,其中 $F_\infty = \bigvee\limits_n \mathscr{F}_n$。

证明 对于下鞅有

$$EX_n^+ \leqslant E|X_n| = EX_n^+ + EX_n^- = 2EX_n^+ - EX_n \leqslant 2EX_n^+ - EX_1,$$

从而

$$\sup_n E|X_n| < +\infty \Leftrightarrow \sup_n EX_n^+ < +\infty。$$

对任意区间 (a,b),$a<b$,考虑 $V_{a,b}^{(N)}$,则 $V_{a,b}^{(N)} \uparrow$,记其极限为 $V_{a,b}$,即 $\{X_n\}$ 上穿 (a,b) 的次数,则

$$EV_{a,b} = E\Big[\lim_{N\to\infty} V_{a,b}^{(N)}\Big]$$

$$= \lim_{N\to\infty} E[V_{a,b}^{(N)}]$$

$$\leqslant \lim_{N\to\infty} \frac{EX_N^+ + |a|}{b-a}$$

$$\leqslant \lim_{N\to\infty} \frac{\sup\limits_n E|X_n^+| + |a|}{b-a}$$

$$< +\infty$$

从而 $P(V(a,b)<+\infty)=1$。

$$P(\omega;\ \text{当}\ n\to\infty\ \text{时},X_n(\omega)\ \text{不收敛}) = P\Big(\bigcup_{\substack{a<b \\ a,b\in\mathbb{Q}}}\{\omega;\ V_{a,b}(\omega)=+\infty\}\Big)=0,$$

其中 $\mathbb{Q}$ 表示有理数,从而 $X_n(\omega)$ a.s. 收敛,记其极限为 X_∞。

$$E\mid X_\infty\mid = E[\lim_{n\to\infty}\mid X_n\mid]\leqslant \lim_{n\to\infty}E\mid X_n\mid\leqslant \sup_n E\mid X_n\mid<+\infty,$$

从而 $P(X_\infty)=1$。

若进一步假设 $\{X_n^+\}$ 一致可积时,$\forall a\in\mathbb{R}$,$\{X_n\vee a\}$ 一致可积,则 $\{X_n\vee a\}L^1$ 收敛于 $X_\infty\vee a$,由于 $\{X_n\vee a\}$ 是下鞅,

$$E[X_\infty\vee a\mid\mathscr{F}_n]=E[\lim_{m\to\infty}X_m\vee a\mid\mathscr{F}_n]$$
$$=\lim_{m\to\infty}E[X_m\vee a\mid\mathscr{F}_n]$$
$$\geqslant X_n\vee a.$$

令 $a\downarrow-\infty$,可得 $E[X_\infty\mid\mathscr{F}_n]\geqslant X_n$。反之,如果 $E[X_\infty\mid\mathscr{F}_n]\geqslant X_n$ 成立,则由 Jensen 不等式

$$E[X_\infty^+\mid\mathscr{F}_n]\geqslant X_n^+.$$

由于 $\{E[X_\infty^+\mid\mathscr{F}_n]\}$ 一致可积,所以 $\{X_n^+\}$ 一致可积。 ∎

推论 5.3　满足 $\sup_n E\mid X_n\mid<+\infty$ 的上鞅,非负上鞅,非正下鞅都几乎处处收敛到有限极限。

证明　$\sup_n E\mid -X_n\mid<+\infty$,$\{-X_n\}$ 是下鞅,由定理 5.6 知 $\{-X_n\}$ 收敛,$\{X_n\}$ 自然也就收敛。对于非正下鞅 $\{X_n\}$,有 $\sup_n E\mid X_n\mid\leqslant -EX_1<+\infty$。对于非负上鞅类似可证。 ∎

定理 5.7(收敛定理)　设 $\{X_n,\mathscr{F}_n\}$ 是一个鞅,则下列命题等价:

(1) $X_n\xrightarrow{L^1}X_\infty$;

(2) 存在一个变量 X_∞,$E\mid X_\infty\mid<+\infty$,有 $X_n=E[X_\infty\mid\mathscr{F}_n]$,$\forall n$;

(3) $\{X_n\}$ 一致可积。

证明　(1)⇒(2)由

$$\sup_n E\mid X_n\mid\leqslant \sup_n E\mid X_n-X_\infty\mid+E\mid X_\infty\mid<+\infty$$

从而有 $\lim_{n\to\infty}X_n=X_\infty$ a.s. 成立。

由 $\{X_n\}$ 鞅性质,$\forall A\in\mathscr{F}_n$

$$E[X_m\cdot 1_A]=E[X_n\cdot 1_A]\ (m>n),$$
$$E[\mid X_m-X_\infty\mid\cdot 1_A]\leqslant E[\mid X_m-X_\infty\mid]\to 0,$$

从而 $E[X_\infty \cdot 1_A] = \lim\limits_{m\to\infty} E[X_m \cdot 1_A] = E[X_n \cdot 1_A]$，即

$$E[X_\infty \mid \mathscr{F}_n] = X_n。$$

(2)$\Rightarrow$(3)这是一致可积族的典型例子，可按一致可积定理证明，此处忽略。

(3)$\Rightarrow$(1)由$\{X_n\}$一致可积，有$\sup E|X_n| < +\infty$，从而由定理 5.6 可知 $\{X_n\}$几乎处处收敛，从而由$\{X_n\}$一致可积和几乎处处收敛立即可得$\{X_n\}L^1$ 收敛。 ∎

例 5.8（罐子模型） 考虑装有黑白两色球的罐子，在 0 时刻罐子中有一个黑色球，一个白色球，随机地从罐子中取出一个球，然后将其放回，同时再放入一个同色球，将这个实验重复进行。令 X_n 表示第 n 次操作后白色球所占的比例，从而 $Y_n = (n+2)X_n$ 是罐子中白色球的个数，则$\{X_n, \sigma\{\mathscr{F}_k, 1 \geqslant k \geqslant n\}\}$ 构成一个鞅，事实上给定 $Y_n = k$，则

$$Y_{n+1} = \begin{cases} k+1, & \text{以概率} \dfrac{k}{n+2}, \\ k, & \text{以概率} 1 - \dfrac{k}{n+2}, \end{cases}$$

从而

$$E[Y_{n+1} \mid Y_n = k] = \frac{k(k+1) + k(n+2-k)}{n+2} = \frac{n+3}{n+2}k。$$

$X_n = \dfrac{Y_n}{n+2}$满足

$$\begin{aligned} E[X_{n+1} \mid Y_1, \cdots, Y_n] &= E\left[\frac{Y_{n+1}}{n+2} \mid Y_1, \cdots, Y_n\right] \\ &= \frac{1}{n+3} \cdot \frac{n+3}{n+2} \cdot Y_n \\ &= \frac{Y_n}{n+2} \\ &= X_n。 \end{aligned}$$

由于$0 \leqslant X_n \leqslant 1(\forall n)$，则$\{X_n\}$一致可积，从而$\{X_n\}$收敛。可以证明 X_∞ 的分布 是 Beta 分布。

*5.5　连续时间鞅

在本节中将罗列出连续时间鞅的一些重要结果，但是不加以证明。

定义 5.2 可积$\{\mathscr{F}_t; t \geqslant 0\}$称为$\{\mathscr{F}_t\}$-**鞅（下鞅，上鞅）**，如果$\forall s, t \geqslant 0, s < t$，有

$$X_s = E[X_t \mid \mathscr{F}_s] \quad (或者 \leqslant, \geqslant)。$$

对于鞅(下鞅,上鞅)的轨道来说,假定它们是右连续的不是一个过强的条件。因为由下面的鞅的修正定理,总能找到一个右连续的版本。

定理 5.8(修正定理)   设 $\{X_t, \mathscr{F}_t\}$ 是一个下(上)鞅。

(1) 存在下(上)鞅 $\{\widetilde{X}_t, \mathscr{F}_t\}$ 沿轨道右连续有左极限,满足不等式

$$E[\widetilde{X}_t \mid \mathscr{F}_t] \geqslant X_t。$$

(2) $X_t \leqslant \widetilde{X}_t$,且当 EX_t 关于 t 右连续时,$\forall t \geqslant 0$,

$$P(X_t = \widetilde{X}_t) = 1,$$

即 $\{\widetilde{X}_t\}$ 是 $\{X_t\}$ 的修正。

由定理可知,因为当 $\{X_t, \mathscr{F}_t\}$ 是鞅时,EX_t 为常数,所以鞅总存在右连续左极限的修正,对于连续时间鞅,也有相应的停时定理、收敛定理。

定理 5.9(停时定理)   设 $\{X_t, \mathscr{F}_t; t \geqslant 0\}$ 是右连续下鞅(鞅),$\sigma \leqslant \tau$ 是两个 $\{\mathscr{F}_t\}$-停时,如果以下条件之一满足:

(1) $\exists k$,使得 $\tau \leqslant k$,a. s;

(2) $\{X_t^+\}$ 一致可积($\{X_t\}$ 一致可积)。

则有 $X_\sigma \leqslant E[X_\tau \mid \mathscr{F}_\sigma] (X_\sigma = E[X_\tau \mid \mathscr{F}_\sigma])$a. s.

这一定理条件和离散下鞅(鞅)情形下的停时定理是类似的;如果停时有界或者鞅有一致可积性(从而有收敛性),停时定理就成立。

下面形式的鞅停时定理更为常用。

定理 5.10(鞅停时定理)   设 $\{X_t, \mathscr{F}_t; t \geqslant 0\}$ 是右连续下鞅(鞅),$\{\sigma_t, t \geqslant 0\}$ 是一族递增的有界停时(如果 $\{X_t\}$ 或 $\{X_t^+\}$ 一致可积,则有界性可以取消),对 $t \geqslant 0$,令

$$\widetilde{X}_t = X_{\sigma_t}, \quad \widetilde{F}_t = \widetilde{F}_{\sigma_t},$$

则 $\{\widetilde{X}_t, \widetilde{F}_t\}$ 是下鞅(鞅)。

特别地,如果 τ 是 $\{\widetilde{F}_t\}$-有限停时,则

$$X^\tau \equiv \{X_{\tau \wedge t}, t \geqslant 0\}$$

是 $\mathscr{F}_t$-下鞅(鞅)。

在以上的停时定理中,已经利用了 $\{X_t\}$ 一致可积,会保证其收敛的结论,下面明确给出这一收敛定理。

定理 5.11(收敛定理) 设 $\{X_t, \mathscr{F}_t; t\geq 0\}$ 是右连续下鞅,若

$$\sup_{t\geq 0} E[X_t^+] < +\infty,$$

则当 $t\uparrow +\infty$ 时,X_t a.s. 收敛于某个可积随机变量 X_∞。若 $\{X_t^+\}$ 一致可积,则 $\{X_t, \mathscr{F}_t, X_\infty, \mathscr{F}_\infty\}$ 是下鞅;若 X_t^+ 一致可积,则

$$\lim_{t\to +\infty} X_t = X_\infty (\text{a.s. 且 } L^1)。$$

定理的表达和离散情形类似,同样地可以有以下几个等价条件。

定理 5.12 设 $\{X_t, \mathscr{F}_t; t\geq 0\}$ 是鞅,则以下条件相互等价:

(1) 当 $t\uparrow +\infty$ 时,X_t 为 L^1 收敛;

(2) 存在 $X_\infty, E|X_\infty| < +\infty$ 使得 $\forall t\geq 0, X_t = E[X_\infty | \mathscr{F}_t]$;

(3) $\{X_t, t\geq 0\}$ 一致可积。

下面给出局部鞅的概念。

定义 5.3 设 $p\in[1, +\infty)$,$M_t, t\geq 0$ 是 $\{\mathscr{F}_t\}$ 适应过程,如果存在 $\{\mathscr{F}_t\}$-停时列 $\tau_n\uparrow +\infty$ a.s. 使得 $\forall n\in\mathbb{N}$,停止过程 $M^{\tau_n} = \{M_{\tau_n\wedge t}, t>0\}$ 是 L^p 鞅(即 $\{M_{\tau_n\wedge t}, t\geq 0\}$ 是鞅,且 $\forall t\geq 0, E|M_{\tau_n\wedge t}|^p < +\infty$),则称 $\{M_t, t\geq 0\}$ 是**局部 L^p-鞅**。τ_n 称为它的一个局部化停时列,当 $p=1$ 时,**局部 L^1-鞅简称为局部鞅**。

通过对局部化停时列的选取,可以发现局部 L^p-鞅同时也是局部 L^p 有界鞅,即 $\exists k$ 使得 $E|M_t|^p \leq k < +\infty$,局部鞅也是局部一致可积鞅。因为如果 $\{\tau_n\}$ 是一个局部化停时列,则 $\{\tau\wedge n\}$ 也是一个局部化停时列,而 $M_{t\wedge\tau\wedge n, \mathscr{F}_t}$ 是 L^p 有界(一致可积)鞅。

容易证明 L^p 鞅是局部 L^p-鞅,但是局部 L^p-鞅却未必是 L^p 鞅。

命题 5.2 设 $p\in[0, +\infty)$,$\{M_t, \mathscr{F}_t; t\geq 0\}$ 是右连续局部 L^p-鞅,则它是 L^p 鞅的充要条件是存在一个局部化停时列(同时也是对一切局部化停时列)$\{\tau_n\}$,使得 $\forall t\geq 0, \{|M_{\tau_n, t}|^p, n\in\mathbb{N}\}$ 是一致可积族。

特别地,如果对一切停时 $\tau > 0$,$\{M_{t\wedge\tau}, \mathscr{F}_t\}$ 是 L^p-鞅,则 $\{M_t, \mathscr{F}_t\}$ 也是 L^p-鞅。

命题 5.3 设 $p\in[0, +\infty)$,$\{M_t, \mathscr{F}_t; t\geq 0\}$ 是连续局部鞅,同时 $\forall p\in[0, +\infty]$,它是局部 L^p-鞅,局部化停时列 $\{\tau_n\}$ 可取为

$$\tau_n \equiv \inf\{t\geq 0, |M_t| \geq n\}, \quad n\in\mathbb{N}。$$

下面给出半鞅的定义,它可以看作一个局部鞅和一个有限变差过程之和。

定义 5.4 对于 $\{\mathscr{F}_t\}$-适应过程 $\{A_t, t\geq 0\}$,如果满足 $A_0 = 0$ 且所有轨道是非实值的右连续递增函数,则称它为一个适应增过程(简称增过程)。若 $\forall t\geq$

$0,E|A_t|<+\infty$,则称其为可积增过程,如果$\{V_t,t\geq 0\}$可以表示为两个增过程之差,则称它为(适应)有限变差过程。

半鞅的定义如下。

定义 5.5   对于$\{\mathscr{F}_t\}$-适应过程$\{X_t,t\geq 0\}$,如果可以分解为
$$X_t=X_0+M_t+V_t,\quad t\geq 0,$$
其中$X_0\in\mathscr{F}_0$,$\{M_t\}$是局部L^2-鞅,$\{V_t\}$是有限变差过程,则称$\{X_t,t\geq 0\}$是$\mathscr{F}_t$-**半鞅**。

半鞅的分解通常不唯一,但是当半鞅轨道连续时,分解唯一,这一结论由以下命题推得。

命题 5.4   设$\{V_t,t\geq 0\}$是有限变差过程,如果它同时是连续鞅,则$V_t\equiv 0,\forall t\geq 0$。

习　题　5

5.1   考虑一个掷骰子的试验。设甲乙二人同时掷骰子,以 X 记甲掷出的点数,Y 表示甲乙二人掷出的点数之和,给出不同 Y 值下的所有 $E(X|Y)(y)$ 值。

5.2   设 $X_1,X_2,\cdots$ 是独立同分布随机变量,令 $m(t)=E(e^{tX_i})$,固定 t 并假定 $m(t)<+\infty$。令 $S_0=0,S_n=X_1+X_2+\cdots+X_n,\quad\forall n>0$。证明$\{M_n=(m(t))^{-n}\cdot e^{tS_n}\}$是关于 $X_1,X_2,\cdots$ 的鞅。

5.3   令 $X_0,X_1,\cdots$ 表示分支过程各代的个体数,$X_0=1$,任意一个个体生育后代的分布有均值 μ。证明$\{M_n=\mu^{-n}X_n\}$是一个关于 $X_0,X_1,\cdots$ 的鞅。

5.4   考虑一个在整数上的随机游动模型,设向右移动的概率 $p<\dfrac{1}{2}$,向左移动的概率为 $1-p$,S_n 表示时刻 n 所处的位置,假定 $S_0=a,0<a<N$。

(1) 证明：$\left\{M_n=\left(\dfrac{1-p}{p}\right)^{S_n}\right\}$是鞅;

(2) 令 T 表示随机游动第一次到达 0 或 N 的时刻,即
$$T=\min\{n:S_n=0\ \text{或}\ N\}。$$
利用鞅停时定理,求出 $P\{S_T=0\}$。

5.5   设 S_n 如习题 5.4 所定义

(1) 证明$\{M_n=S_n+(1-2p)n\}$是一个鞅;

(2) 令 $T=\min\{n:S_n=0\ \text{或}\ N\}$,根据鞅停时定理及上题结论求出 ET。

5.6 令 X_n 表示分支过程中第 n 代个体数,每个个体产生后代的分布具有均值 μ 和方差 σ^2,我们已经知道 $\{M_n = \mu^{-n} X_n\}$ 是鞅。

(1) 令 $\mathscr{F}_n$ 表示 $X_0, \cdots, X_n$ 生成的 σ 代数,证明

$$E(X_{n+1}^2 \mid \mathscr{F}_n) = \mu^2 X_n^2 + \sigma^2 X_n。$$

(2) 设 $\mu > 1$,证明存在 $C < +\infty$ 使得对所有 n,有

$$E(M_n^2) < C。$$

(3) 证明当 $\mu \leqslant 1$ 时,上式不成立。

5.7 考虑 Polya 模型。令 M_n 表示第 n 次摸球后,红球的比例(设最初有 1 只红球和 1 只黄球),证明

$$P\left\{M_n = \frac{k}{n+2}\right\} = \frac{1}{n+1}, \quad k = 1, 2, \cdots, n+1。$$

5.8 设 $X_1, X_2, \cdots$ 是独立同分布随机变量序列,均值为 μ。令 T 为关于 $X_1, X_2, \cdots$ 的停时,$ET < +\infty$。

(1) 令 $Y = \sum_{n=1}^{\infty} |X_n| I_{\{T \geqslant n\}}$,证明 $EY < +\infty$;

(2) 令 $T_n = \min\{T, n\}$,$M_n = X_1 + \cdots + X_{T_n} - \mu T_n$,证明 $\{M_n\}$ 是一致可积鞅;

(3) 证明 Wald 等式

$$E\left(\sum_{n=1}^{T} X_n\right) = \mu ET。$$

5.9 设 $X_1, X_2, \cdots$ 是 iid(表示独立,同分布)序列,在 $\{-1, 0, 1, \cdots\}$ 上取值,均值为 $\mu < 0$。令 $S_0 = 1, S_n = 1 + X_1 + \cdots + X_n, \forall n > 0$,$T = \min\{n, S_n = 0\}$,根据大数定律,我们知道 $P\{T < +\infty\} = 1$。证明

$$ET \leqslant \frac{1}{|\mu|}。$$

$\left(\text{提示：只要证明对所有的 } n, ET_n \leqslant \frac{1}{|\mu|}, \text{考虑鞅} \{M_n = S_n - n\mu\}\right)。$

5.10 考虑状态整数的随机游动 X_t,一般说来转移概率为 $P(k \to k-1) = P(k \to k) = P(k \to k+1) = \frac{1}{3}$,而 $P(k \to m) = 0$,如果 $|k-m| > 1$。

(1) 证明 $\{F_t = X_t\}$ 和 $\left\{G_t = X_t^2 - \frac{2}{3}t\right\}$ 是鞅。

(2) 定义停时 $\tau_a = \min\{t \mid |X_t| = a\}$。利用(1)中结果和 Doob 停时定理证明

$$E(\tau_a \mid X_0 = 0) = \frac{3}{2}a^2。$$

第6章

Brown 运动

―――――――――

6.1 基本概念与性质

我们从讨论简单的随机游动开始。设有一个粒子在直线上作随机游动，在每个单位时间内等可能地向左或向右移动一个单位长度。现在加速这个过程，在越来越小的时间间隔中走越来越小的步长 Δx。若能以正确的方式趋于极限，我们就得到 Brown 运动。详细地说就是令此过程每隔 Δt 时间等概率地向左或向右移动 Δx 的距离。如果以 $X(t)$ 记时刻 t 粒子的位置，则

$$X(t) = \Delta x(X_1 + \cdots + X_{[t/\Delta t]}), \qquad (6.1.1)$$

其中 $[t/\Delta t]$ 表示 $t/\Delta t$ 的整数部分，令

$$X_i = \begin{cases} +1, & \text{如果第 } i \text{ 步向右}, \\ -1, & \text{如果第 } i \text{ 步向左}, \end{cases}$$

且假设诸 X_i 相互独立，而

$$P\{X_i = 1\} = P\{X_i = -1\} = \frac{1}{2}。$$

由于 $EX_i = 0$，$\text{var}(X_i) = E(X_i^2) = 1$ 及 $(6.1.1)$ 式，我们有 $E[X(t)] = 0$，$\text{var}[X(t)] = (\Delta x)^2(t/\Delta t)$。现在要令 Δx 和 Δt 趋于零，并使得极限有意义。如果取 $\Delta x = \Delta t$，令 $\Delta t \to 0$，则 $\text{var}[X(t)] \to 0$，从而 $X(t) = 0$，a.s.。如果 $\Delta t = (\Delta x)^3$，则 $\text{var}[X(t)] \to +\infty$，这是不合理的。因为粒子的运动是连续的，不可能在很短时间内远离出发点。因此，我们做出下面的假设：令 $\Delta x = \sigma\sqrt{\Delta t}$，$\sigma$ 为某个正常数。从上面的讨论可见，当 $\Delta t \to 0$ 时，$E[X(t)] = 0$，$\text{var}[X(t)] \to \sigma^2 t$。下面来看这一极限过程的一些直观性质。由式 $(6.1.1)$ 及中心极限定理

可得：

(1) $X(t)$服从均值为 0,方差为 $\sigma^2 t$ 的正态分布。

此外,由于随机游动的值在不相重叠的时间区间中的变化是独立的,所以有

(2) $\{X(t),t\geqslant 0\}$ 有独立的增量。

又因为随机游动在任一时间区间中的位置变化的分布只依赖于区间的长度,可见

(3) $\{X(t),t\geqslant 0\}$ 有平稳增量。

下面给出 Brown 运动的严格定义。

定义 6.1　随机过程$\{X(t),t\geqslant 0\}$如果满足：

(1) $X(0)=0$;

(2) $\{X(t),t\geqslant 0\}$有独立的平稳增量;

(3) 对每个 $t>0$,$X(t)$服从正态分布 $N(0,\sigma^2 t)$。

则称$\{X(t),t\geqslant 0\}$为 **Brown 运动**,也称为 **Wiener 过程**。常记为$\{B(t),t\geqslant 0\}$或$\{W(t),t\geqslant 0\}$。

如果 $\sigma=1$,则称之为标准 Brown 运动；如果 $\sigma\neq 1$,则可考虑$\{X(t)/\sigma,t\geqslant 0\}$,它是标准 Brown 运动。故不失一般性,可以只考虑标准 Brown 运动的情形。

由于这一定义在应用中不十分方便,我们不加证明地给出下面的性质作为 Brown 运动的等价定义,其证明可以在许多随机过程的著作中找到。

性质 6.1　Brown 运动是具有下述性质的随机过程$\{B(t),t\geqslant 0\}$：

(1)（正态增量）$B(t)-B(s)\sim N(0,t-s)$,即 $B(t)-B(s)$服从均值为 0,方差为 $t-s$ 的正态分布。当 $s=0$ 时,$B(t)-B(0)\sim N(0,t)$;

(2)（独立增量）$B(t)-B(s)$独立于过程的过去状态 $B(u)$,$0\leqslant u\leqslant s$;

(3)（路径的连续性）$B(t)(t\geqslant 0)$是 t 的连续函数。

注　性质 6.1 中并没有假定 $B(0)=0$,因此我们称之为始于 x 的 Brown 运动,所以有时为了强调起始点,也记为$\{B^x(t)\}$。这样,定义 6.1 所指的就是始于 0 的 Brown 运动$\{B^0(t)\}$。易见

$$B^x(t)-x=B^0(t)。 \tag{6.1.2}$$

(6.1.2)式按照下面的定义 6.2 称为 Brown 运动的**空间齐次性**。此性质也说明,$B^x(t)$和 $x+B^0(t)$是相同的,我们只需研究始于 0 的 Brown 运动就可以了,如不加说明,Brown 运动就是指始于 0 的 Brown 运动。

定义 6.2 设 $\{X(t), t \geqslant 0\}$ 是随机过程,如果它的有限维分布是空间平移不变的,即

$$P\{X(t_1) \leqslant x_1, X(t_2) \leqslant x_2, \cdots, X(t_n) \leqslant x_n \mid X(0) = 0\}$$

$$= P\{X(t_1) \leqslant x_1 + x, X(t_2) \leqslant x_2 + x, \cdots, X(t_n) \leqslant x_n + x \mid X(0) = x\},$$

则称此过程为**空间齐次**的。

下面给出关于 Brwon 运动的概率计算的例子。

例 6.1 设 $\{B(t), t \geqslant 0\}$ 是标准 Brown 运动,计算 $P\{B(2) \leqslant 0\}$ 和 $P\{B(t) \leqslant 0, t = 0, 1, 2\}$。

解 由于 $B(2) \sim N(0, 2)$,所以 $P\{B(2) \leqslant 0\} = \dfrac{1}{2}$。因为 $B(0) = 0$,所以 $P\{B(t) \leqslant 0, t = 0, 1, 2\} = P\{B(t) \leqslant 0, t = 1, 2\} = P\{B(1) \leqslant 0, B(2) \leqslant 0\}$。虽然 $B(1)$ 和 $B(2)$ 不是独立的,但由性质 6.1 的 (2) 和 (3) 可知,$B(2) - B(1)$ 与 $B(1)$ 是相互独立的标准正态分布随机变量,于是利用分解式

$$B(2) = B(1) + (B(2) - B(1))$$

有

$$\begin{aligned}
P\{B(1) \leqslant 0, B(2) \leqslant 0\} &= P\{B(1) \leqslant 0, B(1) + (B(2) - B(1)) \leqslant 0\} \\
&= P\{B(1) \leqslant 0, B(2) - B(1) \leqslant -B(1)\}。
\end{aligned}$$

由定理 C.3 的 (1) 和 (9),有

$$\begin{aligned}
P\{B(1) &\leqslant 0, B(2) - B(1) \leqslant -B(1)\} \\
&= \int_{-\infty}^{0} P\{B(2) - B(1) \leqslant -x\} f(x) \mathrm{d}x \\
&= \int_{-\infty}^{0} \Phi(-x) \mathrm{d}\Phi(x),
\end{aligned}$$

这里 Φ 和 f 分别表示标准正态分布的分布函数和密度函数。由积分的变量替换公式得

$$\int_{0}^{\infty} \Phi(x) f(-x) \mathrm{d}x = \int_{0}^{\infty} \Phi(x) \mathrm{d}\Phi(x) = \int_{\frac{1}{2}}^{1} y \mathrm{d}y = \frac{3}{8}。$$

如果过程从 x 开始,$B(0) = x$,则 $B(t) \sim N(x, t)$,于是

$$P_x\{B(t) \in (a, b)\} = \int_{a}^{b} \frac{1}{\sqrt{2\pi t}} \mathrm{e}^{-\frac{(y-x)^2}{2t}} \mathrm{d}y。$$

这里概率 P_x 的下标 x 表示过程始于 x。积分号中的函数

$$p_t(x, y) = \frac{1}{\sqrt{2\pi t}} \mathrm{e}^{-\frac{(y-x)^2}{2t}} \tag{6.1.3}$$

称为 Brown 运动的转移概率密度。利用独立增量性以及转移概率密度,可以计算任意 Brown 运动的有限维分布

$$P_x\{B(t_1) \leqslant x_1, \cdots, B(t_n) \leqslant x_n\}$$

$$= \int_{-\infty}^{x_1} p_{t_1}(x, y_1) \mathrm{d}y_1 \int_{-\infty}^{x_2} p_{t_2-t_1}(y_1, y_2) \mathrm{d}y_2 \cdots$$

$$\int_{-\infty}^{x_n} p_{t_n-t_{n-1}}(y_{n-1}, y_n) \mathrm{d}y_n \, 。 \tag{6.1.4}$$

为了讨论 Brown 运动的路径性质,首先给出二次变差的定义。

定义 6.3　Brown 运动的二次变差 $[B, B](t)$ 定义为当 $\{t_i^n\}_{i=0}^n$ 遍取 $[0, t]$ 的分割,且其模 $\delta_n = \max\limits_{0 \leqslant i \leqslant n-1} \{t_{i+1}^n - t_i^n\} \to 0$ 时依概率收敛意义下的极限

$$[B, B](t) = [B, B]([0, t]) = \lim_{\delta_n \to 0} \sum_{i=0}^{n-1} |B(t_{i+1}^n) - B(t_i^n)|^2 \, 。 \tag{6.1.5}$$

下面是 Brown 运动的路径性质。从时刻 0 到时刻 T 对 Brown 运动的一次观察称为 Brown 运动在区间 $[0, T]$ 上的一个**路径**或一个**实现**。作为 t 的函数,Brown 运动的几乎所有的样本路径 $B(t) (0 \leqslant t \leqslant T)$ 都具有下述性质:

(1) 是 t 的连续函数;

(2) 在任何区间(无论区间多小)上都不是单调的;

(3) 在任何点都不是可微的;

(4) 在任何区间(无论区间多小)上都是无限变差的;

(5) 对任何 t,在 $[0, t]$ 上的二次变差等于 t。

上述性质(1)~(3)不难理解,(4)可以从(5)得到(留作习题)。

定理 6.1　$[B, B](t) = t$。

证明　取区间 $[0, t]$ 的分割 $\{t_i^n\}_{i=0}^n$ 使得 $\lim\limits_{n \to \infty} \delta_n = 0$。记

$$S_n = \sum_{i=0}^{n-1} \left[B(t_{i+1}^n) - B(t_i^n) \right]^2,$$

则

$$ES_n = \sum_{i=0}^{n-1} E[B(t_{i+1}^n) - B(t_i^n)]^2 = \sum_{i=0}^{n-1} (t_{i+1}^n - t_i^n) = t \, 。$$

再由标准正态分布的 4 阶矩公式得

$$\mathrm{var}(S_n) = \mathrm{var}\left(\sum_{i=0}^{n-1} (B(t_{i+1}^n) - B(t_i^n))^2 \right) = \sum_{i=0}^{n-1} \mathrm{var}((B(t_{i+1}^n) - B(t_i^n))^2)$$

$$= \sum_{i=0}^{n-1} 3(t_{i+1}^n - t_i^n)^2 \leqslant 3\max(t_{i+1}^n - t_i^n)t = 3t\delta_n, \tag{6.1.6}$$

假定序列 $\{\varepsilon_n\}$, s. t. $\varepsilon_n \to 0 (n \to \infty)$。令 $\delta_n = \dfrac{\varepsilon_n}{n^2}$，由 Chebyshev 不等式有

$$P\{(S_n - t)^2 \geqslant 3\varepsilon_n\} \leqslant \frac{E(S_n - t)^2}{3\varepsilon_n} \leqslant \frac{3 + \delta_n}{3\varepsilon_n} = \frac{t}{n^2}。$$

因为 $\sum\limits_{n=1}^{\infty} \dfrac{t}{n^2} < +\infty$，所以 $\sum\limits_{n=1}^{\infty} P\{(S_n - t)^2 \geqslant 3\varepsilon_n\} < +\infty$，由 Borel-Cantelli 引理可知

$$P\left\{ \bigcap_{k=1}^{\infty} \bigcup_{n=k}^{\infty} (S_n - t)^2 \geqslant 3\varepsilon_n \right\} = 0。$$

又 $\varepsilon_n \to 0$，于是有 $S_n - t \to 0$，　a. s.，故 $[B,B](t) = t$。　■

6.2　Gauss 过程

所谓 **Gauss 过程**　是指所有有限维分布都是多元正态分布的随机过程。本节主要证明 Brown 运动是特殊的 Gauss 过程。易证下面的引理。

引理 6.1　设 $X \sim N(\mu_1, \sigma_1^2), Y \sim N(\mu_2, \sigma_2^2)$ 是相互独立的，则 $(X, X+Y) \sim N(\boldsymbol{\mu}, \boldsymbol{\Sigma})$，其中均值 $\boldsymbol{\mu} = (\mu_1, \mu_1 + \mu_2)'$，协方差矩阵 $\boldsymbol{\Sigma} = \begin{bmatrix} \sigma_1^2 & \sigma_1^2 \\ \sigma_1^2 & \sigma_1^2 + \sigma_2^2 \end{bmatrix}$。

定理 6.2　Brown 运动是均值函数为 $m(t) = 0$，协方差函数为 $\gamma(s,t) = \min\{t,s\}$ 的 Gauss 过程。

证明　由于 Brown 运动均值是 0，所以其协方差函数为

$$\gamma(s,t) = \mathrm{cov}(B(t), B(s)) = E[B(t)B(s)]。$$

若 $t < s$，则 $B(s) = B(t) + B(s) - B(t)$，且由独立增量性可得

$$E[B(t)B(s)] = E[B^2(t)] + E[B(t)(B(s) - B(t))] = E[B^2(t)] = t。$$

类似地，若 $t > s$，则 $E[B(t)B(s)] = s$。再由上述引理及数学归纳法得到 $B(t)$ 的任何有限维分布都是正态的。　■

下面举几个例子。

例 6.2　设 $\{B(t)\}$ 是 Brown 运动，求 $B(1) + B(2) + B(3) + B(4)$ 的分布。

解　考虑随机向量 $\boldsymbol{X} = (B(1), B(2), B(3), B(4))'$，由定理 6.2 可知，$\boldsymbol{X}$ 是多元正态分布的，且具有零均值和协方差矩阵

$$\boldsymbol{\Sigma} = \begin{pmatrix} 1 & 1 & 1 & 1 \\ 1 & 2 & 2 & 2 \\ 1 & 2 & 3 & 3 \\ 1 & 2 & 3 & 4 \end{pmatrix}。$$

令 $\boldsymbol{A} = (1,1,1,1)$，则

$$\boldsymbol{AX} = X_1 + X_2 + X_3 + X_4 = B(1) + B(2) + B(3) + B(4)$$

是具有均值为零，方差为 $\boldsymbol{A}\boldsymbol{\Sigma}\boldsymbol{A}' = 30$ 的正态分布。于是 $B(1) + B(2) + B(3) + B(4)$ 是正态分布的随机变量，均值为 0，方差为 30。

例 6.3　求 $B\left(\dfrac{1}{4}\right) + B\left(\dfrac{1}{2}\right) + B\left(\dfrac{3}{4}\right) + B(1)$ 的分布。

解　考虑随机向量 $\boldsymbol{Y} = \left(B\left(\dfrac{1}{4}\right), B\left(\dfrac{1}{2}\right), B\left(\dfrac{3}{4}\right), B(1)\right)'$。易见，$\boldsymbol{Y}$ 与上例中的 $\boldsymbol{X}$ 具有相同的分布，所以，它的协方差矩阵为 $\dfrac{1}{4}\boldsymbol{\Sigma}$。因此，$\boldsymbol{AY} = B\left(\dfrac{1}{4}\right) + B\left(\dfrac{1}{2}\right) + B\left(\dfrac{3}{4}\right) + B(1)$ 是具有均值为 0，方差为 $\dfrac{30}{4}$ 的正态分布。

例 6.4　求概率 $P\left\{\displaystyle\int_0^1 B(t)\mathrm{d}t > \dfrac{2}{\sqrt{3}}\right\}$。

解　首先需要指出的是，Brown 运动具有连续路径，所以对每个路径来说，Riemann 积分 $\displaystyle\int_0^1 B(t)\mathrm{d}t$ 存在，只需找出 $\displaystyle\int_0^1 B(t)\mathrm{d}t$ 的分布。由 Riemann 积分的定义，可以从逼近和

$$\sum B(t_i)\Delta t_i$$

的极限分布而得到。这里 t_i 是 $[0,1]$ 的分点，$\Delta t_i = t_{i+1} - t_i$。例如，取 $t_i = \dfrac{i}{n}$，当 $n = 4$ 时，逼近和即为上例中的随机变量。一般地，类似地证明，所有逼近和的分布都是零均值的正态分布，因此它们的极限分布是正态分布。于是，$\displaystyle\int_0^1 B(t)\mathrm{d}t$ 也是零均值的正态分布。下面来计算 $\displaystyle\int_0^1 B(t)\mathrm{d}t$ 的方差。

$$\begin{aligned} \mathrm{var}\left(\int_0^1 B(t)\mathrm{d}t\right) &= \mathrm{cov}\left(\int_0^1 B(t)\mathrm{d}t, \int_0^1 B(s)\mathrm{d}s\right) \\ &= E\left(\int_0^1 B(t)\mathrm{d}t \int_0^1 B(s)\mathrm{d}s\right) \\ &= \int_0^1\int_0^1 E[B(t)B(s)]\mathrm{d}t\mathrm{d}s \end{aligned}$$

$$= \int_0^1 \int_0^1 \mathrm{cov}[B(t)B(s)]\mathrm{d}t\mathrm{d}s$$

$$= \int_0^1 \int_0^1 \min\{t,s\}\mathrm{d}t\mathrm{d}s = \frac{1}{3}. \qquad (6.2.1)$$

这样，$\int_0^1 B(t)\mathrm{d}t \sim N\left(0, \frac{1}{3}\right)$。于是，所求的概率为

$$P\left\{\int_0^1 B(t)\mathrm{d}t > \frac{2}{\sqrt{3}}\right\} = P\left\{\sqrt{3}\int_0^1 B(t)\mathrm{d}t > 2\right\} = 1 - \Phi(2) = 0.025.$$

这里，$\Phi(x)$ 是标准正态分布的分布函数，通过查表可得 $\Phi(2)$ 的近似值。

6.3　Brown 运动的鞅性质

本节讨论与 Brown 运动相联系的几个鞅，首先回忆连续鞅的定义。随机过程 $\{X(t), t \geqslant 0\}$ 称为鞅，如果对任何 t 是可积的，$E[|X(t)|] < +\infty$，且对任何 $s > 0$，有

$$E[X(t+s) \mid \mathscr{F}_t] = X(t), \qquad \text{a.s.} \qquad (6.3.1)$$

这里 $\mathscr{F}_t = \sigma\{X(u): 0 \leqslant u \leqslant t\}$（由 $\{X(u): 0 \leqslant u \leqslant t\}$ 生成的 σ 代数），其中等式 (6.3.1) 是几乎必然成立的。在后面有关的证明中，有时也省略 a.s.。

定理 6.3　设 $\{B(t)\}$ 是 Brown 运动，则：

(1) $\{B(t)\}$ 是鞅；

(2) $\{B(t)^2 - t\}$ 是鞅；

(3) 对任何实数 u，$\left\{\exp\left[uB(t) - \frac{u^2}{2}t\right]\right\}$ 是鞅。

证明　首先，由 $B(t+s) - B(t)$ 与 $\mathscr{F}_t$ 的独立性可知，对任何函数 $g(x)$，有

$$E[g(B(t+s) - B(t)) \mid \mathscr{F}_t] = E[g(B(t+s) - B(t))]. \quad (6.3.2)$$

由 Brown 运动的定义，$B(t) \sim N(0, t)$，所以 $B(t)$ 可积，且 $E[B(t)] = 0$。再由其他性质得

$$\begin{aligned}
E[B(t+s) \mid \mathscr{F}_t] &= E[B(t) + (B(t+s) - B(t)) \mid \mathscr{F}_t] \\
&= E[B(t) \mid \mathscr{F}_t] + E[B(t+s) - B(t) \mid \mathscr{F}_t] \\
&= B(t) + E[B(t+s) - B(t)] = B(t),
\end{aligned}$$

从而 (1) 得证。

由于 $E[B^2(t)] = t < +\infty$，所以 $B^2(t)$ 可积。于是得到

$$B^2(t+s) = (B(t) + B(t+s) - B(t))^2$$

$$= B^2(t) + 2B(t)(B(t+s) - B(t)) + (B(t+s) - B(t))^2,$$

$$E[B^2(t+s) \mid \mathscr{F}_t] = B^2(t) + 2E[B(t)(B(t+s) - B(t)) \mid \mathscr{F}_t] + E[(B(t+s) - B(t))^2 \mid \mathscr{F}_t]$$

$$= B^2(t) + s, \tag{6.3.3}$$

这里我们利用了 $B(t+s) - B(t)$ 与 $\mathscr{F}_t$ 的独立性且具有均值 0，并对 $g(x) = x^2$ 应用 (6.3.2) 式。在 (6.3.3) 式两端同时减去 $(t+s)$，则 (2) 得证。

考虑 $B(t) \sim N(0, t)$ 的矩母函数 $E(\mathrm{e}^{uB(t)}) = \mathrm{e}^{tu^2/2} < +\infty$，这蕴含着 $\mathrm{e}^{uB(t)}$ 是可积的，并且

$$E(\mathrm{e}^{uB(t) - \frac{u^2}{2}t}) = 1。$$

取 $g(x) = \mathrm{e}^{ux}$，利用 (6.3.2) 式可得

$$E(\mathrm{e}^{uB(t+s)} \mid \mathscr{F}_t) = E(\mathrm{e}^{uB(t) + u(B(t+s) - B(t))} \mid \mathscr{F}_t)$$

$$= \mathrm{e}^{uB(t)} E(\mathrm{e}^{u(B(t+s) - B(t))} \mid \mathscr{F}_t)$$

$$= \mathrm{e}^{uB(t)} E(\mathrm{e}^{u(B(t+s) - B(t))})$$

$$= \mathrm{e}^{uB(t)} \mathrm{e}^{\frac{u^2}{2}s}。$$

两端同时乘以 $\mathrm{e}^{-\frac{u^2}{2}(t+s)}$，则 (3) 得证。

注 上述定理所给的 3 个鞅在理论上也有着十分重要的意义，比如鞅 $\{B^2(t) - t\}$ 就是 Brown 运动的特征，即，如果连续鞅 $\{X(t)\}$ 使得 $\{X^2(t) - t\}$ 也是鞅，则 $\{X(t)\}$ 是 Brown 运动。

6.4　Brown 运动的最大值变量及反正弦律

以 T_x 记 Brown 运动首次击中 x 的时刻，即

$$T_x = \inf\{t > 0: B(t) = x\}。$$

当 $x > 0$ 时，为计算 $P\{T_x \leqslant t\}$，我们考虑 $P\{B(t) \geqslant x\}$。由全概率公式

$$P\{B(t) \geqslant x\} = P\{B(t) \geqslant x \mid T_x \leqslant t\} P\{T_x \leqslant t\} + P\{B(t) \geqslant x \mid T_x > t\} P\{T_x > t\}, \tag{6.4.1}$$

若 $T_x \leqslant t$，则 $B(t)$ 在 $[0, t]$ 中的某个点击中 x，由对称性得

$$P\{B(t) \geqslant x \mid T_x \leqslant t\} = \frac{1}{2}。$$

再由连续性可知，$B(t)$ 不可能还未击中 x 就大于 x，所以 (6.4.1) 式中第 2 项

为零。因此

$$P\{T_x \leqslant t\} = 2P\{B(t) \geqslant x\}$$

$$= \frac{2}{\sqrt{2\pi t}} \int_x^{+\infty} \mathrm{e}^{-u^2/2t}\,\mathrm{d}u$$

$$= \frac{2}{\sqrt{2\pi}} \int_{x/\sqrt{t}}^{+\infty} \mathrm{e}^{-y^2/2}\,\mathrm{d}y. \tag{6.4.2}$$

由此可见

$$P\{T_x < +\infty\} = \lim_{t\to+\infty} P\{T_x \leqslant t\} = \frac{2}{\sqrt{2\pi}} \int_0^{+\infty} \mathrm{e}^{-y^2/2}\,\mathrm{d}y = 1.$$

对分布函数求导数可得其分布密度函数

$$f_{T_x}(u) = \begin{cases} \dfrac{x}{\sqrt{2\pi}} u^{-\frac{3}{2}} \mathrm{e}^{-\frac{x^2}{2u}}, & \text{如果} \quad u > 0, \\ 0, & \text{如果} \quad u \leqslant 0. \end{cases} \tag{6.4.3}$$

利用(6.4.2)式,可以得到

$$ET_x = \int_0^{+\infty} P\{T_x > t\}\,\mathrm{d}t$$

$$= \int_0^{+\infty} \left(1 - \frac{2}{\sqrt{2\pi}} \int_{x/\sqrt{t}}^{\infty} \mathrm{e}^{-y^2/2}\,\mathrm{d}y\right)\mathrm{d}t$$

$$= \frac{2}{\sqrt{2\pi}} \int_0^{+\infty} \int_0^{x/\sqrt{t}} \mathrm{e}^{-y^2/2}\,\mathrm{d}y\,\mathrm{d}t$$

$$= \frac{2}{\sqrt{2\pi}} \int_0^{+\infty} \left(\int_0^{x^2/y^2}\,\mathrm{d}t\right)\mathrm{e}^{-y^2/2}\,\mathrm{d}y$$

$$= \frac{2x^2}{\sqrt{2\pi}} \int_0^{+\infty} \frac{1}{y^2}\,\mathrm{e}^{-y^2/2}\,\mathrm{d}y$$

$$\geqslant \frac{2x^2 \mathrm{e}^{-1/2}}{\sqrt{2\pi}} \int_0^1 \frac{1}{y^2}\,\mathrm{d}y$$

$$= +\infty.$$

因此,T_x 虽然几乎必然是有限的,但有无穷的期望。直观地看,就是 Brown 运动以概率 1 会击中 x,但它的平均时间是无穷的。性质 $P\{T_x < +\infty\} = 1$ 称为 Brown 运动的常返性。由于始于点 a 的 Brown 运动与 $\{a+B(t)\}$ 是相同的,这里 $\{B(t)\}$ 是始于 0 的 Brown 运动,所以

$$P_a\{T_x < +\infty\} = P_0\{T_{x-a} < +\infty\} = 1,$$

其中 P_a 的下标 a 表示起始点是 a,P_0 的下标 0 表示起始点是 0,即 Brown 运动从任何一点出发,击中 x 的概率都是 1。

当 $x < 0$ 时，由对称性，T_x 与 T_{-x} 有相同的分布。于是，有

$$P\{T_x \leqslant t\} = \frac{2}{\sqrt{2\pi}} \int_{|x|/\sqrt{t}}^{+\infty} e^{-y^2/2} \, dy。$$

$$f_{T_x}(u) = \begin{cases} \dfrac{-x}{\sqrt{2\pi}} u^{-\frac{3}{2}} e^{-\frac{x^2}{2u}}, & \text{如果} \quad u > 0, \\[2mm] 0, & \text{如果} \quad u \leqslant 0. \end{cases} \tag{6.4.4}$$

另一个有趣的随机变量是 Brown 运动在 $[0, t]$ 中达到的最大值

$$M(t) = \max_{0 \leqslant s \leqslant t} \{B(s)\}。$$

它的分布可由下述等式得到，对 $x > 0$，

$$\begin{aligned} P\{M(t) \geqslant x\} &= P\{T_x \leqslant t\} \\ &= 2P\{B(t) \geqslant x\} \\ &= \frac{2}{\sqrt{2\pi}} \int_{x/\sqrt{t}}^{+\infty} e^{-y^2/2} \, dy。 \end{aligned}$$

读者不难得到 Brown 运动在 $[0, t]$ 中达到的最小值

$$m(t) = \min_{0 \leqslant s \leqslant t} B(s)$$

的分布。

如果时间 τ 使得 $B(\tau) = 0$，则称 τ 为 Brown 运动的零点。我们有下面定理。

定理 6.4 设 $\{B^x(t)\}$ 为始于 x 的 Brown 运动，则 $B^x(t)$ 在 $(0, t)$ 中至少有一个零点的概率为

$$\frac{|x|}{\sqrt{2\pi}} \int_0^t u^{-\frac{3}{2}} e^{-\frac{x^2}{2u}} \, du。$$

证明 如果 $x < 0$，则由 $\{B^x(t)\}$ 的连续性得

$$P\{B^x \text{ 在}(0, t) \text{ 中至少有一个零点}\} = P\Big\{ \max_{0 \leqslant s \leqslant t} B^x(s) \geqslant 0 \Big\}。$$

因为 $B^x(t) = B(t) + x$，有

$$\begin{aligned} &P\{B^x \text{ 在}(0, t) \text{ 中至少有一个零点}\} \\ &= P\Big\{ \max_{0 \leqslant s \leqslant t} B^x(s) \geqslant 0 \Big\} \\ &= P\Big\{ \max_{0 \leqslant s \leqslant t} B(s) + x \geqslant 0 \Big\} = P\Big\{ \max_{0 \leqslant s \leqslant t} B(s) \geqslant -x \Big\} \\ &= 2P\{B(t) \geqslant -x\} = P\{T_x \leqslant t\} \\ &= \int_0^t f_{T_x}(u) \, du = \frac{-x}{\sqrt{2\pi}} \int_0^t u^{-\frac{3}{2}} e^{-\frac{x^2}{2u}} \, du。 \end{aligned} \tag{6.4.5}$$

对于 $x>0$ 的情况的证明类似,只要知道 Brown 运动的最小值的分布即可完成其证明。

利用此结果可以证明下面定理。

定理 6.5 $B^y(t)$ 在区间 (a,b) 中至少有一个零点的概率为

$$\frac{2}{\pi}\arccos\sqrt{\frac{a}{b}}。$$

证明 记

$$h(x)=P\{B\ \text{在}\ (a,b)\ \text{中至少有一个零点}\mid B(a)=x\}。$$

由 Markov 性,$P\{B$ 在 (a,b) 中至少有一个零点$\mid B(a)=x\}$ 与 $P\{B^x$ 在 $(0,b-a)$ 中至少有一个零点$\}$ 相同。由条件概率

$$P\{B\ \text{在}\ (a,b)\ \text{中至少有一个零点}\}$$

$$=\int_{-\infty}^{+\infty}P\{B\ \text{在}\ (a,b)\ \text{中至少有一个零点}\mid B(a)=x\}P(\mathrm{d}x)$$

$$=\int_{-\infty}^{+\infty}h(x)P(\mathrm{d}x)$$

$$=\sqrt{\frac{2}{\pi a}}\int_0^{+\infty}h(x)\mathrm{e}^{-\frac{x^2}{2a}}\mathrm{d}x$$

$$=\sqrt{\frac{2}{\pi a}}\int_0^{+\infty}\frac{x}{\sqrt{2\pi}}\left(\int_0^{b-a}u^{-\frac{3}{2}}\mathrm{e}^{-\frac{x^2}{2u}}\mathrm{d}u\right)\mathrm{e}^{-\frac{x^2}{2a}\mathrm{d}x}$$

$$=\frac{1}{\pi\sqrt{a}}\int_0^{b-a}u^{-\frac{3}{2}}\int_0^{+\infty}x\mathrm{e}^{-x^2\left(\frac{1}{2u}+\frac{1}{2a}\right)}\mathrm{d}x\mathrm{d}u$$

$$=\frac{1}{\pi\sqrt{a}}\int_0^{b-a}u^{-\frac{3}{2}}\frac{au}{a+u}\mathrm{d}u$$

$$=\frac{2\sqrt{a}}{\pi}\int_0^{b-a}\frac{u^{-\frac{1}{2}}}{a+u}\mathrm{d}u$$

$$=\frac{2}{\pi}\arctan\frac{\sqrt{b-a}}{\sqrt{a}}$$

$$=\frac{2}{\pi}\arccos\sqrt{\frac{a}{b}}。$$

于是,我们得到 Brown 运动的反正弦律。

定理 6.6   设$\{B(t),t\geqslant 0\}$是 Brown 运动,则

$$P\{B(t) \text{ 在}(a,b) \text{ 中没有零点}\} = \frac{2}{\pi}\arcsin\sqrt{\frac{a}{b}}\text{。}$$

6.5 Brown 运动的几种变化

6.5.1 Brown 桥

由 Brown 运动,可以定义另一类在数理金融中经常用到的过程——Brown 桥过程。

定义 6.4   设$\{B(t),t\geqslant 0\}$是 Brown 运动。令

$$B^*(t) = B(t) - tB(1),\qquad 0\leqslant t\leqslant 1,$$

则称随机过程$\{B^*(t),0\leqslant t\leqslant 1\}$为 Brown 桥(Brown bridge)。

因为 Brown 运动是 Gauss 过程,所以 Brown 桥也是 Gauss 过程,其 n 维分布由均值函数和方差函数完全确定,且对任何$0\leqslant s\leqslant t\leqslant 1$,有

$$E[B^*(t)] = 0,$$
$$\begin{aligned}
E[B^*(s)B^*(t)] &= E[(B(s)-sB(1))(B(t)-tB(1))]\\
&= E[B(s)B(t)-tB(s)B(1)-sB(t)B(1)+tsB^2(1)]\\
&= s-ts-ts+ts = s(1-t)\text{。}
\end{aligned}$$

此外,由定义可知$B^*(0)=B^*(1)=0$,即此过程的起始点和终点是固定的,就像桥一样(图6.1),这就是 Brown 桥名称的由来。

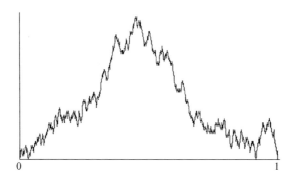

图 6.1

6.5.2 有吸收值的 Brown 运动

设 T_x 为 Brown 运动 $\{B(t)\}$ 首次击中 x 的时刻,$x>0$。令

$$Z(t) = \begin{cases} B(t), & \text{若 } t < T_x, \\ x, & \text{若 } t \geqslant T_x, \end{cases}$$

则 $\{Z(t),t\geqslant 0\}$ 是击中 x 后,永远停留在那里的 Brown 运动。对任何的 $t>0$,随机变量 $Z(t)$ 的分布有离散和连续两个部分。离散部分是

$$P\{Z(t) = x\} = P\{T_x \leqslant t\} = \frac{2}{\sqrt{2\pi t}} \int_x^{+\infty} \mathrm{e}^{-\frac{y^2}{2t}} \mathrm{d}y。$$

下面求连续部分的分布。

$$\begin{aligned} P\{Z(t) \leqslant y\} &= P\Big\{B(t) \leqslant y, \max_{0 \leqslant s \leqslant t} B(s) < x\Big\} \\ &= P\{B(t) \leqslant y\} - P\Big\{B(t) \leqslant y, \max_{0 \leqslant s \leqslant t} B(s) > x\Big\}。 \quad (6.5.1) \end{aligned}$$

计算(6.5.1)式中的最后一项,由条件概率公式得

$$\begin{aligned} &P\Big\{B(t) \leqslant y, \max_{0 \leqslant s \leqslant t} B(s) > x\Big\} \\ &= P\Big\{B(t) \leqslant y \mid \max_{0 \leqslant s \leqslant t} B(s) > x\Big\} P\Big\{\max_{0 \leqslant s \leqslant t} B(s) > x\Big\}。 \quad (6.5.2) \end{aligned}$$

由事件 $\max\limits_{0 \leqslant s \leqslant t} B(s) > x$ 等价于事件 $T_x < t$ 及 Brown 运动的对称性可知,$B(t)$ 在时刻 $T_x(<t)$ 击中 x,为了使在时刻 t 不大于 y,则在 T_x 之后的 $t - T_x$ 这段时间中就必须减少 $x - y$,而减少与增加 $x - y$ 的概率是相等的。所以,有

$$P\Big\{B(t) \leqslant y \mid \max_{0 \leqslant s \leqslant t} B(s) > x\Big\} = P\Big\{B(t) \geqslant 2x - y \mid \max_{0 \leqslant s \leqslant t} B(s) > x\Big\}。$$

$$(6.5.3)$$

从(6.5.2)式及(6.5.3)式得

$$\begin{aligned} &P\Big\{B(t) \leqslant y, \max_{0 \leqslant s \leqslant t} B(s) > x\Big\} \\ &= P\Big\{B(t) \geqslant 2x - y, \max_{0 \leqslant s \leqslant t} B(s) > x\Big\} \\ &= P\{B(t) \geqslant 2x - y\}(\text{因为 } y < x), \end{aligned}$$

由(6.5.1)式,有

$$\begin{aligned} P\{Z(t) \leqslant y\} &= P\{B(t) \leqslant y\} - P\{B(t) \geqslant 2x - y\} \\ &= P\{B(t) \leqslant y\} - P\{B(t) \leqslant y - 2x\} \\ &= \frac{1}{\sqrt{2\pi t}} \int_{y-2x}^{y} \mathrm{e}^{-\frac{u^2}{2t}} \mathrm{d}u。 \end{aligned}$$

6.5.3　在原点反射的 Brown 运动

由

$$Y(t) = |B(t)|, \quad t \geqslant 0$$

定义的过程 $\{Y(t), t \geqslant 0\}$ 称为在原点反射的 Brown 运动。它的概率分布为

$$P\{Y(t) \leqslant y\} = P\{B(t) \leqslant y\} - P\{B(t) \leqslant -y\} \quad (y > 0)$$
$$= 2P\{B(t) \leqslant y\} - 1$$
$$= \frac{2}{\sqrt{2\pi t}} \int_{-\infty}^{y} e^{-\frac{u^2}{2t}} \, du - 1.$$

6.5.4　几何 Brown 运动

由

$$X(t) = e^{B(t)}, \quad t \geqslant 0$$

定义的过程 $\{X(t), t \geqslant 0\}$ 称为几何 Brown 运动。由于 Brown 运动的矩母函数
为 $E(e^{sB(t)}) = e^{s^2/2}$，所以几何 Brown 运动的均值函数与方差函数分别为

$$E[X(t)] = E(e^{B(t)}) = e^{t/2},$$
$$\mathrm{var}(X(t)) = E[X^2(t)] - [E(X(t))]^2$$
$$= E(e^{2B(t)}) - e^t$$
$$= e^{2t} - e^t.$$

在金融市场中，人们经常假定股票的价格按照几何 Brown 运动变化。

6.5.5　有漂移的 Brown 运动

设 $\{B(t)\}$ 是标准 Brown 运动，称 $\{X(t) = B(t) + \mu t\}$ 为有漂移的 Brown
运动，其中常数 μ 称为漂移系数。容易看出，有漂移的 Brown 运动是一个以
速率 μ 漂移开去的过程。下面对此过程计算一个有兴趣的量，首先，对常数
$A, B > 0, -B < x < A$，记 $P(x)$ 为过程在击中 $-B$ 之前击中 A 的概率，即

$$P(x) = P\{X(t) \text{ 在击中} -B \text{ 之前击中} A \mid X(0) = x\}.$$

对过程在时刻 0 与 h 之间的变化 $Y = X(h) - X(0)$ 取条件，将得到一个微
分方程。从而给出

$$P(x) = E[P(x + Y)] + o(h),$$

这里的 $o(h)$ 表示到时刻 h，过程已经击中 $-B$ 或 A 其中之一的概率。假设
$P(y)$ 在 x 点附近有 Taylor 级数展开，则形式上可得

$$P(x) = E[P(x) + P'(x)Y + P''(x)Y^2/2 + \cdots] + o(h)。$$

由于 Y 是正态分布的,均值为 μh,方差为 h,则得到

$$P(x) = P(x) + P'(x)\mu h + P''(x)\frac{\mu^2 h^2 + h}{2} + o(h), \quad (6.5.4)$$

因为所有大于二阶的微分项之和的均值是 $o(h)$。由(6.5.4)式有

$$P'(x)\mu + \frac{P''(x)}{2} = \frac{o(h)}{h},$$

令 $h \to 0$,有

$$P'(x)\mu + \frac{P''(x)}{2} = 0,$$

将上式积分,得

$$2\mu P(x) + P'(x) = c_1,$$

或

$$e^{2\mu x}(2\mu P(x) + P'(x)) = c_1 e^{2\mu x},$$

即

$$\frac{\mathrm{d}}{\mathrm{d}x}(e^{2\mu x}P(x)) = c_1 e^{2\mu x},$$

积分可得

$$e^{2\mu x}P(x) = c_1 e^{2\mu x} + c_2。$$

因此

$$P(x) = c_1 + c_2 e^{-2\mu x}。$$

利用边界条件 $P(A)=1, P(-B)=0$,解得

$$c_1 = \frac{e^{2\mu B}}{e^{2\mu B} - e^{-2\mu A}}, \quad c_2 = \frac{-1}{e^{2\mu B} - e^{-2\mu A}},$$

从而

$$P(x) = \frac{e^{2\mu B} - e^{-2\mu x}}{e^{2\mu B} - e^{-2\mu A}}。$$

因此从 $x=0$ 出发,过程在到达 $-B$ 之前先到达 A 的概率 $P(0)$ 为

$$P\{过程在下降 B 之前先上升至 A\} = \frac{e^{2\mu B} - 1}{e^{2\mu B} - e^{-2\mu A}}。 \quad (6.5.5)$$

若 $\mu < 0$,在(6.5.5)式中令 $B \to +\infty$,则有

$$P\{过程迟早上升至 A\} = e^{2\mu A}。 \quad (6.5.6)$$

因此,此时过程漂向负无穷,而它的最大值是参数为 -2μ 的指数变量。

若在(6.5.5)式中令 $\mu \to 0$,则有

$$P\{\text{Brown 运动在下降 } B \text{ 之前上升至 } A\} = \frac{B}{A+B}.$$

习　题　6

6.1　设 $\{B(t),t\geqslant 0\}$ 为标准 Brown 运动,求 $B(1)+B(2)+\cdots+B(n)$ 的分布,并验证 $\left\{X(t)=tB\left(\dfrac{1}{t}\right)\right\}$ 仍为 $[0,+\infty)$ 上的 Brown 运动.

6.2　设 $\{B(t),t\geqslant 0\}$ 为标准 Brown 运动,计算条件概率
$$P\{B(2)>0 \mid B(1)>0\}.$$
问事件 $\{B(2)>0\}$ 与 $\{B(1)>0\}$ 是否独立?

6.3　设 $\{B_1(t),t\geqslant 0\}$,$\{B_2(t),t\geqslant 0\}$ 为相互独立的标准 Brown 运动,试证 $\{X(t)=B_1(t)-B_2(t)\}$ 是 Brown 运动.

6.4　设 $\{B(t),t\geqslant 0\}$ 为标准 Brown 运动,证明 $M(t)=\max\limits_{0\leqslant s\leqslant t}B(s)$,$|B(t)|$ 与 $M(t)-B(t)$ 具有相同的分布. 试找出 $m(t)=\min\limits_{0\leqslant s\leqslant t}B(s)$ 的分布.

第7章

随机积分与随机微分方程

本章的目的是引入关于 Brown 运动的积分,讨论其性质并给出在随机分析及金融学中有着重要应用的 Itô 公式。

7.1 关于随机游动的积分

我们从讨论关于简单的随机游动的积分开始。设 $X_1, X_2, \cdots$ 是独立的随机变量,$P\{X_i = 1\} = P\{X_i = -1\} = \dfrac{1}{2}$,令 S_n 表示相应的游动,

$$S_n = X_1 + X_2 + \cdots + X_n。$$

我们可以这样看这组独立随机变量,X_n 为第 n 次公平赌博的结果($X_n = 1$ 为赢 1 元,$X_n = -1$ 为输掉 1 元)。$\mathscr{F}_n = \sigma(X_1, X_2, \cdots, X_n)$(由 $\{X_i, 1 \leqslant i \leqslant n\}$ 生成的 σ 代数),也可以理解为包含 $X_1, X_2, \cdots, X_n$ 的信息。令 B_n 是 $\mathscr{F}_{n-1}$ 可测的随机变量序列,比如它表示第 n 次赌博时所下赌注,则它只能利用第 $n-1$ 次及以前的信息,而不能利用第 n 次赌博的结果。于是到时刻 n 的收益 Z_n 为

$$Z_n = \sum_{i=1}^{n} B_i X_i = \sum_{i=1}^{n} B_i (S_i - S_{i-1}) = \sum_{i=1}^{n} B_i \Delta S_i,$$

这里 $\Delta S_i = S_i - S_{i-1}, S_0 = 0$。我们称 Z_n 为 $\boldsymbol{B_n}$ **关于 $\boldsymbol{S_n}$ 的积分**。

容易看出 $\{Z_n\}$ 是关于 $\mathscr{F}_n$ 的鞅,即,若 $m < n$,则

$$E(Z_n \mid \mathscr{F}_m) = Z_m。$$

特别地,$EZ_n = 0$。此外,如果假定 $E(B_n^2) < +\infty$,则

$$\mathrm{var}\,(Z_n) = E(Z_n^2) = \sum_{i=1}^{n} E(B_i^2)。$$

事实上

$$Z_n^2 = \sum_{i=1}^n B_i^2 X_i^2 + 2 \sum_{1 \leqslant i < j \leqslant n} B_i B_j X_i X_j \text{。}$$

再注意到 $X_i^2 = 1$，如果 $i < j$，则 B_i, X_i, B_j 都是 $\mathscr{F}_{j-1}$ 可测的，且 X_j 独立于 $\mathscr{F}_{j-1}$，于是得

$$E(B_i B_j X_i X_j) = E[E(B_i B_j X_i X_j \mid \mathscr{F}_{j-1})] = E[B_i B_j X_i E(X_j)] = 0 \text{。}$$

7.2　关于 Brown 运动的积分

本节定义关于 Brown 运动的积分 $\int_0^T X(t)\mathrm{d}B(t)$（或简记为 $\int X\mathrm{d}B$），这里 $\{B(t)\}$ 是一维标准 Brown 运动，有时也记为 $\{W_t\}$。首先考虑一个非随机的简单过程 $X(t)$，即 $X(t)$ 是一个简单函数（不依赖于 $B(t)$）。由简单函数的定义，存在 $[0,T]$ 的分割 $0 = t_0 < t_1 < \cdots < t_n = T$ 及常数 $c_0, c_1, \cdots, c_{n-1}$，使得

$$X(t) = \begin{cases} c_0, & \text{如果 } t = 0, \\ c_i, & \text{如果 } t_i < t \leqslant t_{i+1}, i = 0, 1, \cdots, n-1, \end{cases}$$

或表示为

$$X(t) = c_0 I_0(t) + \sum_{i=0}^{n-1} c_i I_{(t_i, t_{i+1}]}(t) \text{。} \tag{7.2.1}$$

于是，可定义其积分为

$$\int_0^T X(t)\mathrm{d}B(t) = \sum_{i=0}^{n-1} c_i [B(t_{i+1}) - B(t_i)] \text{。} \tag{7.2.2}$$

由 Brown 运动的独立增量性可知，(7.2.2)式所定义的积分是 Gauss 分布的随机变量，其均值为 0，方差为

$$\begin{aligned} \mathrm{var}\left(\int X\mathrm{d}B\right) &= E\left\{\sum_{i=0}^{n-1} c_i [B(t_{i+1}) - B(t_i)]\right\}^2 \\ &= E\left\{\sum_{i=0}^{n-1} \sum_{j=0}^{n-1} c_i c_j [B(t_{i+1}) - B(t_i)][B(t_{j+1}) - B(t_j)]\right\} \\ &= \sum_{i=0}^{n-1} \sum_{j=0}^{n-1} E\{c_i c_j [B(t_{i+1}) - B(t_i)][B(t_{j+1}) - B(t_j)]\} \\ &= \sum_{i=0}^{n-1} c_i^2 (t_{i+1} - t_i) \text{。} \end{aligned} \tag{7.2.3}$$

用取极限的方法可以将这一定义推广到一般的非随机函数 $X(t)$。但是我们

要定义的是随机过程的积分,因此将简单函数中的常数 c_i 用随机变量 ξ_i 来代替,并要求 ξ_i 是 $\mathscr{F}_{t_i}$ 可测的。这里 $\mathscr{F}_t = \sigma\{B(u), 0 \leqslant u \leqslant t\}$。于是,由 Brown 运动的鞅性质得

$$E[\xi_i(B(t_{i+1}) - B(t_i)) \mid \mathscr{F}_{t_i}] = \xi_i E[(B(t_{i+1}) - B(t_i)) \mid \mathscr{F}_{t_i}] = 0,$$

$$(7.2.4)$$

因此

$$E[\xi_i(B(t_{i+1}) - B(t_i))] = 0。$$

定义 7.1　设 $\{X(t), 0 \leqslant t \leqslant T\}$ 是一个简单随机过程,即存在 $[0, T]$ 的分割 $0 = t_0 < t_1 < \cdots < t_n = T$,随机变量 $\xi_0, \xi_1, \cdots, \xi_{n-1}$ 使得 ξ_0 是常数,ξ_i 依赖于 $B(t), t \leqslant t_i$,但不依赖于 $B(t), t > t_i, i = 0, 1, \cdots, n-1$,并且

$$X(t) = \xi_0 I_0(t) + \sum_{i=0}^{n-1} \xi_i I_{(t_i, t_{i+1}]}(t)。$$

$$(7.2.5)$$

此时,**Itô 积分** $\displaystyle\int_0^T X \mathrm{d}B$ 定义为

$$\int_0^T X(t) \mathrm{d}B(t) = \sum_{i=0}^{n-1} \xi_i [B(t_{i+1}) - B(t_i)]。$$

$$(7.2.6)$$

简单过程的积分是一个随机变量,满足下述性质。

性质 7.1　(1) 线性　如果 $X(t), Y(t)$ 是简单过程,则

$$\int_0^T [\alpha X(t) + \beta Y(t)] \mathrm{d}B(t) = \alpha \int_0^T X(t) \mathrm{d}B(t) + \beta \int_0^T Y(t) \mathrm{d}B(t),$$

这里 α, β 是常数。

(2) $\displaystyle\int_0^T I_{[a,b]}(t) \mathrm{d}B(t) = B(b) - B(a)$,

其中 $I_{[a,b]}(t)$ 是区间 $[a, b]$ 的示性函数。

(3) 零均值性　如果 $E(\xi_i^2) < +\infty (i = 0, 1, \cdots, n-1)$,则

$$E\left[\int_0^T X(t) \mathrm{d}B(t)\right] = 0。$$

(4) 等距性　如果 $E(\xi_i^2) < +\infty (i = 0, 1, \cdots, n-1)$,则

$$E\left[\int_0^T X(t) \mathrm{d}B(t)\right]^2 = \int_0^T E[X^2(t)] \mathrm{d}t。$$

证明　性质 (1),(2) 和 (3) 是简单的,读者可自行证之,这里只证明性质 (4)。利用 Cauchy-Schwarz 不等式,得到

$$E[|\xi_i(B(t_{i+1}) - B(t_i))|] \leqslant \sqrt{E(\xi_i^2) E[B(t_{i+1}) - B(t_i)]^2} < +\infty,$$

于是

$$\mathrm{var}\left(\int_0^T X\mathrm{d}B\right) = E\left[\sum_{i=0}^{n-1}\xi_i(B(t_{i+1})-B(t_i))\right]^2$$

$$= E\left[\sum_{i=0}^{n-1}\xi_i(B(t_{i+1})-B(t_i))\cdot\sum_{j=0}^{n-1}\xi_j(B(t_{j+1})-B(t_j))\right]$$

$$= \sum_{i=0}^{n-1}E[\xi_i^2(B(t_{i+1})-B(t_i))^2]+2\sum_{i<j}E[\xi_i\xi_j(B(t_{i+1})-$$

$$B(t_i))(B(t_{j+1})-B(t_j))]_\circ \qquad (7.2.7)$$

由 Brown 运动的独立增量性以及关于 ξ_i 的假定,有

$$E[\xi_i\xi_j(B(t_{i+1})-B(t_i))(B(t_{j+1})-B(t_j))]=0,$$

所以,(7.2.7)式中的最后一项为零。由 Brown 运动的鞅性质,得

$$\mathrm{var}\left(\int_0^T X\mathrm{d}B\right) = \sum_{i=0}^{n-1}E[\xi_i^2(B(t_{i+1})-B(t_i))^2]$$

$$= \sum_{i=0}^{n-1}E[E(\xi_i^2(B(t_{i+1})-B(t_i))^2\mid\mathscr{F}_{t_i})]$$

$$= \sum_{i=0}^{n-1}E[\xi_i^2 E((B(t_{i+1})-B(t_i))^2\mid\mathscr{F}_{t_i})]$$

$$= \sum_{i=0}^{n-1}E(\xi_i^2)(t_{i+1}-t_i)$$

$$= \int_0^T E[X^2(t)]\mathrm{d}t_\circ \qquad\blacksquare$$

有了前面的准备,我们现在可以将上述随机积分的定义扩展到更一般的可测适应随机过程类。

定义 7.2 设 $\{X(t),t\geqslant 0\}$ 是随机过程,$\{\mathscr{F}_t,t\geqslant 0\}$ 是 σ 代数流,如果对任何 t,$X(t)$ 是 $\mathscr{F}_t$ 可测的,则称 $\{X(t)\}$ 是 $\{\mathscr{F}_t\}$ 适应的。

记 $\mathscr{B}$ 为 $[0,+\infty)$ 上的 Borel σ 代数,$\mathscr{V}=\{h\colon\{h\}$ 是定义在 $[0,+\infty)$ 上的 $\mathscr{B}\times\mathscr{F}$ 可测的适应过程,满足 $E\left[\int_0^T h^2(s)\mathrm{d}s\right]<+\infty\}$。我们将随机积分的定义按下述步骤扩展到 $\mathscr{V}$。

首先,令 $h\in\mathscr{V}$ 有界,并且对每个 $\omega\in\Omega,h(\cdot,\omega)$ 连续。则存在简单过程 $\{\varphi_n\}$,其中

$$\varphi_n = \sum_j h(t_j,\omega)\cdot 1_{[t_j,t_{j+1}]}(t)\in\mathscr{V},$$

使得,当 $n\to\infty$ 时,对每个 $\omega\in\Omega$,

$$\int_0^T (h - \varphi_n)^2 \, dt \to 0 。$$

因此,由有界收敛定理得 $E\left[\int_0^T (h - \varphi_n)^2 \, dt\right] \to 0$。

其次,令 $h \in \mathscr{V}$ 有界,可以证明,存在 $h_n \in \mathscr{V}$ 有界,并且对每个 $\omega \in \Omega, \forall n$, $h_n(\cdot, \omega)$ 连续,使得

$$E\left[\int_0^T (h - h_n)^2 \, dt\right] \to 0 。 \tag{7.2.8}$$

事实上,不妨设 $|h(t, \omega)| \leqslant M, \forall (t, \omega)$。定义

$$h_n(t, \omega) = \int_0^t \psi_n(s - t) h(s, \omega) \, ds,$$

这里, ψ_n 是 $\mathbb{R}$ 上非负连续函数,使得对所有的 $x \notin \left(-\dfrac{1}{n}, 0\right), \psi_n(x) = 0$ 且 $\int_{-\infty}^{+\infty} \psi_n(x) \, dx = 1$,则对每个 $\omega \in \Omega, h_n(\cdot, \omega)$ 连续且 $|h_n(t, \omega)| \leqslant M$。由 $h \in \mathscr{V}$ 可以看出 $h_n \in \mathscr{V}$,并且当 $n \to \infty$ 时,对每个 $\omega \in \Omega$,有

$$\int_0^T [h_n(s, \omega) - h(s, \omega)]^2 \, ds \to 0 。$$

因此再次利用有界收剑定理得(7.2.8)式。

最后,对任意的 $f \in \mathscr{V}$,存在有界列 $h_n \in \mathscr{V}$,使得

$$E\left\{\int_0^T [f(t, \omega) - h_n(t, \omega)]^2 \, dt\right\} \to 0 。$$

事实上,只要令

$$h_n(t, \omega) = \begin{cases} -n, & \text{若 } f(t, \omega) < -n, \\ f(t, \omega), & \text{若 } -n \leqslant f(t, \omega) \leqslant n, \\ n, & \text{若 } f(t, \omega) > n, \end{cases}$$

利用控制收敛定理即得。

现在,我们可以完成 Itô 积分 $\int_0^T f(t) \, dB(t), f \in \mathscr{V}$ 的定义。

定义 7.3　设 $f \in \mathscr{V}(0, T)$,则 f 的 Itô 积分定义为

$$\int_0^T f(t, \omega) \, dB_t(\omega) = \lim_{n \to \infty} \int_0^T \varphi_n(t, \omega) \, dB_t(\omega) \quad (L^2(P) \text{ 中极限}), \tag{7.2.9}$$

这里 $\{\varphi_n\}$ 是初等随机过程的序列,使得当 $n \to \infty$ 时,

$$E\left[\int_0^T (f(t, \omega) - \varphi_n(t, \omega))^2 \, dt\right] \to 0 。 \tag{7.2.10}$$

注　在实际问题中,我们常常遇到的过程并不满足 $\mathscr{V}$ 中的可积性条件,而仅仅满足下述的 $\mathscr{V}^*$ 中的条件。事实上,Itô 积分的定义可以推广到更广泛的过程 $\{h(s): s \geqslant 0\}$ 类:

$$\mathscr{V}^* = \left\{ h: \{h\} \text{为} \mathscr{B} \times \mathscr{F} \text{可测的适应过程,且} \forall T > 0 \text{满足} \int_0^T h^2(s)\mathrm{d}s < +\infty, \right.$$

$\left. \text{a.s.} \right\}$。详细证明请参阅文献[13] 或文献[17]。

例 7.1　设 f 是连续函数,考虑 $\int_0^1 f(B(t))\mathrm{d}B(t)$。因为 $B(t)$ 有连续的路径,所以 $f(B(t))$ 也在 $[0,1]$ 上连续。因此 $\int_0^1 f(B(t))\mathrm{d}B(t)$ 有定义。然而,根据 f 的不同,这个积分可以有(或没有) 有限的矩。例如:

(1) 取 $f(t) = t$,则由于 $\int_0^1 E[B^2(t)]\mathrm{d}t < +\infty$,$E\left[\int_0^1 B(t)\mathrm{d}B(t)\right] = 0$ 并且由性质 7.1(3) $\sim$ (4) 有

$$E\left(\int_0^1 B(t)\mathrm{d}B(t)\right)^2 = \int_0^1 E[B^2(t)]\mathrm{d}t = \frac{1}{2}。$$

(2) 取 $f(t) = \mathrm{e}^{t^2}$,此时考虑 $\int_0^1 \mathrm{e}^{B^2(t)}\mathrm{d}B(t)$。虽然积分存在,但由于当 $t \geqslant \frac{1}{4}$ 时,$E[\mathrm{e}^{2B^2(t)}] = +\infty$,所以 $\int_0^1 E[\mathrm{e}^{2B^2(t)}]\mathrm{d}t = +\infty$,即 $\int_0^1 E[f^2(B(t))]\mathrm{d}t < +\infty$ 不成立。说明积分的二阶矩不存在。

例 7.2　求积分 $J = \int_0^1 t\mathrm{d}B(t)$ 的均值与方差。

因为 $\int_0^1 t^2\mathrm{d}t < +\infty$,且 t 是 $\mathscr{F}_t = \sigma\{B(s), 0 \leqslant s \leqslant t\}$ 适应的。所以,Itô 积分 J 是适定的并且其均值为 $EJ = 0$,方差为 $E(J^2) = \int_0^1 t^2\mathrm{d}t = \frac{1}{3}$。

例 7.3　估计使得积分 $\int_0^1 (1-t)^{-\alpha}\mathrm{d}B(t)$ 适定的 α 的值。

只要 $\int_0^1 [(1-t)^{-\alpha}]^2\mathrm{d}t < +\infty$,即 $\int_0^1 (1-t)^{-2\alpha}\mathrm{d}t < +\infty$,上述 Itô 积分就适定。所以只要 $\alpha < \frac{1}{2}$ 即可。

7.3　Itô 积分过程

设对任何实数 $T>0,X\in\mathscr{V}^*$,则对任何 $t\leqslant T$,积分 $\int_0^t X(s)\mathrm{d}B(s)$ 是适定的。因为对任何固定的 t,$\int_0^t X(s)\mathrm{d}B(s)$ 是一个随机变量,所以作为上限 t 的函数,它定义了一个随机过程 $\{Y(t)\}$,其中

$$Y(t)=\int_0^t X(s)\mathrm{d}B(s)。\qquad(7.3.1)$$

可以证明,Itô 积分 $Y(t)$ 存在连续的样本路径,即存在一个连续随机过程 $\{Z(t)\}$,使得对所有的 t,有 $Y(t)=Z(t)$,a. s. 。因此,从现在起我们所讨论的积分都假定是其连续的样本路径。本节将讨论这一积分过程的各种随机性质。

现在我们可以证明其鞅性质。

定理 7.1　设 $X(t)\in\mathscr{V}^*$,并且 $\int_0^{+\infty}E[X^2(s)]\mathrm{d}s<+\infty$,则

$$Y(t)=\int_0^t X(s)\mathrm{d}B(s),\quad 0\leqslant t\leqslant T$$

是零均值的连续的平方可积鞅(即 $\sup_{t\leqslant T}E[Y^2(t)]<+\infty$)。

证明　由定义 7.3 后注,可知 $Y(t)=\int_0^T X(s)\mathrm{d}B(s),0\leqslant t\leqslant T$ 是适定的,并且具有一阶及二阶矩。如果 $\{X(t)\}$ 是简单过程,则由(7.2.4)式之同样的证明方法可得

$$E\left[\int_s^t X(u)\mathrm{d}B(u)\mid\mathscr{F}_s\right]=0,\qquad\forall s<t。$$

于是

$$\begin{aligned}
E[Y(t)\mid\mathscr{F}_s]&=E\left[\int_0^t X(u)\mathrm{d}B(u)\mid\mathscr{F}_s\right]\\
&=\int_0^s X(u)\mathrm{d}B(u)+E\left[\int_s^t X(u)\mathrm{d}B(u)\mid\mathscr{F}_s\right]\\
&=\int_0^s X(u)\mathrm{d}B(u)=Y(s)。
\end{aligned}$$

所以 $\{Y(t)\}$ 是鞅。由等距性可得其二阶矩

$$E\left[\int_0^t X(s)\mathrm{d}B(s)\right]^2=\int_0^t E[X^2(s)]\mathrm{d}s。\qquad\blacksquare$$

推论 7.1 对任何有界的 Borel- 可测函数 f(即对任何 $a \in \mathbb{R}$,有 $\{x \in \mathbb{R} : f(x) \leqslant a\} \in \mathscr{B}(\mathbb{R})$),$\left\{\int_0^t f(B(s))\mathrm{d}B(s)\right\}$ 是平方可积鞅。

证明 $X(t) = f(B(t))$ 是可测适应的并且有常数 $K > 0$ 使得 $|f(x)| < K$,于是 $\int_0^T E[f^2(B(s))]\mathrm{d}s \leqslant KT$。由定理 7.1,此命题得证。 ■

上述的定理提供了构造鞅的方法。在 7.2 节中我们已经证明,非随机的简单过程的 Itô 积分是正态分布的随机变量。更一般的,我们有下述定理。

定理 7.2 如果 X 是非随机的,且 $\int_0^T X^2(s)\mathrm{d}s < +\infty$,则对任何 t,$Y(t) = \int_0^t X(s)\mathrm{d}B(s)$ 是正态分布的随机变量,即 $\{Y(t), 0 \leqslant t \leqslant T\}$ 是 Gauss 过程,均值为零,协方差函数为

$$\mathrm{cov}\,(Y(t), Y(t+u)) = \int_0^t X^2(s)\mathrm{d}s, \quad u \geqslant 0。$$

$\{Y(t)\}$ 也是平方可积鞅。

证明 因为被积函数是非随机的,所以 $\int_0^t E[X^2(s)]\mathrm{d}s = \int_0^t X^2(s)\mathrm{d}s < +\infty$。由定理 7.1 知 $Y(t)$ 具有零均值。再由积分及 $Y(t)$ 的鞅性质,有

$$E\left[\int_0^t X(s)\mathrm{d}B(s)\int_t^{t+u} X(s)\mathrm{d}B(s)\right]$$
$$= E\left[E\left(\int_0^t X(s)\mathrm{d}B(s)\int_t^{t+u} X(s)\mathrm{d}B(s)\,\Big|\,\mathscr{F}_t\right)\right]$$
$$= E\left[\int_0^t X(s)\mathrm{d}B(s)E\left(\int_t^{t+u} X(s)\mathrm{d}B(s)\,\Big|\,\mathscr{F}_t\right)\right]$$
$$= 0。$$

因此

$$\mathrm{cov}(Y(t), Y(t+u)) = E\left[\int_0^t X(s)\mathrm{d}B(s)\int_0^{t+u} X(s)\mathrm{d}B(s)\right]$$
$$= E\left[\int_0^t X(s)\mathrm{d}B(s)\left(\int_0^t X(s)\mathrm{d}B(s) + \int_t^{t+u} X(s)\mathrm{d}B(s)\right)\right]$$
$$= E\left[\int_0^t X(s)\mathrm{d}B(s)\right]^2$$
$$= \int_0^t E[X^2(s)]\mathrm{d}s = \int_0^t X^2(s)\mathrm{d}s。 \tag{7.3.2}$$

例 7.4　根据上述定理可得 $J = \int_0^t s\mathrm{d}B(s) \sim N\left(0, \dfrac{t^3}{3}\right)$。

下面讨论 Itô 积分的二次变差。

定义 7.4　设 $Y(t) = \int_0^t X(s)\mathrm{d}B(s)(0 \leqslant t \leqslant T)$ 是 Itô 积分，如果在依概率的意义下，极限

$$\lim_{\delta_n \to n} \sum_{i=0}^{n-1} |Y(t_{i+1}^n) - Y(t_i^n)|^2 \tag{7.3.3}$$

当 $\{t_i^n\}_{i=0}^n$ 遍取 $[0, t]$ 的分割，且其模 $\delta_n = \max\limits_{0 \leqslant i \leqslant n-1} \{t_{i+1}^n - t_i^n\} \to 0$ 时存在，则称此极限为 Y 的**二次变差**，记为 $[Y, Y](t)$。

定理 7.3　设 $Y(t) = \int_0^t X(s)\mathrm{d}B(s)(0 \leqslant t \leqslant T)$ 是 Itô 积分，则 Y 的二次变差为

$$[Y, Y](t) = \int_0^t X^2(s)\mathrm{d}s。 \tag{7.3.4}$$

证明　首先考虑 $\{X(s)\}$ 为简单过程的情形，对一般情形，我们可以用简单过程逼近的方法得到，所以这里我们只证明 $\{X(s)\}$ 为简单过程的情形。不妨假定 $X(s)$ 在 $[0, T]$ 上只取两个不同的值，取任意有限多个值的情形可类似证之。为简单起见，设 $T = 1$，$X(t)$ 在 $\left[0, \dfrac{1}{2}\right]$ 上取 ξ_0，在 $\left(\dfrac{1}{2}, 1\right]$ 上取 ξ_1，即

$$X(t) = \xi_0 I_{[0, \frac{1}{2}]}(t) + \xi_1 I_{(\frac{1}{2}, 1]}(t)。$$

于是

$$Y(t) = \int_0^t X(s)\mathrm{d}B(s) = \begin{cases} \xi_0 B(t), & \text{如果} \quad t \leqslant \dfrac{1}{2}, \\ \xi_0 B\left(\dfrac{1}{2}\right) + \xi_1\left(B(t) - B\left(\dfrac{1}{2}\right)\right), & \text{如果} \quad t > \dfrac{1}{2}。 \end{cases}$$

因此，对 $[0, t]$ 的任何分割，有

$$Y(t_{i+1}^n) - Y(t_i^n) = \begin{cases} \xi_0(B(t_{i+1}^n) - B(t_i^n)), & \text{如果} \quad t_i^n < t_{i+1}^n \leqslant \dfrac{1}{2}, \\ \xi_1(B(t_{i+1}^n) - B(t_i^n)), & \text{如果} \quad \dfrac{1}{2} \leqslant t_i^n < t_{n+1}^n。 \end{cases}$$

当 $t \leqslant \dfrac{1}{2}$ 时，有

$$[Y, Y](t) = \lim \sum_{i=0}^{n-1} (Y(t_{i+1}^n) - Y(t_i^n))^2$$

$$= \xi_0^2 \lim \sum_{i=0}^{n-1} (B(t_{i+1}^n) - B(t_i^n))^2$$

$$= \xi_0^2 [B, B](t) = \xi_0^2 t = \int_0^t X^2(s) \mathrm{d}s;$$

当 $t > \dfrac{1}{2}$ 时，有

$$[Y, Y](t) = \lim \sum_{i=0}^{n-1} (Y(t_{i+1}^n) - Y(t_i^n))^2$$

$$= \xi_0^2 \lim \sum_{t_i < \frac{1}{2}} (B(t_{i+1}^n) - B(t_i^n))^2 + \xi_1^2 \lim \sum_{t_i > \frac{1}{2}} (B(t_{i+1}^n) - B(t_i^n))^2$$

$$= \xi_0^2 [B, B] \left(\frac{1}{2} \right) + \xi_1^2 [B, B] \left(\left(\frac{1}{2}, t \right) \right) = \int_0^t X^2(s) \mathrm{d}s,$$

这里的极限都是当 $\delta_n \to 0$ 时，在依概率收敛的意义下的极限。 ■

对于同一个 Brown 运动 $\{B(t)\}$ 的两个不同的 Itô 积分 $Y_1(t) = \int_0^t X_1(s) \mathrm{d}B(s)$ 和 $Y_2(t) = \int_0^t X_2(s) \mathrm{d}B(s)$，由于

$$Y_1(t) + Y_2(t) = \int_0^t (X_1(s) + X_2(s)) \mathrm{d}B(s),$$

我们可以定义 Y_1 和 Y_2 的**二次协变差**，

$$[Y_1, Y_2](t) = \frac{1}{2} ([Y_1 + Y_2, Y_1 + Y_2](t) - [Y_1, Y_1](t) - [Y_2, Y_2](t))。$$

由定理 7.3，有

$$[Y_1, Y_2](t) = \int_0^t X_1(s) X_2(s) \mathrm{d}s。$$

7.4　Itô 公式

Itô 公式，随机分析中的变量替换公式或链锁法则，是随机分析中的一个主要工具，许多重要的公式，例如 Dynkin 公式，Feynman-Kac 公式以及分部积分公式，都是由 Itô 公式导出的。

因为 Brown 运动在 $[0, t]$ 上的二次变差为 t，即在依概率收敛的意义下

$$\lim_{\delta_n \to 0} \sum_{i=0}^{n-1} [B(t_{i+1}^n) - B(t_i^n)]^2 = t,$$

这里 $\{t_i^n\}$ 是 $[0, t]$ 的分割，$\delta_n = \max\limits_{0 \leqslant i \leqslant n-1} \{t_{i+1}^n - t_i^n\}$。形式上，上式可表示为

$$\int_0^t \left[dB(s)\right]^2 = \int_0^t ds = t,$$

或

$$\left[dB(t)\right]^2 = dt。$$

更一般地,我们有下面定理。

定理 7.4 设 g 是有界连续函数,$\{t_i^n\}$ 是 $[0,t]$ 的分割,则对任何 $\theta_i^n \in (B(t_{i+1}^n), B(t_i^n))$(即 $B(t_{i+1}^n), B(t_i^n)$ 之间的任意值),依概率收敛意义下的极限

$$\lim_{\delta_n \to 0} \sum_{i=0}^{n-1} g(\theta_i^n)(B(t_{i+1}^n) - B(t_i^n))^2 = \int_0^t g(B(s))ds。 \tag{7.4.1}$$

证明 首先取 $\theta_i^n = B(t_i^n)$,由 g 的连续性和积分的定义,有

$$\sum_{i=0}^{n-1} g(B(t_i^n))(t_{i+1}^n - t_i^n) \to \int_0^t g(B(s))ds。 \tag{7.4.2}$$

我们证明

$$\sum_{i=0}^{n-1} g(B(t_i^n))(B(t_{i+1}^n) - B(t_i^n))^2 - \sum_{i=0}^{n-1} g(B(t_i^n))(t_{i+1}^n - t_i^n) \to 0 \tag{7.4.3}$$

在 L^2 中成立。记 $\Delta B_i = B(t_{i+1}^n) - B(t_i^n)$,$\Delta t_i = t_{i+1}^n - t_i^n$,则由 Brown 运动的独立增量性和取条件期望的方法得到

$$E\left[\sum_{i=0}^{n-1} g(B(t_i^n))\left[(\Delta B_i)^2 - \Delta t_i\right]\right]^2$$

$$= E\left[E\left(\sum_{i=0}^{n-1} g^2(B(t_i^n))\left[(\Delta B_i)^2 - \Delta t_i\right]^2 \mid \mathscr{F}_{t_i}\right)\right]$$

$$= E\left[\sum_{i=0}^{n-1} g^2(B(t_i^n))E\left[((\Delta B_i)^2 - \Delta t_i)^2 \mid \mathscr{F}_{t_i}\right]\right]$$

$$= 2E\left[\sum_{i=0}^{n-1} g^2(B(t_i^n))(\Delta t_i)^2\right]$$

$$\leqslant 2\delta E \sum_{i=0}^{n-1} g^2(B(t_i^n))\Delta t_i \to 0 \quad (\text{当 } \delta \to 0 \text{ 时})。$$

因此,在均方收敛的意义下

$$\sum_{i=0}^{n-1} g(B(t_i^n))\left[(\Delta B_i)^2 - \Delta t_i\right] \to 0,$$

这样,$\sum_{i=0}^{n-1} g(B(t_i^n))(B(t_{i+1}^n) - B(t_i^n))^2$ 与 $\sum_{i=0}^{n-1} g(B(t_i^n))(t_{i+1}^n - t_i^n)$ 有相同的极限

$\int_0^t g(B(s))\mathrm{d}s$。

对任意的 $\theta_i^n \in (B(t_{i+1}^n), B(t_i^n))$，当 $\delta_n \to 0$ 时，有

$$\sum_{i=0}^{n-1}(g(\theta_i^n) - g(B(t_i^n)))(\Delta B_i)^2$$

$$\leqslant \max_i\{g(\theta_i^n) - g(B(t_i^n))\}\sum_{i=0}^{n-1}(B(t_{i+1}^n) - B(t_i^n))^2。 \qquad (7.4.4)$$

由 g 和 B 的连续性，我们有 $\max_i\{g(\theta_i^n) - g(B(t_i^n))\} \to 0, \mathrm{a.s.}$。

由 Brown 运动二次变差的定义得 $\sum_{i=0}^{n-1}(B(t_{i+1}^n) - B(t_i^n))^2 \to t$。于是当 $\delta_n \to$

0 时，$\sum_{i=0}^{n-1}(g(\theta_i^n) - g(B(t_i^n)))(\Delta B_i)^2 \to 0$。因此 $\sum_{i=0}^{n-1}g(\theta_i^n)(\Delta B_i)^2$ 与

$\sum_{i=0}^{n-1}g(B(t_i^n))(\Delta B_i)^2$ 具有相同的依概率收敛意义的极限 $\int_0^t g(B(s))\mathrm{d}s$。 ■

现在，我们给出 Itô 公式。

定理 7.5　如果 f 是二次连续可微函数，则对任何 t，有

$$f(B(t)) = f(0) + \int_0^t f'(B(s))\mathrm{d}B(s) + \frac{1}{2}\int_0^t f''(B(s))\mathrm{d}s。 \qquad (7.4.5)$$

证明　易见 (7.4.5) 式中的积分都是适定的。取 $[0,t]$ 的分割 $\{t_i^n\}$，有

$$f(B(t)) = f(0) + \sum_{i=0}^{n-1}(f(B(t_{i+1}^n)) - f(B(t_i^n)))。$$

对 $f(B(t_{i+1}^n)) - f(B(t_i^n))$ 应用 Taylor 公式得

$$f(B(t_{i+1}^n)) - f(B(t_i^n)) = f'(B(t_i^n))(B(t_{i+1}^n) - B(t_i^n)) +$$
$$\frac{1}{2}f''(\theta_i^n)(B(t_{i+1}^n) - B(t_i^n))^2,$$

其中 $\theta_i^n \in (B(t_{i+1}^n), B(t_i^n))$。于是

$$f(B(t)) = f(0) + \sum_{i=0}^{n-1}f'(B(t_i^n))(B(t_{i+1}^n) - B(t_i^n)) +$$
$$\frac{1}{2}\sum_{i=0}^{n-1}f''(\theta_i^n)(B(t_{i+1}^n) - B(t_i^n))^2。 \qquad (7.4.6)$$

令 $\delta_n \to 0$ 取极限，则 (7.4.6) 式中的第一个和收敛于 Itô 积分 $\int_0^t f'(B(s))\mathrm{d}B(s)$。利用定理 7.4 可知 (7.4.6) 式中的第二个和收敛于 $\int_0^t f''(B(s))\mathrm{d}s$。 ■

(7.4.5)式称为 Brown 运动的 Itô 公式,由此看出 Brown 运动的函数可以表示为一个 Itô 积分加上一个具有有界变差的绝对连续过程。我们称这类过程为 Itô 过程,严格地,我们有下面定义。

定义 7.5   如果过程 $\{Y(t), 0 \leqslant t \leqslant T\}$ 可以表示为

$$Y(t) = Y(0) + \int_0^t \mu(s)\mathrm{d}s + \int_0^t \sigma(s)\mathrm{d}B(s), \quad 0 \leqslant t \leqslant T, \quad (7.4.7)$$

其中过程 $\{\mu(t)\}$ 和 $\{\sigma(t)\}$ 满足:

(1) $\mu(t)$ 是适应的并且 $\int_0^T |\mu(t)| \mathrm{d}t < +\infty$,   a.s.

(2) $\sigma(t) \in \mathscr{V}^*$。

则称 $\{Y(t)\}$ 为 **Itô 过程**。

有时我们也将 Itô 过程(7.4.7)式记为微分的形式

$$\mathrm{d}Y(t) = \mu(t)\mathrm{d}t + \sigma(t)\mathrm{d}B(t), \quad 0 \leqslant t \leqslant T, \quad (7.4.8)$$

其中函数 $\mu(t)$ 称为漂移系数,$\sigma(t)$ 称为扩散系数,它们可以依赖于 $Y(t)$ 或 $B(t)$,甚至整个路径 $\{B(s), s \leqslant t\}$(例如 $\mu(t) = \cos(M(t) + t)$,这里 $M(t) = \max_{s \leqslant t} B(s)$)。一类非常重要的情形是 $\mu(t)$ 与 $\sigma(t)$ 仅仅通过 $Y(t)$ 依赖于 t,在这种情况下,(7.4.8)式应改写为

$$\mathrm{d}Y(t) = \mu(Y(t))\mathrm{d}t + \sigma(Y(t))\mathrm{d}B(t), \quad 0 \leqslant t \leqslant T。 \quad (7.4.9)$$

如果用微分形式表示,Itô 公式(7.4.5)变为

$$\mathrm{d}f(B(t)) = f'(B(t))\mathrm{d}B(t) + \frac{1}{2}f''(B(t))\mathrm{d}t。 \quad (7.4.10)$$

例 7.5   求 $\mathrm{d}(\mathrm{e}^{B(t)})$。

解   对函数 $f(x) = \mathrm{e}^x$ 应用 Itô 公式,此时 $f'(x) = \mathrm{e}^x, f''(x) = \mathrm{e}^x$,所以

$$\mathrm{d}(\mathrm{e}^{B(t)}) = \mathrm{d}f(B(t)) = f'(B(t))\mathrm{d}B(t) + \frac{1}{2}f''(B(t))\mathrm{d}t$$

$$= \mathrm{e}^{B(t)}\mathrm{d}B(t) + \frac{1}{2}\mathrm{e}^{B(t)}\mathrm{d}t。 \quad (7.4.11)$$

于是,$X(t) = \mathrm{e}^{B(t)}$ 具有随机微分形式

$$\mathrm{d}X(t) = X(t)\mathrm{d}B(t) + \frac{1}{2}X(t)\mathrm{d}t。$$

在金融应用中,股票的价格 $S(t)$ 是用随机微分 $\mathrm{d}S(t) = \mu S(t)\mathrm{d}t + \sigma S(t)\mathrm{d}B(t)$ 描述的。如果 $a(t)$ 表示在时刻 t 投资者的股票各股收益,那么在整个时间区间 $[0, T]$ 内的收益为

$$\int_0^T a(t)\mathrm{d}S(t) = \mu\int_0^T a(t)S(t)\mathrm{d}t + \sigma\int_0^T a(t)S(t)\mathrm{d}B(t)。$$

下面的定理给出了关于 Itô 过程的 Itô 公式,其证明见参考文献[17]。

定理 7.6　设 $\{X(t)\}$ 是由

$$\mathrm{d}X(t) = \mu(t)\mathrm{d}t + \sigma(t)\mathrm{d}B(t)$$

给出的 Itô 过程, $g(t,x)$ 是 $[0,+\infty)\times\mathbb{R}$ 上的二次连续可微函数。则

$$\{Y(t) = g(t,X(t))\}$$

仍为 Itô 过程,并且

$$\mathrm{d}Y(t) = \frac{\partial g}{\partial t}(t,X(t))\mathrm{d}t + \frac{\partial g}{\partial x}(t,X(t))\mathrm{d}X(t) + \frac{1}{2}\frac{\partial^2 g}{\partial x^2}(t,X(t))\cdot(\mathrm{d}X(t))^2,$$

$$(7.4.12)$$

其中 $(\mathrm{d}X(t))^2 = (\mathrm{d}X(t))\cdot(\mathrm{d}X(t))$ 按照下面规则计算:

$$\mathrm{d}t\cdot\mathrm{d}t = \mathrm{d}t\cdot\mathrm{d}B(t) = \mathrm{d}B(t)\cdot\mathrm{d}t = 0,\quad \mathrm{d}B(t)\cdot\mathrm{d}B(t) = \mathrm{d}t,$$

即(7.4.12)式可以改写为

$$\mathrm{d}Y(t) = \left[\frac{\partial g}{\partial t}(t,X(t)) + \frac{\partial g}{\partial x}(t,X(t))\mu(t)\right]\mathrm{d}t +$$

$$\frac{\partial g}{\partial x}(t,X(t))\sigma(t)\mathrm{d}B(t) + \frac{1}{2}\frac{\partial^2 g}{\partial x^2}(t,X(t))\sigma^2(t)\mathrm{d}t。$$

特别地,如果 $g(t,x) = g(x)$ 只是 x 的函数,(7.4.12)式简化为

$$\mathrm{d}Y(t) = \left[g'(X(t))\mu(t) + \frac{1}{2}g''(X(t))\sigma^2(t)\right]\mathrm{d}t + g'(X(t))\sigma(t)\mathrm{d}B(t)$$

$$(7.4.13)$$

公式(7.4.12)称为关于 Itô 过程的 Itô 公式。

7.5　随机微分方程

7.4 节定义了 Itô 过程,本节将上节的随机积分的形式稍做变化。考虑

$$\mathrm{d}X_t = \mu(t,X_t)\mathrm{d}t + \sigma(t,X_t)\mathrm{d}B_t, \tag{7.5.1}$$

这里 μ,σ 是 $[0,+\infty)\times\mathbb{R}$ 上的函数, $\{B_t\}$ 是一维标准 Brown 运动。这就是所谓的随机微分方程,(7.5.1)式的意义是下述的随机积分方程的微分形式。

$$X_t = x + \int_0^t \mu(s,X_s)\mathrm{d}s + \int_0^t \sigma(s,X_s)\mathrm{d}B_s。 \tag{7.5.2}$$

我们自然会问,随机微分方程的解是否存在? 如果存在,是否唯一? 有什么性质?

7.5.1 解的存在唯一性定理

对于一般的随机微分方程来说,我们通常很难或者根本就无法求出显式解。为此,首先我们给出随机微分方程(7.5.1)解的定义,然后给出解的存在唯一性定理。

定义 7.6 设随机过程$\{X(t),t\geqslant 0\}$满足方程(7.5.2),则称$\{X(t),t\geqslant 0\}$为随机微分方程(7.5.1)满足初始值 $X(0)=x$ 的解。

由于随机微分方程的解是随机过程,所以本质上与常微分方程的解有很大的差别。事实上,在随机分析中,有两种类型的解。随机微分方程第一种类型的解与常微分方程的解的情形类似。给定漂移系数、扩散系数和随机微分项 dB_t,我们确定一个随机过程$\{X_t\}$,它的路径满足方程(7.5.2)。显然,正如我们在(7.5.2)式右端积分中所见到的,$\{X_t\}$依赖于时间 t 及 Brown 运动$\{B_t\}$的过去和现在的值。这种类型的解称为强解。第二种类型的解就是所谓的弱解。对于弱解,我们确定一个过程$\{\widetilde{X}_t\}$:

$$\widetilde{X}_t = f(t,\widetilde{B}_t), \tag{7.5.3}$$

这里的 Brown 运动与$\{\widetilde{X}_t\}$同时确定。由此对于随机微分方程的弱解来说,问题只需分别给定漂移系数和扩散系数。本书中我们讨论随机微分方程的解就是指第一种类型的强解。下面给出解的存在唯一性定理。

定理 7.7 设$[0,T]\times\mathbb{R}$ 上的函数 $\mu(\bullet,\bullet),\sigma(\bullet,\bullet)$满足:

(1) $\mu(t,x),\sigma(t,x)$二元可测,且$|\mu(t,x)|^{\frac{1}{2}},|\sigma(t,x)|$平方可积;

(2) (Lipschitiz 条件)存在常数 $M>0$,使得对于$t\in[0,T]$

$$|\mu(t,x)-\mu(t,y)|+|\sigma(t,x)-\sigma(t,y)|\leqslant M|x-y|,\quad\forall x,y\in\mathbb{R}。\tag{7.5.4}$$

(3) (线性增长条件)存在常数 $K>0$,使得

$$|\mu(t,x)|+|\sigma(t,x)|\leqslant M(1+|x|),\quad\forall t\in[0,T],x\in\mathbb{R}。\tag{7.5.5}$$

(4) (初始条件)随机变量 $X(t_0)$关于$\mathscr{F}_{t_0}$可测,且 $E[X^2(t_0)]<+\infty$。

则存在唯一的具有连续路径的随机过程$\{X_t:t\geqslant t_0\}\in\mathscr{V}(t_0,+\infty)$,满足随机微分方程

$$X_t = X_{t_0} + \int_{t_0}^t \mu(s,X_s)ds + \int_{t_0}^t \sigma(s,X_s)dB_s, t\geqslant t_0。\tag{7.5.6}$$

把方程(7.5.6)的唯一解记为$\{X_t = X_t^{t_0, X_{t_0}}(\omega)\}$,表示解对初始时刻和初始值$X_{t_0}$的依赖。

证明见参考文献[17]。

7.5.2 扩散过程

随机微分方程可以刻画扩散过程,扩散过程在物理、生物、信息、经济、金融以及社会科学中有着广泛的应用。例如,描述微小粒子运动规律、具有白噪声的信息系统、完全市场中股票价格的波动等。因此,研究扩散过程有重要的应用价值。所谓非限制扩散过程是指具有状态空间$S = (a, b), -\infty \leqslant a < b \leqslant +\infty$,连续时间与连续路径的 Markov 过程。最简单的例子就是具有漂移系数μ和扩散系数σ^2的 Brown 运动

$$\{X_t = \mu t + \sigma B_t, t \geqslant 0\},$$

其中μ, σ为常数,$\{B_t\}$为标准 Brown 运动。在此情况下,$S = (-\infty, +\infty)$,在给定$X_s = x$时,X_{s+t}有密度函数

$$p(t, x, y) = \frac{1}{(2\pi\sigma^2 t)^{\frac{1}{2}}} e^{-\frac{1}{2\sigma^2 t}(y - x - \mu t)^2}。 \tag{7.5.7}$$

由于$\{B_t\}$具有独立增量,所以自然具有 Markov 性。注意到(7.5.7)式不依赖于s,因此$\{X_t\}$是时齐的 Markov 过程。

我们可以设想,Markov 过程$\{X_t\}$是具有连续路径但不具有独立增量的过程。假设给定$X_s = x$,对于(无限小)时间t,位移$X_{s+t} - X_s = X_{s+t} - x$的均值和方差具有近似值$t\mu(x)$与$t\sigma^2(x)$,这里的$\mu(x)$与$\sigma^2(x)$是状态$x$的函数,与$\{X_t\}$为 Brown 运动的情况($\mu$与$\sigma^2$为常数)不同。对于 Brown 运动而言,显然,当$t \downarrow 0, \forall x \in S$,满足

$$E(X_{s+t} - X_s \mid X_s = x) = t\mu(x) + o(t),$$
$$E[(X_{s+t} - X_s)^2 \mid X_s = x] = t\sigma^2(x) + o(t), \tag{7.5.8}$$
$$E[(X_{s+t} - X_s)^3 \mid X_s = x] = o(t)。$$

有很多 Markov 过程虽然具有连续的样本路径,但却不满足(7.5.8)式,而是满足下面稍微弱一点的性质:

$$E[(X_{s+t} - X_s) I_{\{|X_{s+t} - X_s| \leqslant \varepsilon\}} \mid X_s = x] = t\mu(x) + o(t),$$
$$E[(X_{s+t} - X_s)^2 I_{\{|X_{s+t} - X_s| \leqslant \varepsilon\}} \mid X_s = x] = t\sigma^2(x) + o(t), \tag{7.5.8$'$}$$
$$P\{|X_{s+t} - X_s| > \varepsilon \mid X_s = x\} = o(t)。$$

我们可以利用这一性质来定义扩散过程。

定义 7.7   状态空间为 $S=(a,b)$, $-\infty \leqslant a < b \leqslant +\infty$ 的 Markov 过程称为一个具有漂移系数 $\mu(x)$ 和扩散系数 $\sigma^2(x) > 0$ **扩散过程**, 如果:

(1) 具有连续路径。

(2) 关系式 $(7.5.8)'$ 对所有的 $x \in S$ 成立。

扩散过程的另一种构造方法就是解随机微分方程

$$\mathrm{d}X_t = \mu(X_t)\mathrm{d}t + \sigma(X_t)\mathrm{d}B_t, \quad X_0 = x, \tag{7.5.9}$$

其中 $\mu(x), \sigma(x)$ 满足定理 7.7 中的条件, 这里简化为

$$|\mu(x) - \mu(y)| + |\sigma(x) - \sigma(y)| \leqslant M|x - y|, \quad x, y \in S。 \tag{7.5.10}$$

定理 7.8   假定 $(7.5.10)$ 式成立, $\forall x \in \mathbb{R}$, 如果 $\{X_t^x : t \geqslant 0\}$ 表示随机微分方程

$$X_t^x = x + \int_0^t \mu(X_s^x)\mathrm{d}s + \int_0^t \sigma(X_s^x)\mathrm{d}B_s, \quad t \geqslant 0 \tag{7.5.11}$$

的解, 则 $\{X_t^x\}$ 是 $\mathbb{R}$ 上漂移系数和扩散系数分别为 $\mu(x)$ 和 $\sigma^2(x) > 0$ 的扩散过程。

证明   由 Riemann 积分与随机积分的可加性, 有

$$X_t^x = X_s^x + \int_s^t \mu(X_u^x)\mathrm{d}u + \int_s^t \sigma(X_u^x)\mathrm{d}B_u, t \geqslant s。 \tag{7.5.12}$$

对 $z \in \mathbb{R}$, 考虑方程

$$X_t = z + \int_s^t \mu(X_u)\mathrm{d}u + \int_s^t \sigma(X_u)\mathrm{d}B_u, \quad t \geqslant s。 \tag{7.5.13}$$

将方程 $(7.5.13)$ 的解记为 $\theta(s, t, z, B_s^t)$, 这里 $B_s^t = \{B_u - B_s : s \leqslant u \leqslant t\}$。 不难验证, $\theta(s, t, z, B_s^t)$ 关于 (z, B_s^t) 可测。 因为 $\{X_u^x : u \geqslant s\}$ 是连续随机过程, $\{X_u^x\} \in \mathcal{V}(s, +\infty)$, 并且由 $(7.5.12)$ 式知, 它是方程 $(7.5.13)$ 在初始值 $z = X_s^x$ 的解。由解的唯一性, 有

$$X_t^x = \theta(s, t, X_s^x, B_s^t), \quad t \geqslant s。 \tag{7.5.14}$$

因为 X_s^x 是 $\mathcal{F}_s$ 可测的并且 $\mathcal{F}_s$ 与 B_s^t 独立, 所以由 $(7.5.14)$ 式可知, 在给定 $\mathcal{F}_s$ 时 X_t^x 的条件分布与 $\theta(s, t, z, B_s^t)$ 的分布 (记为 $q(s, t, z, \mathrm{d}y)$) 在 $z = X_s^x$ 处的值相同。因为 $\sigma\{X_u^x : 0 \leqslant u \leqslant s\} \subset \mathcal{F}_s$, 所以 Markov 性得证。下面证明这一 Markov 过程的时齐性。对 $h > 0$, 方程

$$X_{t+h} = z + \int_{s+h}^{t+h} \mu(X_u)\mathrm{d}u + \int_{s+h}^{t+h} \sigma(X_u)\mathrm{d}B_u, \quad t \geqslant s \tag{7.5.15}$$

的解 $\theta(s+h,t+h,z,B_{s+h}^{t+h})$ 与方程(7.5.13)的解 $\theta(s,t,z,B_s^t)$ 具有相同的分布,因为在这两种情况下,除了将 B_s^t 换成 B_{s+h}^{t+h} 外,其他函数都是相同的,而 B_s^t 与 B_{s+h}^{t+h} 又具有相同的分布,故 $q(s+h,t+h,z,\mathrm{d}y)=q(s,t,z,\mathrm{d}y)$。

下面证明 $\{X_t^x\}$ 具有扩散性质(7.5.8)。为了简单起见,不妨假定 $\mu(x)$,$\sigma(x)$ 为有界函数。设

$$|\mu(x)|\leqslant c,\ |\sigma(x)|\leqslant c,\quad \forall x\in\mathbb{R},\tag{7.5.16}$$

于是

$$
\begin{aligned}
E(X_t^x-x) &= E\int_0^t\mu(X_s^x)\mathrm{d}s+E\int_0^t\sigma(X_s^x)\mathrm{d}B_s\\
&= E\int_0^t\mu(X_s^x)\mathrm{d}s\\
&= t\mu(x)+\int_0^t E[\mu(X_s^x)-\mu(x)]\mathrm{d}s\\
&= t\mu(x)+o(t)\,(\text{因为}\lim_{s\downarrow0}E[\mu(X_s^x)-\mu(x)]=0)。
\end{aligned}\tag{7.5.17}
$$

而

$$
\begin{aligned}
E(X_t^x-x)^2 &= E\left(\int_0^t\mu(X_s^x)\mathrm{d}s\right)^2+E\left(\int_0^t\sigma(X_s^x)\mathrm{d}B_s\right)^2+\\
&\quad 2E\left[\left(\int_0^t\mu(X_s^x)\mathrm{d}s\right)\left(\int_0^t\sigma(X_s^x)\mathrm{d}B_s\right)\right]\\
&= O(t^2)+\int_0^t E[\sigma^2(X_s^x)]\mathrm{d}s+o(t)。
\end{aligned}\tag{7.5.18}
$$

事实上,由 Schwarz 不等式,得

$$
\begin{aligned}
&E\left[\left(\int_0^t\mu(X_s^x)\mathrm{d}s\right)\left(\int_0^t\sigma(X_s^x)\mathrm{d}B_s\right)\right]\\
&\quad\leqslant\left[E\left(\int_0^t\mu(X_s^x)\mathrm{d}s\right)^2\right]^{\frac{1}{2}}\left[E\left(\int_0^t\sigma(X_s^x)\mathrm{d}B_s\right)^2\right]^{\frac{1}{2}}\\
&\quad= O(t)\left[\int_0^t E(\sigma^2(X_s^x))\mathrm{d}s\right]^{\frac{1}{2}}\\
&\quad= O(t)O(t^{\frac{1}{2}})=o(t)\quad(\text{当}\ t\downarrow0\ \text{时}),
\end{aligned}\tag{7.5.19}
$$

从而

$$
E(X_t^x-x)^2=\int_0^t\sigma^2(X_s^x)\mathrm{d}s+o(t)\quad(\text{当}\ t\downarrow0\ \text{时})。\tag{7.5.20}
$$

与(7.5.17)式一样,有

$$
\int_0^t E[\sigma^2(X_s^x)]\mathrm{d}s=\int_0^t\sigma^2(x)\mathrm{d}s+\int_0^t E[\sigma^2(X_s^x)-\sigma^2(x)]\mathrm{d}s
$$

$$= t\sigma^2(x) + o(t) \quad (\text{当 } t \downarrow 0 \text{ 时})。 \tag{7.5.21}$$

最后证明扩散过程定义中性质(7.5.8)′的最后一个不等式。由 Chebyshev 不等式,有

$$P\{\mid X_t^x - x \mid > \varepsilon\} \leqslant \frac{1}{\varepsilon^4} E[X_t^x - x]^4。$$

由 $\mu(x), \sigma(x)$ 的有界性,有

$$E[X_t^x - x]^4 = E\Big[\int_0^t \mu(X_s^x)\mathrm{d}s + \int_0^t \sigma(X_s^x)\mathrm{d}B_s\Big]^4$$

$$\leqslant 2^3\Big[E\Big(\int_0^t \mu(X_s^x)\mathrm{d}s\Big)^4 + E\Big(\int_0^t \sigma(X_s^x)\mathrm{d}B_s\Big)^4\Big]$$

$$\leqslant 8\big[(ct)^4 + 9t^2 c^4\big] = O(t^2) = o(t) \quad (\text{当 } t \downarrow 0 \text{ 时})。 \quad \blacksquare$$

注　由此定理可以看出,随机微分方程(7.5.11)的解是时齐 Markov 过程。不仅如此,我们还可以证明其具有强 Marokov 性,但由于证明用到比较多的随机微分方程的内容,故从略。对此问题有兴趣的读者,可参见文献[17]。

7.5.3　简单例子

虽然一般的随机微分方程难于求解,但有一部分简单的方程,还是可以求出显式解来。

例 7.6　求解 Ornstein-Uhlenbeck 方程

$$\mathrm{d}X_t = -\mu X_t \mathrm{d}t + \sigma \mathrm{d}B_t \quad (\mu, \sigma \text{ 为常数})。 \tag{7.5.22}$$

解　首先,将方程(7.5.22)化为

$$\mathrm{d}X_t + \mu X_t \mathrm{d}t = \sigma \mathrm{d}B_t,$$

然后,等式两端同乘以 $\mathrm{e}^{\mu t}$,得

$$\mathrm{e}^{\mu t}(\mathrm{d}X_t + \mu X_t \mathrm{d}t) = \sigma \mathrm{e}^{\mu t}\mathrm{d}B_t,$$

即

$$\mathrm{d}(X_t \mathrm{e}^{\mu t}) = \sigma \mathrm{e}^{\mu t}\mathrm{d}B_t,$$

对任意的 $0 \leqslant t_0 < t \leqslant T$,在等式两端从 t_0 到 t 积分,有

$$X_t \mathrm{e}^{\mu t} - X_{t_0}\mathrm{e}^{\mu t_0} = \int_{t_0}^t \sigma \mathrm{e}^{\mu s}\mathrm{d}B_s,$$

于是得

$$X_t = X_{t_0}\mathrm{e}^{\mu(t_0 - t)} + \int_{t_0}^t \sigma \mathrm{e}^{-\mu(t-s)}\mathrm{d}B_s。$$

例 7.7 考虑群体增长模型

$$\frac{\mathrm{d}N_t}{\mathrm{d}t} = a_t N_t, \quad N_0 \text{ 已知},$$

这里 $a_t = r_t + \alpha B_t$，r_t 为增长率(为了简单，假设为常数 r)，α 为常数，B_t 为 Brown 运动。我们将其化为随机微分方程的形式

$$\mathrm{d}N_t = rN_t\mathrm{d}t + \alpha N_t\mathrm{d}B_t, \tag{7.5.23}$$

这种类型的方程称为几何随机微分方程。

解　首先将方程(7.5.23)化为

$$\frac{\mathrm{d}N_t}{N_t} = r\mathrm{d}t + \alpha\mathrm{d}B_t, \tag{7.5.24}$$

然后在等式两端从 0 到 t 积分，有

$$\int_0^t \frac{\mathrm{d}N_s}{N_s} = rt + \alpha B_t, \quad B_0 = 0 \text{。} \tag{7.5.25}$$

为计算左端的积分，引入函数

$$g(t,x) = \ln x, \quad x > 0 \text{。}$$

由 Itô 公式，得

$$\mathrm{d}(\ln N_t) = \frac{1}{N_t} \cdot \mathrm{d}N_t + \frac{1}{2}\left(-\frac{1}{N_t^2}\right)(\mathrm{d}N_t)^2$$

$$= \frac{\mathrm{d}N_t}{N_t} - \frac{1}{2N_t^2} \cdot \alpha^2 N_t^2\mathrm{d}t = \frac{\mathrm{d}N_t}{N_t} - \frac{\alpha^2}{2}\mathrm{d}t,$$

因此

$$\frac{\mathrm{d}N_t}{N_t} = \mathrm{d}(\ln N_t) + \frac{\alpha^2}{2}\mathrm{d}t,$$

由方程(7.5.24)得

$$\ln\frac{N_t}{N_0} = \left(r - \frac{\alpha^2}{2}\right)t + \alpha B_t,$$

即

$$N_t = N_0\exp\left[\left(r - \frac{\alpha^2}{2}\right)t + \alpha B_t\right]\text{。} \tag{7.5.26}$$

由 Brown 运动的性质，我们可以得到方程的解 N_t 的渐近性质：

(1) 如果 $r > \dfrac{\alpha^2}{2}$，则当 $t \to +\infty$ 时，$N_t \to +\infty$，　　a. s.

(2) 如果 $r < \dfrac{\alpha^2}{2}$，则当 $t \to +\infty$ 时，$N_t \to 0$，　　　a. s.

(3) 如果 $r = \dfrac{\alpha^2}{2}$，则当 $t \to +\infty$ 时，N_t 几乎必然在任意大和任意小的值之

间波动。

7.6   应用——金融衍生产品定价

随机积分已经成功地应用在金融衍生产品定价的研究中,以欧式看涨期权为例,作为随机积分的应用我们给出两种期权的定价方法:Black-Scholes方法和等价鞅测度方法。

7.6.1   Black-Scholes 模型

首先,讨论 Itô 公式在金融模型研究中的应用:Black-Scholes 方法。

1. 股票的 Black-Scholes 模型

设股票在 t 时刻的价格为随机变量 X_t,且存在常数 $b, \sigma(>0)$,使得

$$\mathrm{d}X_t = bX_t\mathrm{d}t + \sigma X_t\mathrm{d}B_t, \qquad (7.6.1)$$

其中 b 称为期望收益率,σ 称为波动率。由与方程(7.5.23)同样的方法可以得到方程(7.6.1)的解

$$X_t = X_0\exp\left[\left(b - \frac{\sigma^2}{2}\right) + \sigma B_t\right].$$

我们知道,$\{X_t\}$ 是几何 Brown 运动。

2. Black-Scholes 方程

设一种标的资产为股票的(欧式)期权持有人(乙方)在时刻 t 的损益为 $f(S_t)$,股票价格 S_t 满足随机微分方程

$$\mathrm{d}S_t = S_t(b\mathrm{d}t + \sigma\mathrm{d}B_t).$$

设该期权的交割时刻为 T,交割价格为 K,问在 $t=0$ 时刻购买这种期权应付多少钱? 当 $f(S_T) = (S_T - K)^+$ 时,这个期权称为欧式看涨期权(call option),看涨期权的卖出方有在时刻 T 以价格 K 卖给乙方(期权的买入方)该期权所系股票的义务,但乙方可以购买也可以不购买(只在股票涨的时候购买,从中获益 $(S_T - K)^+$)。当 $f(S_T) = (K - S_T)^+$ 时,这个期权称为欧式看跌期权(put option),看跌期权的卖出方有在时刻 T 以价格 K 从乙方(期权的买入方)买进该期权所系股票的义务,但乙方可以卖也可以不卖(只在股票跌的时候才卖,从中获益 $(K - S_T)^+$)。

设在时刻 T 损益为 $f(S_T)$ 的股票期权在时刻 $t(<T)$ 的价格为 $F(t, S_t)$,于是在 $t=0$ 时该期权的定价为 $f_0 = F(0, S_0)$。下面用 Itô 公式求出 $F(t, S_t)$

所满足的偏微分方程,即著名的 Black-Scholes 方程。

假设期权卖出方在时刻 t 买进 Δ 份(Δ 待定)股票以抵消在时刻 T 损失 $F(S_T)$ 的风险,即他花费了 $\Delta \cdot S_t$,于是在时刻 t 他的余额为

$$R_t = F(t,S_t) - \Delta \cdot S_t。$$

到时刻 $t+\mathrm{d}t$,其价值变为

$$R_{t+\mathrm{d}t} = F(t+\mathrm{d}t, S_{t+\mathrm{d}t}) - \Delta \cdot S_{t+\mathrm{d}t}。$$

利用 Itô 公式,有

$$\begin{aligned}
\mathrm{d}R_t &= \mathrm{d}F(t,S_t) - \Delta \cdot \mathrm{d}S_t \\
&= \frac{\partial F}{\partial t}\mathrm{d}t + \frac{\partial F}{\partial x}S_t(b\mathrm{d}t + \sigma\mathrm{d}B_t) + \\
&\quad \frac{1}{2}\frac{\partial^2 F}{\partial x^2}S_t^2\sigma^2\mathrm{d}t - \Delta \cdot S_t(b\mathrm{d}t + \sigma\mathrm{d}B_t) \\
&= \left(\frac{\partial F}{\partial x} - \Delta\right)\sigma S_t\mathrm{d}B_t + \left[\frac{\partial F}{\partial t} + bS_t\left(\frac{\partial F}{\partial x} - \Delta\right) + \frac{1}{2}\sigma^2 S_t^2\frac{\partial^2 F}{\partial x^2}\right]\mathrm{d}t。
\end{aligned}$$

如果取 $\Delta = \dfrac{\partial F}{\partial x}(t,S_t)$,则有

$$\mathrm{d}R_t = \left(\frac{\partial F}{\partial t} + \frac{1}{2}\sigma^2 S_t^2\frac{\partial^2 F}{\partial x^2}\right)\mathrm{d}t。$$

可见影响随机波动的因素不再出现,所以 R_t 应为无风险的,即

$$\frac{\mathrm{d}R_t}{\mathrm{d}t} = rR_t \quad (r\text{ 为无风险利率}),$$

从而

$$\frac{\partial F}{\partial t} + \frac{1}{2}\sigma^2 S_t^2\frac{\partial^2 F}{\partial x^2} = r(F - \Delta \cdot S_t) = r\left(F - \frac{\partial F}{\partial x}S_t\right),$$

即 $F(t,x)$ 满足方程

$$\frac{\partial F}{\partial t} + \frac{1}{2}\sigma^2 x^2\frac{\partial^2 F}{\partial x^2} + rx\frac{\partial F}{\partial x} - rF = 0。 \tag{7.6.2}$$

这就是著名的 **Black-Scholes** 方程。我们可以根据具体的边界条件来求出 $F(t,S_t)$ 的解析解或数值解。对欧式看涨期权,其边界条件为 $F(T,S_T) = \max\{S_T - K, 0\}$,而欧式看跌期权,其边界条件为 $F(T,S_T) = \max\{K - S_T, 0\}$。在这两种情况下,方程是有显式解的,我们称之为 Black-Scholes 公式,有兴趣的读者请参阅文献[7]。对于 $F(T,S_T) = \max\{S_T - K, 0\}$,Black 和 Scholes 解上述偏微分方程并得到函数 $F(S_t,t)$ 的表达式(称之为 Black-Scholes 公式):

$$F(S_t,t) = S_t N(d_1) - Ke^{-r(T-t)}N(d_2), \tag{7.6.3}$$

这里

$$d_1 = \frac{\ln(S_t/K) + \left(r + \frac{1}{2}\sigma^2\right)(T - t)}{\sigma\sqrt{T - t}}, \tag{7.6.4}$$

$$d_2 = d_1 - \sigma\sqrt{T - t}, \tag{7.6.5}$$

$N(d_i)(i = 1, 2)$ 是标准正态密度的积分

$$N(d_i) = \int_{-\infty}^{d_i} \frac{1}{\sqrt{2\pi}} e^{-\frac{1}{2}x^2} dx. \tag{7.6.6}$$

7.6.2　等价鞅测度

以某种没有任何分红的股票 S_t 的欧式看涨期权（European call option）的定价 C_t 为例。有两种方法来计算无套利定价 C_t，一种是我们前面讨论的 Black-Scholes 方法。另外就是鞅方法，即寻找一个新的概率 $\widetilde{P}$ 使得在此概率下 S_t 成为一个鞅。然后我们可以用解析方法或者数值方法来计算

$$C_t = E^{\widetilde{P}} e^{-r(T-t)} \big[\max\{S_T - K, 0\}\big], \tag{7.6.7}$$

这里 $E^{\widetilde{P}}$ 是指在概率 $\widetilde{P}$ 下计算的数学期望。等价鞅测度方法与前面的方法不同，但是我们可以得到同样的结果。因为这种方法在一般的教材中很少介绍，所以我们在这里给出比较详细的叙述。

1. 测度变换的 Girsanov 定理

为了讨论概率测度变换的 Girsanov 定理，首先我们讨论简单情形。

1）正态分布随机变量的变换

固定 t，考虑正态分布随机变量 $z_t \sim N(0, 1)$，用 $f(z_t)$ 表示其密度函数，概率测度为

$$dP(z_t) = \frac{1}{\sqrt{2\pi}} e^{-\frac{1}{2}(z_t)^2} dz_t. \tag{7.6.8}$$

定义函数

$$\xi(z_t) = e^{z_t\mu - \frac{1}{2}\mu^2}. \tag{7.6.9}$$

用 $dP(z_t)$ 乘以 $\xi(z_t)$，得到新的概率 $d\widetilde{P}(z_t)$：

$$d\widetilde{P}(z_t) = [dP(z_t)][\xi(z_t)] = \frac{1}{\sqrt{2\pi}} e^{-\frac{1}{2}(z_t)^2 + z_t\mu - \frac{1}{2}\mu^2} dz_t, \tag{7.6.10}$$

即

$$\mathrm{d}\,\widetilde{P}(z_t) = \frac{1}{\sqrt{2\pi}}\mathrm{e}^{-\frac{1}{2}(z_t-\mu)^2}\mathrm{d}z_t。 \tag{7.6.11}$$

不难看出, $\widetilde{P}(z_t)$ 是与一个均值为 μ, 方差为 1 的正态分布的随机变量相联系的概率。即, 测度变换

$$\mathrm{d}\,\widetilde{P}(z_t) = \xi(z_t)\mathrm{d}P(z_t)。 \tag{7.6.12}$$

改变了随机变量 z_t 的均值, 而且是可逆的, 即

$$\xi(z_t)^{-1}\mathrm{d}\,\widetilde{P}(z_t) = \mathrm{d}P(z_t)。 \tag{7.6.13}$$

2) Radon-Nikodym 导数与等价测度

仍然考虑函数 $\xi(z_t)$:

$$\xi(z_t) = \mathrm{e}^{z_t\mu - \frac{1}{2}\mu^2}。 \tag{7.6.14}$$

用 $\xi(z_t)$ 得到新的概率测度

$$\mathrm{d}\,\widetilde{P}(z_t) = \xi(z_t)\mathrm{d}P(z_t), \tag{7.6.15}$$

等式两端同时除以 $\mathrm{d}P(z_t)$, 得

$$\frac{\mathrm{d}\,\widetilde{P}(z_t)}{\mathrm{d}P(z_t)} = \xi(z_t)。 \tag{7.6.16}$$

这一表达式可以认为是一个导数, 称之为概率测度 $\widetilde{P}$ 关于概率测度 P 的 Radon-Nikodym 导数, 由 $\xi(z_t)$ 给出。把 $\xi(z_t)$ 视为概率测度 $\widetilde{P}$ 关于概率测度 P 的密度。根据这一点, 如果概率测度 $\widetilde{P}$ 关于概率测度 P 的 Radon-Nikodym 导数存在, 则可以用其密度 $\xi(z_t)$ 将 z_t 的均值进行变换, 而方差保持不变。

现在的问题是概率测度 $\widetilde{P}$ 关于概率测度 P 的 Radon-Nikodym 导数存在的条件。显然, 由于 Radon-Nikodym 导数表示为一个分数

$$\frac{\mathrm{d}\,\widetilde{P}(z_t)}{\mathrm{d}P(z_t)}, \tag{7.6.17}$$

那么, 分母不应为零。然而为了保证逆变换存在, 分子也不应为零。换言之, 给定一个区间 $\mathrm{d}z_t$, 概率 $\widetilde{P}$ 和 P 满足

$$\widetilde{P}(z_t) > 0 \quad 当且仅当 \quad P(z_t) > 0。 \tag{7.6.18}$$

如果条件 (7.6.18) 满足, 则 $\xi(z_t)$ 存在, 并且我们可以由下面的式子使得 $\widetilde{P}$ 和 P 相互确定。

$$\mathrm{d}\,\widetilde{P}(z_t) = \xi(z_t)\mathrm{d}P(z_t), \tag{7.6.19}$$

$$dP(z_t) = \xi(z_t)^{-1} d\widetilde{P}(z_t)。 \tag{7.6.20}$$

这说明两个概率测度对所有的实际问题来说是等价的,因此称之为等价的概率测度。

3) Girsanov 定理

设 $(\Omega, \mathscr{F}, P)$ 为完备概率空间,$T > 0$,在给定的区间 $[0, T]$ 上,给定一个子 σ 代数流(或者在实际中称为信息流)$\{\mathscr{F}_t\}$。定义随机过程 $\{\xi_t\}$,其中

$$\xi_t = \exp\left(\int_0^t X_u dB_u - \frac{1}{2}\int_0^t X_u^2 du\right), \quad t \in [0, T], \tag{7.6.21}$$

这里过程 $\{X_t\}$ 是 $\{\mathscr{F}_t\}$ 适应的,$\{B_t\}$ 是 Brown 运动,其概率分布记为 P。假定 X_t 满足 Novikov 条件

$$E\left[\exp\left(\int_0^t X_u^2 du\right)\right] < +\infty, \quad t \in [0, T], \tag{7.6.22}$$

由 Itô 公式计算微分,有

$$d\xi_t = \left[\exp\left(\int_0^t X_u dB_u - \frac{1}{2}\int_0^t X_u^2 du\right)\right] X_t dB_t, \tag{7.6.23}$$

即

$$d\xi_t = \xi_t X_t dB_t。 \tag{7.6.24}$$

在(7.6.21)式中令 $t = 0$,得

$$\xi_0 = 1。 \tag{7.6.25}$$

在(7.6.24)式两端取随机积分,得

$$\xi_t = 1 + \int_0^t \xi_s X_s dB_s。 \tag{7.6.26}$$

而

$$\int_0^t \xi_s X_s dB_s, \tag{7.6.27}$$

仍然为关于 Brown 运动的积分,所以是一个鞅,即

$$E\left(\int_0^t \xi_s X_s dB_s \,\middle|\, \mathscr{F}_u\right) = \int_0^u \xi_s X_s dB_s, \quad u < t。 \tag{7.6.28}$$

因此,由(7.6.26)式知 $\{\xi_t\}$ 是一个鞅。于是有下面定理。

定理 7.9　如果由(7.6.21)式定义的 $\{\xi_t\}$ 是 $\{\mathscr{F}_t\}$ 鞅,则由下式定义的过程 $\{\widetilde{B}_t\}$

$$\widetilde{B}_t = B_t - \int_0^t X_s ds, \quad t \in [0, T], \tag{7.6.29}$$

是一个关于 $\{\mathscr{F}_t\}$ 的 Brown 运动,并且概率分布 $\widetilde{P}$ 由下面的(7.6.30)式给出

$$\widetilde{P}(A) = E^P(I_A \xi_T), \quad A \in \mathscr{F}_T。 \tag{7.6.30}$$

这一定理的意义是,如果给定一个 Brown 运动,用其概率分布乘以过程 $\{\xi_t\}$,则我们得到一个新的 Brown 运动 $\{\widetilde{B}_t\}$,具有概率分布 $\widetilde{P}$。两个 Brwon 运动的关系为

$$d \widetilde{B}_t = dB_t - X_t dt。 \tag{7.6.31}$$

上述变换能够进行的条件为过程 $\{\xi_t\}$ 是一个鞅,$E\xi_T = 1$。下面我们用一个例子说明这一变换的作用。

例 7.8　令 dS_t 表示某种股票的变换增量。假设这些变化是由许多很小的正态分布的波动组合的结果,因此我们可以用随机微分方程表示 S_t,

$$dS_t = \mu dt + \sigma dB_t, \quad t \in [0, +\infty), \tag{7.6.32}$$

这里 $\{B_t\}$ 是标准 Brown 运动,$B_0 = 0$,其概率分布为 P,

$$dP(B_t) = \frac{1}{\sqrt{2\pi t}} e^{-\frac{1}{2t}(B_t)^2} dB_t。 \tag{7.6.33}$$

显然,如果漂移项 $\mu dt \neq 0$,则 $\{S_t\}$ 不是鞅。由 S_t 的表达式

$$S_t = \mu \int_0^t ds + \sigma \int_0^t dB_s, \quad t \in [0, +\infty), \tag{7.6.34}$$

或者

$$S_t = \mu t + \sigma B_t, \tag{7.6.35}$$

我们有

$$\begin{aligned} E(S_{t+s} \mid S_t) &= \mu(t+s) + \sigma E(B_{t+s} - B_t \mid S_t) + \sigma B_t \\ &= S_t + \mu s。 \end{aligned} \tag{7.6.36}$$

故对 $\mu > 0, s > 0$,

$$E(S_{t+s} \mid S_t) > S_t。 \tag{7.6.37}$$

$\{S_t\}$ 不是鞅。如果令

$$\widetilde{S}_t = S_t - \mu t, \tag{7.6.38}$$

则可以将其转换为鞅。这样做的前提是必须知道 μ,但是这一风险回报是不可能事先知道的。而利用 Girsanov 定理,很容易将其概率测度变换为一个等价的鞅测度,使得其漂移变为零。为此,必须找出函数 $\xi(S_t)$,然后用原来的概率测度。在原来测度 P 下,$\{S_t\}$ 可能是一个下鞅,

$$E^P(S_{t+s} \mid S_t) > S_t, \tag{7.6.39}$$

但是在新的概率测度下,$\{S_t\}$ 是一个鞅,

$$E^{\widetilde{P}}(S_{t+s}\mid S_t)=S_t。 \tag{7.6.40}$$

为了能够进行此变换,我们需要计算 $\xi(S_t)$。为此,首先回忆 S_t 的密度函数

$$f_s=\frac{1}{\sqrt{2\pi\sigma^2\,t}}\exp\Big[-\frac{1}{2\sigma^2 t}(S_t-\mu t)^2\Big]\mathrm{d}B_t。 \tag{7.6.41}$$

我们的目的是将(7.6.41)式定义的概率 P 变换为一个新的概率测度 $\widetilde{P}$,使得 $\{S_t\}$ 成为一个鞅。定义

$$\xi(S_t)=\exp\Big[-\frac{1}{\sigma^2}\Big(\mu S_t-\frac{1}{2}\mu^2 t\Big)\Big]。 \tag{7.6.42}$$

用 f_s 乘以 $\xi(S_t)$,得

$$\mathrm{d}\widetilde{P}(S_t)=\xi(S_t)\mathrm{d}P(S_t)$$

$$=\exp\Big[-\frac{1}{\sigma^2}\Big(\mu S_t-\frac{1}{2}\mu^2\,t\Big)\Big]\frac{1}{\sqrt{2\pi\sigma^2 t}}\exp\Big[\frac{1}{\sqrt{2\pi\sigma^2\,t}}(S_t-\mu\,t)^2\Big]$$

$$=\frac{1}{\sqrt{2\pi\sigma^2\,t}}\exp\Big(-\frac{1}{\sigma^2 t}S_t^{\,2}\Big)\mathrm{d}S_t \tag{7.6.43}$$

但是与此概率测度相联系的是具有漂移为零、扩散系数为 σ 的正态分布过程。即,我们可以将 S_t 的增量改写为

$$\mathrm{d}S_t=\sigma\mathrm{d}\widetilde{B}_t, \tag{7.6.44}$$

而这一过程是一个鞅,Brown 运动 $\{\widetilde{B}_t\}$ 是关于概率测度 $\widetilde{P}$ 定义的。

2. 从资产定价到鞅模型

假定某种资产(例如股票)的价格过程为

$$S_t=S_0\mathrm{e}^{Y_t}, \qquad t\in[0,+\infty), \tag{7.6.45}$$

其中 $\{Y_t\}$ 是一个 Brown 运动,S_t 的分布用概率 P 表示。S_t 的观测值将根据 P 出现,但是这不意味着 P 是最容易处理的概率。从上一段的讨论我们知道,可以得到一个等价的鞅测度 $\widetilde{P}$,使得资产定价变得容易,特别地,在这一概率测度下,资产的价格过程变成一个鞅。我们的主要任务就是找到 $\widetilde{P}$。

1) 鞅测度的确定

由于 S_t 的分布由 Y_t 的分布确定,因此概率 P 由下面的(7.6.46)式给出:

$$Y_t\sim N(\mu t,\sigma^2 t), \qquad t\in[0,+\infty)。 \tag{7.6.46}$$

由假定 S_t 代表标的资产在时刻 t 的价格,则 $S_u(u<t)$ 为较早时刻 u 的观测值。

一般来说，由于无风险回报的存在，我们有

$$E^P(e^{-rt}S_t \mid S_u, u < t) > e^{-ru}S_u \qquad (7.6.47)$$

这里 E^P 表示在概率 P 下取数学期望，即，由下面的(7.6.48)式定义的折现过程 $\{Z_t\}$，

$$Z_t = e^{-rt}S_t \qquad (7.6.48)$$

不是鞅。下面就来确定鞅测度 $\widetilde{P}$，使得

$$E^{\widetilde{P}}(e^{-rt}S_t \mid S_u, u < t) = e^{-ru}S_u, \qquad (7.6.49)$$

或者

$$E^{\widetilde{P}}(Z_t \mid Z_u, u < t) = Z_u。 \qquad (7.6.50)$$

定义概率测度 $\widetilde{P}$ 为

$$N(\rho t, \sigma^2 t), \qquad (7.6.51)$$

这里的漂移系数可以任意选择，特别地，可选为两个概率测度 P 和 $\widetilde{P}$ 之差。注意，两个测度的扩散系数是相同的。下面来计算条件期望

$$E^{\widetilde{P}}(e^{-r(t-u)}S_t \mid S_u, u < t)。 \qquad (7.6.52)$$

容易得到

$$E^{\widetilde{P}}(e^{-r(t-u)}S_t \mid S_u, u < t) = (S_u e^{-r(t-u)})e^{\rho(t-u)+\frac{1}{2}\sigma^2(t-u)}。 \qquad (7.6.53)$$

由于 ρ 的任意性，我们可以适当选择 ρ，使得条件期望满足鞅条件。特别地，定义

$$\rho = r - \frac{1}{2}\sigma^2, \qquad (7.6.54)$$

参数 ρ 由波动率和无风险利率确定。这一选择的结果是(7.6.53)式右端的指数项等于 1，因为

$$-r(t-u) + \rho(t-u) + \frac{1}{2}\sigma^2(t-u) = 0。$$

于是

$$E^{\widetilde{P}}(e^{-r(t-u)}S_t \mid S_u, u < t) = S_u, \qquad (7.6.55)$$

即

$$E^{\widetilde{P}}(e^{-rt}S_t \mid S_u, u < t) = e^{-ru}S_u。 \qquad (7.6.56)$$

这意味着 $e^{-rt}S_t$ 在概率测度 $\widetilde{P}$ 下变成一个鞅。而 $\widetilde{P}$ 由下面的分布给定

$$N\left(\left(r - \frac{1}{2}\sigma^2\right)t, \sigma^2 t\right)。$$

2) 导出 Black-Scholes 公式

令 C_t 为某种标的资产 S_t 的欧式看涨期权的价格。与 Black-Scholes 的讨论一样,假定无分红、常利率、无交易费。我们的目的是用等价鞅测度 $\widetilde{P}$ 导出 Black-Scholes 公式。

鞅性质的基本关系是 $\mathrm{e}^{-rt}C_t$ 必须满足

$$C_t = E_t^{\widetilde{P}} (\mathrm{e}^{-r(T-t)} C_T), \tag{7.6.57}$$

这里 T 是期权的到期时间。我们知道在到期时,如果 $S_T > K$,期权的受益是 $S_T - K$,否则,期权的值为零。这给出了边界条件

$$C_T = \max\{S_T - K, 0\}, \tag{7.6.58}$$

由 $\mathrm{e}^{-rt}C_t$ 鞅性质,得.

$$C_t = E_t^{\widetilde{P}} (\mathrm{e}^{-r(T-t)} \max\{S_T - K, 0\})。 \tag{7.6.59}$$

为了简单,计算期权在时刻 $t=0$ 时的价格

$$C_0 = E^{\widetilde{P}} (\mathrm{e}^{-rT} \max\{S_T - K, 0\}), \tag{7.6.60}$$

我们知道,如果 $S_t = \mathrm{e}^{Y_t}$,则

$$\mathrm{d}\,\widetilde{P} = \frac{1}{\sqrt{2\sigma^2 T}} \exp\left[-\frac{1}{2\sigma^2 T}\left(Y_T - \left(r - \frac{1}{2}\sigma^2\right)T\right)^2\right]\mathrm{d}Y_T。 \tag{7.6.61}$$

于是可直接计算

$$C_0 = \int_{-\infty}^{+\infty} \mathrm{e}^{-rT} \max\{S_T - K, 0\}\mathrm{d}\,\widetilde{P}。 \tag{7.6.62}$$

将(7.6.61)式代入(7.6.62)式得

$$C_0 = \int_{-\infty}^{+\infty} \mathrm{e}^{-rT} \max\{S_T - K, 0\} \frac{1}{\sqrt{2\sigma^2 T}} \exp\left[-\frac{1}{2\sigma^2 T}\left(Y_T - \left(r - \frac{1}{2}\sigma^2\right)T\right)^2\right]\mathrm{d}Y_T。$$
$$\tag{7.6.63}$$

为了去掉积分号中的 max 函数,我们变换积分限。由于条件

$$S_0 \mathrm{e}^{Y_T} \geqslant K \tag{7.6.64}$$

等价于

$$Y_T \geqslant \ln\left(\frac{K}{S_0}\right)。 \tag{7.6.65}$$

将(7.6.64)式应用于(7.6.63)式,得

$$C_0 = \int_{\ln\frac{K}{S_0}}^{+\infty} \mathrm{e}^{-rT} (S_0 \mathrm{e}^{Y_T} - K) \frac{1}{\sqrt{2\sigma^2 T}} \exp\left[-\frac{1}{2\sigma^2 T}\left(Y_T - \left(r - \frac{1}{2}\sigma^2\right)T\right)^2\right]\mathrm{d}Y_T。$$
$$\tag{7.6.66}$$

将这一积分分成两部分，有

$$C_0 = \int_{\ln\frac{K}{S_0}}^{+\infty} S_0 \, e^{-rT} \, e^{Y_T} \frac{1}{\sqrt{2\sigma^2 T}} \exp\left[-\frac{1}{2\sigma^2 T}\left(Y_T - \left(r - \frac{1}{2}\sigma^2\right)T\right)^2\right] dY_T -$$

$$K e^{-rT} \int_{\ln\frac{K}{S_0}}^{+\infty} \frac{1}{\sqrt{2\sigma^2 T}} \exp\left[-\frac{1}{2\sigma^2 T}\left(Y_T - \left(r - \frac{1}{2}\sigma^2\right)T\right)^2\right] dY_T。 \qquad (7.6.67)$$

为计算积分，定义变量

$$Z = \frac{Y_T - \left(r - \frac{1}{2}\sigma^2\right)T}{\sigma\sqrt{T}}, \qquad (7.6.68)$$

则(7.6.67)式右端的第二个积分变为

$$-K e^{-rT} \int_{\ln\frac{K}{S_0}}^{+\infty} \frac{1}{\sqrt{2\sigma^2 T}} \exp\left[-\frac{1}{2\sigma^2 T}\left(Y_T - \left(r - \frac{1}{2}\sigma^2\right)T\right)^2\right] dY_T$$

$$= -K e^{-rT} \int_{\frac{\ln\frac{K}{S_0} - \left(r - \frac{1}{2}\sigma^2\right)R}{\sigma\sqrt{T}}}^{+\infty} \frac{1}{\sqrt{2\pi}} e^{-\frac{1}{2}z^2} dZ。 \qquad (7.6.69)$$

积分的下限很接近 Black-Scholes 公式中的参数 d_2。令

$$-\ln\frac{K}{S_0} = \ln\frac{S_0}{K}, \qquad (7.6.70)$$

得到 Black-Scholes 公式中的参数 d_2，

$$-\frac{\ln\frac{S_0}{K} + \left(r - \frac{1}{2}\sigma^2\right)T}{\sigma\sqrt{T}} = -d_2。 \qquad (7.6.71)$$

令 $f(x)$ 为标准正态分布的密度函数，则由对称性有

$$\int_L^{+\infty} f(x)\,dx = \int_{-\infty}^{-L} f(x)\,dx。 \qquad (7.6.72)$$

将上述变换应用于(7.6.71)式和(7.6.72)式中，有

$$K e^{-rT} \int_{-d_2}^{-\infty} \frac{1}{\sqrt{2\pi}} e^{-\frac{1}{2}z^2} dZ = K e^{-rT} \int_{-\infty}^{d_2} \frac{1}{\sqrt{2\pi}} e^{-\frac{1}{2}z^2} dZ$$

$$= K e^{-rT} N(d_2)。 \qquad (7.6.73)$$

因此得到 Black-Scholes 公式中的第二部分和参数 d_2。下面导出第二部分 $S_0 N(d_1)$ 和参数 d_1 与 d_2 之间的关系。为此将(7.6.68)式定义的变量 Z 应用于(7.6.67)式的第一个积分中，得

$$C_0 = \int_{\ln\frac{K}{S_0}}^{+\infty} S_0 \, e^{-rT} \, e^{Y_T} \frac{1}{\sqrt{2\sigma^2 T}} \exp\left[-\frac{1}{2\sigma^2 T}\left(Y_T - \left(r - \frac{1}{2}\sigma^2\right)T\right)^2\right] dY_T$$

$$= e^{\left(r - \frac{1}{2}\sigma^2\right)T} e^{-rT} S_0 \int_{-d_2}^{+\infty} e^{\sigma Z\sqrt{T}} \frac{1}{\sqrt{2\pi}} e^{-\frac{1}{2}z^2} dZ$$

$$= e^{-rT} e^{\left(r-\frac{1}{2}\sigma^2\right)T} S_0 \int_{-\infty}^{d_2} \frac{1}{\sqrt{2\pi}} e^{-\frac{1}{2}\left(Z^2+2\sigma Z\sqrt{T}\right)} \, dZ$$

$$= S_0 e^{-rT} e^{\frac{T\sigma^2}{2}} e^{\left(r-\frac{1}{2}\sigma^2\right)T} \int_{-\infty}^{d_2} \frac{1}{\sqrt{2\pi}} e^{-\frac{1}{2}\left(Z+\sigma\sqrt{T}\right)^2} \, dZ$$

$$= S_0 \int_{-\infty}^{d_2} \frac{1}{\sqrt{2\pi}} e^{-\frac{1}{2}\left(Z+\sigma\sqrt{T}\right)^2} \, dZ \quad (\text{做变换 } H = Z + \sigma\sqrt{T})$$

$$= S_0 \int_{-\infty}^{d_2+\sigma\sqrt{T}} \frac{1}{\sqrt{2\pi}} e^{-\frac{1}{2}H^2} \, dH = S_0 N(d_1), \tag{7.6.74}$$

这里 $d_1 = d_2 + \sigma\sqrt{T}$。这样我们(用不同的方法)得到 Black-Scholes 公式:

$$C_0 = \int_{\ln\frac{K}{S_0}}^{+\infty} S_0 e^{-rT} e^{Y_T} \frac{1}{\sqrt{2\sigma^2 T}} \exp\left[-\frac{1}{2\sigma^2 T}\left(Y_T - \left(r-\frac{1}{2}\sigma^2\right)T\right)^2\right] dY_T -$$

$$Ke^{-rT} \int_{\ln\frac{K}{S_0}}^{+\infty} \frac{1}{\sqrt{2\sigma^2 T}} \exp\left[-\frac{1}{2\sigma^2 T}\left(Y_T - \left(r-\frac{1}{2}\sigma^2\right)T\right)^2\right] dY_T$$

$$= S_0 N(d_1) + Ke^{-rT} N(d_2)。 \tag{7.6.75}$$

✏ 习　题　7

7.1　试找出使得 Itô 积分 $Y(t) = \int_0^t (t-s)^{-\alpha} dB(s)$ 存在的 α 值,并给出过程 $\{Y(t)\}$ 的协方差函数(此过程称为分形 Brown 运动)。

7.2　设 $X(t,s)$ 是非随机的二元函数(不依赖于 $B(t)$),并且使得 $\int_0^t X^2(t,s) ds < +\infty$,则对任何 t,$\int_0^t X(t,s) dB(s)$ 是服从 Gauss 分布的随机变量,$\{Y(t), 0 \leqslant t \leqslant T\}$ 是 Gauss 过程,其均值函数为 0,协方差函数为

$$\text{cov}(Y(t), Y(t+u)) = \int_0^t X(t,s) X(t+u,s) ds, \quad u > 0。$$

7.3　设 $X(t)$ 具有随机微分形式

$$dX(t) = (bX(t) + c)dt + 2\sqrt{X(t)} dB(t),$$

并假定 $X(t) \geqslant 0$,试找出过程 $\{Y(t) = \sqrt{X(t)}\}$ 的随机微分形式。

7.4　利用 Itô 公式证明:

$$\int_0^t B^2(s) dB(s) = \frac{1}{3} B^3(t) - \int_0^t B(s) ds。$$

7.5　设 $\{X(t)\}$,$\{Y(t)\}$ 是 Itô 过程,试证

$$d(X(t)Y(t)) = X(t)dY(t) + Y(t)dX(t) + dX(t) \cdot dY(t)。$$

由此导出下面的分部积分公式

$$\int_0^t X(s)dY(s) = X(t)Y(t) - X(0)Y(0) - $$

$$\int_0^t Y(s)dX(s) - \int_0^t dX(s) \cdot dY(s)。$$

7.6 设 $\{B(t)\}$ 是标准的 Brown 运动,定义

$$\beta_k(t) = E[B^k(t)], \quad k = 0,1,2,\cdots; \ t \geqslant 0。$$

用 Itô 公式证明:

$$\beta_k(t) = \frac{1}{2}k(k-1)\int_0^t \beta_{k-2}(s)ds, \quad k \geqslant 2。$$

由此推出

$$E[B^4(t)] = 3t^2,$$

并找出 $E[B^6(t)]$。

7.7 设 $\{B(t)\}$ 是标准的 Brown 运动,$\mathscr{F}_t = \sigma(B(u), 0 \leqslant u \leqslant t)$。利用 Itô 公式证明下列随机过程 $\{X(t)\}$ 是 $\{\mathscr{F}_t\}$ 鞅:

(1) $X(t) = e^{\frac{t}{2}}\cos B(t)$;

(2) $X(t) = e^{\frac{t}{2}}\sin B(t)$;

(3) $X(t) = (B(t)+t)\exp\left[-B(t) - \frac{1}{2}t\right]$。

7.8 求下列 Itô 随机微分方程的解(其中 $t \geqslant 0$):

(1) $dX_t = \mu X_t dt + \sigma dB(t)$,$\mu, \sigma > 0$ 为常数(此方程称为 Orenstein-Uhlenbeck 方程),$X_0 \sim N(0, \sigma^2)$ 且与 $\{B(t), t \geqslant 0\}$ 独立;

(2) $dX_t = -X_t dt + e^{-t}dB(t)$;

(3) $dX_t = \gamma dt + \sigma X_t dB(t)$,$\gamma, \sigma$ 为常数;

(4) $dX_t = (m - X_t)dt + \sigma dB(t)$,$m, \sigma > 0$ 为常数;

(5) $dX_t = (e^{-t} + X_t)dt + \sigma X_t dB(t)$,$\sigma > 0$ 为常数。

第 8 章

Levy 过程与关于点过程的随机积分简介

最近由于 Levy 过程与关于点过程的随机积分已经成为金融等领域研究的重要工具(见文献[1,22]),我们在本章对 Levy 过程与关于点过程的随机积分做简要介绍。

8.1 Levy 过程

Levy 过程直观上讲,可以看作连续时间的随机游动。它的特征是有平稳独立的增量,重要的 Levy 过程有 Brown 运动、Poisson 过程、Cauchy 过程等,更一般的情况是稳定过程(定义见例 8.4)。在前面的章节中,我们对 Brown 运动和 Poisson 过程做了比较详细的叙述,下面给出一般的 Levy 过程的定义。

定义 8.1(Levy 过程)   随机过程$\{X(t),t\geq 0\}$称为 Levy 过程,如果:

(1) $\forall t>0,s\geq 0,X_{t+s}-X_t$与$\{X_\gamma,0\leq\gamma\leq t\}$独立。

(2) $\forall t>0,s\geq 0,X_{t+s}-X_t$与$X_s$有相同的分布,特别地,$P\{X_0=0\}=1$。即$\{X_t,t\geq 0\}$有平稳的(或称时齐)独立增量。

例 8.1(Poisson 过程)   由 Poisson 过程的定义 2.2 易见,Poisson 过程满足定义 8.1,因此 Poisson 过程是 Levy 过程。容易验证,复合 Poisson 过程也是一类 Levy 过程,在定理 2.6 中,我们已经证明了它的独立增量性,请读者证明它具有平稳增量。

例 8.2(Brown 运动)   由于 Brown 运动是有独立平稳增量并且服从正态

分布的过程,它是被研究最多,结果最丰富的一类 Levy 过程。

例 8.3(Cauchy 过程)   Cauchy 过程 $\{X(t), t \geqslant 0\}$ 是以 $(\mathbb{R}, \mathcal{B}(\mathbb{R}))$ 为状态空间的独立平稳增量过程,其增量分布为

$$
\begin{cases}
P\{X_{t+s} - X_t \in A\} = \int_A \dfrac{s}{\pi(s^2 + x^2)} \mathrm{d}x, & \forall A \in \mathcal{B}(\mathbb{R}) \\
P\{X_0 = 0\} = 1_\circ
\end{cases}
$$

例 8.4(稳定过程)   稳定过程 $\{X(t), t \geqslant 0\}$ 是满足下面条件的独立平稳增量过程:存在 $\alpha > 0$,使得对 $\forall c > 0, X_{ct}$ 和 $c^{\frac{1}{\alpha}} X_t$ 有相同的分布,其中 α 称为稳定过程的阶。一般称阶为 α 的稳定过程为 α 稳定过程,特别当 $\alpha = 2$ 时,就是 Brown 运动,当 $\alpha = 1$ 时,就是 Cauchy 过程。对于一般的 α 稳定过程最近也有很多研究(参见文献 [3,18])。

8.2 关于 Poisson 点过程的随机积分

在第 7 章中我们介绍了关于 Brown 运动的随机积分,那是一种具有连续路径的积分。当前,在金融领域的研究中,越来越多地涉及到带跳跃的过程,因此,这里介绍一类带跳跃项的随机积分——关于 Poisson 点过程的随机积分。

令 $(X, \mathcal{B}(X))$ 是一个可测空间,$\mathcal{M}$ 是由 $(X, \mathcal{B}(X))$ 上所有非负测度构成的空间。$\mathcal{B}_{\mathcal{M}}$ 是使得 $\forall \mu \in \mathcal{M}, \forall B \in \mathcal{B}(X), \mu(B) \in \mathbb{Z}^+ \bigcup \{+\infty\}$ 为可测的 $\mathcal{M}$ 上的最小 σ 代数,其中 $\mathbb{Z}^+$ 是非负整数集。

定义 8.2(Poisson 随机测度)   一个取值在 $(\mathcal{M}, \mathcal{B}_{\mathcal{M}})$ 上的随机变量 μ 称为一个 Poisson 随机测度,如果:

(1) $\forall B \in \mathcal{B}(X), \mu(B)$ 服从 Poisson 分布,即

$$
P\{\mu(B) = n\} = \frac{(\lambda(B))^n}{n!} \exp(-\lambda(B)),
$$

$$
n = 0, 1, 2, \cdots, \quad \lambda(B) = E[\mu(B)], \quad B \in \mathcal{B}(X),
$$

如果 $\lambda(B) = +\infty$,规定 $\mu(B) = +\infty$, a. s. 。

(2) 如果 $B_1, B_2, \cdots, B_n \in \mathcal{B}(X)$ 互不相交,则 $\mu(B_1), \mu(B_2), \cdots, \mu(B_n)$ 相互独立。

定义 8.3(点函数)   设 D_p 是 $(0, +\infty)$ 的一个可数子集,从 D_p 到可测空

间 $(X, \mathscr{B}(X))$ 的函数

$$p: D_p \to X$$

称为 X 上的点函数。

一个点函数 p 可以定义一个乘积空间 $(0, +\infty) \times X$ 上的计数测度 $N_p(\mathrm{d}t, \mathrm{d}x)$:

$$N_p(\mathrm{d}t, \mathrm{d}x) = \#\{s \in D_p: s \leqslant t, p(s) \in U\}, \quad t > 0, \quad U \in \mathscr{B}(X),$$

其中"♯"指计数。

令 II_X 为 X 上的点函数全体, $\mathscr{B}(\mathit{II}_X)$ 是使得所有 $p \to N_p((0, t] \times U)$, $t > 0, U \in \mathscr{B}(X)$ 为可测的最小 σ 代数。

定义 8.4(点过程) X 上的点过程 $\{p\}$ 是指一个 $(\mathit{II}_X, \mathscr{B}(\mathit{II}_X))$ 值的随机变量。点过程 $\{p\}$ 称为稳定的,如果 $\forall t > 0, p$ 和 $\theta_t p$ 有相同的分布,其中

$$\begin{cases} (\theta_t p)(s) = p(s + t), \\ D_{\theta_t p} = \{s \in (0, \infty), s + t \in D_p\}. \end{cases}$$

$\{p\}$ 称为 Poisson 点过程,如果 $N_p(\mathrm{d}t, \mathrm{d}x)$ 是 $(0, +\infty) \times X$ 上的 Poisson 随机测度。

可以证明,一个 Poisson 点过程 $\{p\}$ 是稳定的当且仅当 $n_p(\mathrm{d}t, \mathrm{d}x) \equiv E(N_p(\mathrm{d}t, \mathrm{d}x))$ 有形式

$$n_p(\mathrm{d}t, \mathrm{d}x) = \mathrm{d}t n(\mathrm{d}x),$$

这里 $n(\mathrm{d}x)$ 是 $(X, \mathscr{B}(X))$ 上的一个测度,称之为 $\{p\}$ 的特征测度。

上面关于 Poisson 点过程的定义比较抽象,为便于理解,我们给出一个直观的说明。

设 $\{\xi_t, t \geqslant 0\}$ 是一个 Poisson 过程,令 $T_0(\omega) = 0, T_n(\omega)$ 是 $\{\xi_t\}$ 的第 n 次跳跃时刻,在第 2 章中我们已经知道 T_n 的分布为

$$P\{T_n \leqslant T\} = P\{\xi_t \geqslant n\} = \sum_{j=n}^{\infty} \mathrm{e}^{-\lambda t} \frac{(\lambda t)^j}{j!}。$$

再令

$$N(t) = \#\{n \geqslant 1: T_n(\omega) \leqslant t\},$$

即 t 时刻前 $\{\xi_t\}$ 的跳跃次数,实际上 $N(t) = \xi_t$。易知 $N(t)$ 单调增加,它对应一个测度 $N(\mathrm{d}t)$ 称为计数测度。考虑更一般的情况,即复合 Poisson 过程情况,第 n 次的跃度不再是 1,而是一个随机变量 Y_n,则计数测度为

$$N(t, A) = \#\{n \geqslant 1: (T_n(\omega), Y_n(\omega)) \in (0, t] \times A\}。$$

定义 8.5（Poisson 点过程）   点过程 $\{p\}$ 称为 Poisson 点过程，如果：

(1) 存在 $\mathscr{B}((0,+\infty) \times X)$ 上的测度 $n(\cdot)$ 使得 $N((s,t] \times A)$ 服从以 $n(\cdot)$ 为强度参数的 Poisson 分布（当 $n(D) = +\infty$ 时，定义 $n(D) = +\infty$），此时称 $n(\cdot)$ 为强度测度；

(2) 设 $D_1, \cdots, D_k \in \mathscr{B}((0,+\infty) \times X)$ 且互不相交，则 $N(D_1), \cdots, N(D_k)$ 相互独立。

事实上，我们容易由 Poisson 过程得到点过程，其强度测度为

$$n((s,t] \times A) = (t-s)\delta_A(1),$$

其中 $\delta_A(\cdot)$ 是 Dirac 测度。

定义 8.6（补偿测度）   随机测度 $\hat{N}(t,A)$ 称为点过程 $\{p\}$ 的补偿测度，如果

$$N_p(t,A) - \hat{N}(t,A)$$

是一个鞅。

容易证明，$n((s,t] \times A)$ 就是 Poisson 点过程的补偿测度。而复合 Poisson 点过程 $\xi_t \sum_{i=1}^{N(t)} Y_i$ 的补偿测度是

$$\hat{N}(t,A) = \lambda t F(A),$$

其中 λ 是 $N(t)$ 的强度参数，$F(\cdot)$ 是 Y_i 的分布函数。给定 Poisson 点过程 $\{p\}$，记

$$\widetilde{N}_p(\mathrm{d}t, \mathrm{d}x) = N_p(\mathrm{d}t, \mathrm{d}x) - \hat{N}_p(\mathrm{d}t, \mathrm{d}x)。$$

下面介绍关于 Poisson 点过程 $\{p\}$ 的随机积分。首先介绍 $(\mathscr{F}_t)$-Poisson 点过程的概念，这里 $\{\mathscr{F}_t\}_{t \geqslant 0}$ 是 Ω 上的 σ 代数流，并且满足通常条件，即：

(1) $\mathscr{F}_t$ 单调增加，即对 $\forall t > s \geqslant 0, \mathscr{F}_s \subset \mathscr{F}_t$；

(2) $\mathscr{F}_t$ 右连续，即 $\mathscr{F}_t = \bigcap_{u > t} \mathscr{F}_u$；

(3) $\mathscr{F}_t$ 完备，即 $\mathscr{F}_0 \subset \mathscr{F}_t$, $\mathscr{F}_0$ 包含所有 P-零集。

定义 8.7（$(\mathscr{F}_t)$-Poisson 点过程）   点过程 $\{p\}$ 称为 $(\mathscr{F}_t)$-Poisson 点过程，如果：

(1) 它是 $\{\mathscr{F}_t\}$ 适应的、σ 有限的 Poisson 过程；

(2) $\forall U \in \mathscr{B}(X), \{N_p(t+h, U) - N_p(t, U)\}$ 与 $\mathscr{F}_t$ 独立；这里 σ 有限是指：$\exists U_n \in \mathscr{B}(X), n = 1, 2, \cdots$，使得 $U_n \uparrow X$（即 $\bigcup_n U_n = X$），$E(N_p(t, U_n)) < +\infty$，$\forall t > 0, n = 1, 2, \cdots$。

以下我们只考虑满足条件：$t \to E(N_p(t,U))$ 连续的 $(\mathscr{F}_t)$-Poisson 点过程，其中

$$U \in \Gamma_p \equiv \{U \in \mathscr{B}(X), E(N_p(t,U)) < +\infty\},$$

此时 $\hat{N}_p(t,U) = E[N_p(t,U)]$。

定义 8.8   定义在 $[0, +\infty) \times X \times \Omega$ 上的实值函数 $f(t,x,\omega)$ 称为 $(\mathscr{F}_t)$-可料的，如果 $(t,x,\omega) \to f(t,x,\omega)$ 关于 $\varphi \mid \mathscr{B}(\mathbb{R})$ 可测。其中 φ 是使得满足以下条件的映射为可料的最小 σ 代数：

(1) $\forall t > 0, (x,\omega) \to g(t,x,\omega)$ 是 $\mathscr{B}(X) \times \mathscr{F}_t$-可测的；

(2) $\forall (x,\omega), t \to g(t,x,\omega)$ 左连续。

考虑如下两类函数：

(1) $F_p = \Big\{ f(t,x,\omega) : f$ 是 $(\mathscr{F}_t)$-可料的，并且

$$\forall t > 0, \int_0^t \int_X \mid f(s,x,\omega) \mid N_p(\mathrm{d}s, \mathrm{d}x) < +\infty, \mathrm{a.s.} \Big\};$$

(2) $F_p' = \Big\{ f(t,x,\omega) : f$ 是 $(\mathscr{F}_t)$-可料的，并且

$$\forall t > 0, E\Big[\int_0^t \int_X \mid f(s,x,\cdot) \mid \hat{N}_p(\mathrm{d}s,\mathrm{d}x)\Big] < +\infty \Big\}。$$

对于 $f \in F_p$，我们可以按照 Lebesgue-Stieltjes 积分的定义方式定义随机积分

$$\int_0^t \int_X \mid f(s,x,\cdot) \mid N_p(\mathrm{d}s,\mathrm{d}x), \quad \mathrm{a.s.}。$$

即

$$\sum_{s \leqslant t, p(s) \in D_n} f(s, p(s), \cdot)$$

当 $n \to \infty$ 时的极限。

对 $f \in F_p'$，可以证明

$$E\Big[\int_0^t \int_X \mid f(s,x,\cdot) \mid N_p(\mathrm{d}s,\mathrm{d}x)\Big] = E\Big[\int_0^t \int_X \mid f(s,x,\cdot) \mid \hat{N}(\mathrm{d}s,\mathrm{d}x)\Big],$$

这意味着 $F_p \subset F_p'$。令

$$\int_0^t \int_X f(s,x,\cdot) \widetilde{N}_p(\mathrm{d}s,\mathrm{d}x) = \int_0^t \int_X f(s,x,\cdot) N_p(\mathrm{d}s,\mathrm{d}x) -$$

$$\int_0^t \int_X f(s,x,\cdot) \hat{N}_p(\mathrm{d}s,\mathrm{d}x),$$

则 $t \to \int_0^t \int_X f(s,x,\cdot) \widetilde{N}_p(\mathrm{d}s,\mathrm{d}x)$ 是 $\{\mathscr{F}_t\}$ 鞅。

定理 8.1(Itô 公式) 设 $X(t) = (X^{(1)}(t), \cdots, X^{(n)}(t))$ 有如下形式:

$$X^{(i)} = X^{(i)}(0) + \int_0^t \int_X f^i(s, x, \cdot) N_p(\mathrm{d}s, \mathrm{d}x) + \int_0^t \int_X g^i(s, x, \cdot) \widetilde{N}_p(\mathrm{d}s, \mathrm{d}x)。$$

若 $F \in C^2(\mathbb{R}^n)$,则 $F(X(t))$ 的形式为

$$F(X(t)) - F(X(0)) = \int_0^t \int_X \{F(X(s^-) + f(s, x, \cdot)) - F(X(s^-))\} N_p(\mathrm{d}s, \mathrm{d}x) +$$

$$\int_0^t \int_X \{F(X(s^-) + g(s, x, \cdot)) - F(X(s))\} \widetilde{N}_p(\mathrm{d}s, \mathrm{d}x) +$$

$$\int_0^t \int_X \Big\{F(X(s) + g(s, x, \cdot)) - F(X(s)) -$$

$$\sum g^i(s, x, \cdot) F_i'(X(s))\Big\} \hat{N}_p(\mathrm{d}s, \mathrm{d}x),$$

其中 $F_i' = \dfrac{\partial F}{\partial x_i}$。

证明略。

上面的 Itô 公式看似简洁,但是从应用的角度看,不是很方便。所以我们给出一个更为直接的带有跳跃项的 Itô 公式。考察一个具有下述形式的随机微分方程

$$\mathrm{d}S_t = a_t \mathrm{d}t + \sigma_t \mathrm{d}B_t + \mathrm{d}J_t, \quad t \geqslant 0, \tag{8.2.1}$$

这里 $\{B_t\}$ 是标准 Brown 运动,$\mathrm{d}J_t$ 表示跳跃项,假定跳跃项在有限时段内具有零均值,即

$$E(\Delta J_t) = 0。 \tag{8.2.2}$$

此外还要对跳跃项做如下约定:在跳跃时间 $\tau_j (j = 1, 2, \cdots)$,跳跃是一个离散的随机变量(假设有 k 种可能的跳跃类型和跳跃尺度 $\{a_i, i = 1, 2, \cdots, k\}$)。跳跃的发生强度 λ_t 依赖于最后的观察 S_t。一旦跳跃发生,其类型和尺度都是独立随机的,发生尺度为 a_i 跳跃的概率为 p_i。

这样,在一个很小的时间 $(t, t+h]$ 区间内,跳跃增量 ΔJ_t 由下式给出

$$\Delta J_t = \Delta N_t - \left[\lambda_t h \left(\sum_{i=1}^k a_i p_i\right)\right], \tag{8.2.3}$$

这里 N_t 是直到时刻 t 所发生的跳跃的总和,严格地讲,就是 ΔN_t。如果在时间 h 内,跳跃尺度为 a_i,则 ΔN_t 的值为 a_i。$\sum_{i=1}^k a_i p_i$ 表示跳跃的期望值,$\lambda_t h$ 表示跳跃发生的概率。将这些量从 ΔN_t 中减去,使得 ΔJ_t 不可预测。

在上述的条件下,漂移系数 a_t 可以表示为两个漂移的和

$$a_t = \mu_t + \lambda_t \left(\sum_{i=1}^{k} a_i p_i \right), \qquad (8.2.4)$$

这里 μ_t 表示 S_t 中连续运动的漂移系数。于是 Itô 公式为

$$\mathrm{d}F(S_t,t) = \left[F_2' + \lambda_t \sum_{i=1}^{k} (F(S_t + a_i, t) - F(S_t, t)) p_i + \frac{1}{2} F_{11}'' \sigma^2 \right] \mathrm{d}t +$$

$$F_1' \mathrm{d}S_t + \mathrm{d}J_F, \qquad (8.2.5)$$

这里 $F_2' = \dfrac{\partial F}{\partial t}, F_1' = \dfrac{\partial F}{\partial s}, F_{11}'' = \dfrac{\partial^2 F}{\partial s \partial s}$,而 $\mathrm{d}J_F$ 由下式给出:

$$\mathrm{d}J_F = \left[F(S_t, t) - F(S_t^-, t) \right] - \lambda_t \left[\sum_{i=1}^{k} (F(S_t + a_i, t) - F(S_t, t)) p_i \right] \mathrm{d}t,$$

$$(8.2.6)$$

其中

$$S_t^- = \lim_{s \to t-} S_s。 \qquad (8.2.7)$$

在实际问题中如何计算 $\mathrm{d}J_F$ 呢？首先应计算随机跳跃的期望变化，即 (8.2.6) 式的右端第二项。在计算中用到了在时间 $\mathrm{d}t$ 内的可能跳跃的强度和由于 S_t 跳跃引起的 $F(\cdot)$ 的跳跃尺度的期望值。如果观察到在这一特别时间内的跳跃，则 (8.2.6) 式右端第一项存在,否则为零。

文 献 评 注

第 2 章　关于 Poisson 过程理论方面的详细讨论请见文献[24]；有关 Poisson 过程的应用请见文献[33]或者文献[39]；Poisson 过程在经典风险理论研究中的应用在一般保险理论的著作中都会提及，例如文献[21]。

第 3 章　关于更新过程理论方面的讨论请见文献[24]或 Karlin 和 Taylor 的著作[11]；应用方面请见 Feller 的著作[5]，Ross 的著作[33]和伏见正则的著作[26]。

第 4 章　这一章的内容是随机过程的主要内容，所有随机过程的教科书都将其作为重点来讲。所以，可以参考的书很多，比较全面的见王梓坤的著作[38]，Feller 的著作[5]及 Karlin 和 Taylor 的著作[11]。

第 5 章　这一章的内容是随机过程的主要内容，很多随机过程的教科书都有涉及。但是，多数教材在介绍鞅时，都用到了测度的知识。有关离散鞅的比较详细的介绍请见史及民的著作[35]，连续鞅的内容请见钱敏平和龚光鲁的著作[32]，Karlin 和 Taylor 的著作[11]。进一步的讨论见 Kallenberg 的著作[9]。

第 6 章　Brown 运动是随机过程的主要内容，是随机积分的基础，很多随机过程的书籍都有涉及。比较详细的介绍请见 Karlin 和 Taylor 的著作[11]、劳斯的著作[33]和 Kallenberg 的著作[9]。

第 7 章　随机积分是随机分析的基础，但是国内的教材涉及不多[30]。而国外很多随机过程的教科书都有涉及，比较详细的介绍请见 Karlin 和 Taylor 的著作[11]，Kallenberg 的著作[9]，Bhattacharya 的著作[2]。介绍随机微分方程的理论专著有 Oksendal 的著作[17]，Ikeda 和 Watanabe 的著作[8]，中文书有龚光鲁的著作[28]，应用方面著作请见 Neftci 的著作[15]和 Sobczyk 的著作[20]。

第 8 章　本章的内容在一般的教科书中很少介绍，但是它在应用中的重要性越来越明显（见文献[1,22]）。钱敏平、龚光鲁的著作[32]中有些介绍，比较全面的是 Jean Bertoin 的专著[3]和 Sato 的专著[18]。关于点过程的随机积分见 Ikeda 和 Watanabe 的专著[20]。

参 考 文 献

[1] Aase K K. Contingent claims valuation when the security price is a combination of an Itô process and a random point process[J]. Stochastic processes and Applications. 1988 (28),185-200.

[2] Bhattacharya R N,Waymire E G. Stochastic Processes with Applications[M]. John Wiley & Sons,1990.

[3] Jean Bertoin. Levy Processes[M]. Cambridge University Press,1996.

[4] Elliott R J. Stochastic Calculus and Applications[M]. New York,Heidelberg,Berlin: Springer-Verlag,1982.

[5] Feller W. An Introduction to Probability Theory and its Applications[M]. Vol II, 2nd ed. John Wiley & Sons,1971.

[6] Gihman I I,Skorohod A V. Stochastic Differential Equations[M]. Berlin: Springer-Verlag,1972.

[7] John C Hull. Options,Futures,and Other Derivatives[M]. Prentice-Hall Inc. 1997, 1993,1989.

[8] Iketa N ,Watanabe S. Stochastic Differential Equations and Diffusion Processes[M]. 2nd ed. Amsterdam and Tokyo: North-Holland and Kodansha,1989.

[9] Kallenberg O. Foundations of Modern Probability[M]. Berlin,Springer(1997). Beijing,2001.

[10] Kannan D. Introduction to Stochastic Processes[M]. New York: Elsevier North Holland,Inc. 1979.

[11] Karlin S,Taylor H M. A first (second) cooourse in Stochastic Processes[M]. Academic Press,1975(1981).

[12] Klebaner F C. Introduction to Stochastic Calculus with Applications[M]. London: Imperial College Press,1998.

[13] Lamberton D, Lapeyre B. Introduction to Stochastic Calculus Applied to Finance[M]. London: Chapman & Hall,1996.

[14] Liptser R S,Shiryayev A N. Theory of Martingales[M]. Kluwer,1989.

[15] Neftci S N. An Intoduction to the Mathematics of Finacial Derivatives[M]. San Diego:Academic Press,1996.

[16] Rogers L C G,Williams D. Diffusions, Markov Processes, and Martingales[M]. Vol. 1. Foundations. Wiley,1994.

[17] Øksendal B. Stochastic Differential Equations. An introduction with applications [M]. 4th Edition. Berlin: Springer-Verlag ,1995.

[18] Sato K. Levy Processes and Infinitely Divisible Distributions. KEN-ITI,1999.

[19] Abramson N. Information Theory and Coding [M]. New York：McGraw-Hill,1963.

[20] Sobczyk K. Stochastic Differential Equations[M]. Boston：Kluwer Academic Publishers. 1990.

[21] Soren Asmussen. Ruin Probabilities[M]. World Scientific,2000.

[22] Svishchuk A V. Kalemanova A V. The stochastic stability of interest rates with jump changes[J]. Theoretical Probability and Mathematical Statistics. No. 1999 (61).

[23] 成世学. 破产论研究综述. 中国人民大学信息学院保险数学研讨班综述报告[R]. 2000.8.

[24] 邓永录,梁之舜. 随机点过程及其应用[M]. 北京：科学出版社,1998.

[25] 方兆本,缪柏其. 随机过程[M]. 合肥：中国科技大学出版社,1993.

[26] 伏见正则著,李明哲译. 概率论和随机过程[M]. 北京：世界图书出版公司,1997.

[27] 复旦大学. 概率论(第三册随机过程)[M]. 北京：人民教育出版社,1981.

[28] 龚光鲁. 随机微分方程引论[M].2 版.北京：北京大学出版社,1995.

[29] 刘次华. 随机过程[M]. 武汉：华中理工大学出版社,1999.

[30] 林元烈. 应用随机过程[M].北京：清华大学出版社,2002.

[31] 钱敏平,龚光鲁. 应用随机过程[M]. 北京：北京大学出版社,1998.

[32] 钱敏平,龚光鲁. 随机过程论[M].北京：北京大学出版社,1997.

[33] 劳斯 S M. 随机过程[M].何声武,谢盛荣,程依明,译.北京：中国统计出版社,1997.

[34] 申鼎煊. 随机过程[M]. 武汉：华中理工大学出版社,1990.

[35] 史及民. 离散鞅论及其应用[M]. 北京：科学出版社,1999.

[36] 汪仁官. 概率论引论[M]. 北京：北京大学出版社,1994.

[37] 王寿仁. 概率论基础和随机过程[M]. 北京：科学出版社,1997.

[38] 王梓坤. 随机过程通论(上,下卷). 北京：北京师范大学出版社,1996.

[39] 严颖,成世学,程侃. 运筹学随机模型[M]. 北京：中国人民大学出版社,1995.

[40] 严加安,彭实戈,方诗赞,等. 随机分析选讲[M]. 北京：科学出版社,1996.

[41] 张尧庭. 金融市场的统计分析[M].桂林：广西师范大学出版社,1998.

附　录

概率论基本知识

A　基　本　概　念

1. 概率空间

定义 A.1　设 Ω 是一个样本空间(或任意一个集合)，$\mathscr{F}$ 是 Ω 的某些子集组成的集合族。如果满足：

(1) $\Omega \in \mathscr{F}$；

(2) 若 $A \in \mathscr{F}$，则 $A^c = \Omega \backslash A \in \mathscr{F}$；

(3) 若 $A_n \in \mathscr{F}, n = 1, 2, \cdots$，则 $\bigcup\limits_{n=1}^{\infty} A_n \in \mathscr{F}$。

则称 $\mathscr{F}$ 为 **σ 代数**。$(\Omega, \mathscr{F})$ 称为**可测空间**，$\mathscr{F}$ 中的集合称为**事件**。

如果 $\mathscr{F}$ 是事件的 σ 代数，则 (1) $\varnothing \in \mathscr{F}$；(2) 当 $A_n \in \mathscr{F}, n \geqslant 1, \bigcap\limits_{n \geqslant 1} A_n \in \mathscr{F}$。

定义 A.2　设 $\Omega = \mathbb{R}$。由所有半无限区间 $(-\infty, x)$ 生成的 σ 代数(即包含集族 $\{(-\infty, x), x \in \mathbb{R}\}$ 的最小 σ 代数)称为 $\mathbb{R}$ 上的 **Borel σ 代数**，记为 $\mathscr{B}(\mathbb{R})$，其中的元素称为 Borel 集合。类似地可定义 $\mathbb{R}^n$ 上的 Borel σ **代数** $\mathscr{B}(\mathbb{R}^n)$。

定义 A.3　设 $(\Omega, \mathscr{F})$ 是可测空间，$P(\cdot)$ 是定义在 $\mathscr{F}$ 上的实值函数。如果

(1) 任意 $A \in \mathscr{F}, 0 \leqslant P(A) \leqslant 1$；

(2) $P(\Omega) = 1$；

(3) 对两两互不相容事件 $A_1, A_2, \cdots$ (即当 $i \neq j$ 时，$A_i \bigcap A_j = \varnothing$)，有

$$P\left(\bigcup_{i=1}^{\infty} A_i\right) = \sum_{i=1}^{\infty} P(A_i),$$

则称 P 是 $(\Omega, \mathscr{F})$ 上的**概率**，$(\Omega, \mathscr{F}, P)$ 称为**概率空间**，$P(A)$ 称为事件 A 的概率。

由定义易见，事件的概率有如下性质：

(1) 若 $A, B \in \mathscr{F}$，则 $P(A \cup B) + P(A \cap B) = P(A) + P(B)$。

(2) 若 $A, B \in \mathscr{F}$，且 $A \subset B$，则 $P(A) \leqslant P(B)$（单调性）。

(3) 若 $A, B \in \mathscr{F}$，且 $A \subset B$，则 $P(B-A) = P(B) - P(A)$。

(4) 若 $A_n \in \mathscr{F}, n \geqslant 1$，则 $P\left(\bigcup_{n \geqslant 1} A_n\right) \leqslant \sum_{n \geqslant 1} P(A_n)$。

(5) 若 $A_n \in \mathscr{F}$，且 $A_n \uparrow A$，即 $A_n \subset A_{n+1}, n \geqslant 1$，且 $\bigcup_{n \geqslant 1} A_n = A$，则

$$P(A) = \lim_{n \to \infty} P(A_n) \quad (\text{下连续})。$$

(6) 若 $A_n \in \mathscr{F}$，且 $A_n \downarrow A$，即 $A_{n+1} \subset A_n, n \geqslant 1$，且 $\bigcap_{n \geqslant 1} A_n = A$，则

$$P(A) = \lim_{n \to \infty} P(A_n) \quad (\text{上连续})。$$

如果概率空间 $(\Omega, \mathscr{F}, P)$ 的 P-零集（即零概率事件）的每个子集仍为事件，则称为**完备的概率空间**。

定义 A.4　设 $A_n \in \mathscr{F}, n \geqslant 1$。所有属于无限多个集合 A_n 的 ω 的集合称为集列 $\{A_n\}$ 的**上极限**，记为 $\limsup\limits_{n \to \infty} A_n$。可以证明

$$\limsup_{n \to \infty} A_n = \bigcap_{k=1}^{\infty} \bigcup_{n=k}^{\infty} A_n。$$

有时也记为 $\{A_n, \text{i. o.}\}$。集列 $\{A_n\}$ 的**下极限**定义为

$$\liminf_{n \to \infty} A_n = \{\omega \in \Omega : \exists n_0, \forall n > n_0, \omega \in A_n\}。$$

容易证明

$$\liminf_{n \to \infty} A_n = \bigcup_{k=1}^{\infty} \bigcap_{n=k}^{\infty} A_n。$$

2. 随机变量和分布函数

定义 A.5　设 $(\Omega, \mathscr{F}, P)$ 是（完备的）概率空间，X 是定义在 Ω 上，取值于实数集 $\mathbb{R}$ 的函数，如果对任意实数 $x \in \mathbb{R}$，$\{\omega : X(\omega) \leqslant x\} \in \mathscr{F}$，则称 $X(\omega)$ 是 $(\Omega, \mathscr{F})$ 上的**随机变量**，简称为随机变量。函数

$$F(x) = P\{\omega : X(\omega) \leqslant x\}, \quad -\infty < x < +\infty$$

称为随机变量 X 的**分布函数**。

如果有函数 $f(x)^*$,满足

$$F(x) = \int_{-\infty}^{x} f(t)\mathrm{d}t,\qquad\qquad (\text{A.1})$$

则称 $f(x)$ 为随机变量 X 或其分布函数 $F(x)$ 的分布密度。如果 X 具有分布密度,则称 X 为连续型随机变量;如果 X 最多以正概率取可数多个值,则称 X 为离散型随机变量。

注 在上面的定义中,如果 X 是广义实值函数,即 X 可以取 $+\infty$ 值,则需要加上条件:X 是几乎处处有限的,即 $P\{\omega\colon |X(\omega)| = +\infty\} = 0$。否则,会出现按上面定义的分布函数是假分布的情况。

定义 A.6 两个随机变量 X 与 Y,如果满足 $P\{\omega \in \Omega\colon X(\omega) \neq Y(\omega)\} = 0$,则称它们是**等价的**。

对于两个等价的随机变量,我们视为同一。

定理 A.1 下列命题等价:

(1) X 是随机变量;

(2) $\{\omega\colon X(\omega) \geqslant a\} \in \mathscr{F}$, $\forall a \in \mathbb{R}$;

(3) $\{\omega\colon X(\omega) > a\} \in \mathscr{F}$, $\forall a \in \mathbb{R}$;

(4) $\{\omega\colon X(\omega) < a\} \in \mathscr{F}$, $\forall a \in \mathbb{R}$。

为简单起见,习惯上将 $\{\omega\colon X(\omega) \geqslant a\}$ 记为 $\{X \geqslant a\}$,其他类似记号自明。

定理 A.2 (1) 若 X, Y 是随机变量,则 $\{X < Y\}$,$\{X \leqslant Y\}$,$\{X = Y\}$ 及 $\{X \neq Y\}$ 都属于 $\mathscr{F}$;

(2) 若 X, Y 是随机变量,则 $X \pm Y$ 与 XY 亦然;

(3) 若 $\{X_n\}$ 是随机变量序列,则 $\sup\limits_{n} X_n$,$\inf\limits_{n} X_n$,$\limsup\limits_{n\to\infty} X_n$ 和 $\liminf\limits_{n\to\infty} X_n$ 都是随机变量。

映射 $\boldsymbol{X}\colon \Omega \to \mathbb{R}^d$,表示为 $\boldsymbol{X} = (X_1, \cdots, X_d)$,若对所有的 $k, 1 \leqslant k \leqslant d, X_k$ 都是随机变量,则称 $\boldsymbol{X}$ 为随机向量。

复值随机变量 Z 定义为两个实值随机变量 X 和 Y 的线性组合 $X + \mathrm{i}Y$。

给定随机变量 X,可以生成 Ω 上的 σ 代数,即包含所有形如 $\{X \leqslant a\}$,$a \in \mathbb{R}$ 的最小 σ 代数,记为 $\sigma(X)$。类似地可定义由随机变量 $X_1, \cdots, X_n$ 生成的 σ 代数 $\sigma(X_1, \cdots, X_n)$。

---

* 一般函数 $f(x)$ 记为 f,多元函数也同样。

B 数字特征、矩母函数与特征函数

1 数字特征

定义 B.1 (1) 取值为 $\{s_k\}$ 的离散型随机变量的**数学期望**（简称为期望）EX 定义为

$$EX = \sum_k s_k p_k = \sum_k s_k P\{X = s_k\},$$

如果 $\sum |s_k| p_k < +\infty$。

（2）连续型随机变量 X 的**数学期望** EX 定义为

$$EX = \int_{-\infty}^{+\infty} x \mathrm{d}F(x) = \int_{-\infty}^{+\infty} x f(x) \mathrm{d}x,$$

如果 $\int_{-\infty}^{+\infty} |x| \mathrm{d}F(x) < +\infty$，这里 $F(x)$ 是 X 的分布函数，$f(x)$ 是其密度函数。

（3）设 $g: \mathbb{R}^d \to \mathbb{R}^d$ 为 Borel 可测函数，即对任何 $b_1, b_2, \cdots, b_d \in \mathbb{R}$，有

$$\{\boldsymbol{x} \in \mathbb{R}^d: g(\boldsymbol{x}) = (g_1(\boldsymbol{x}), g_2(\boldsymbol{x}), \cdots, g_d(\boldsymbol{x})), g_i(\boldsymbol{x}) \leqslant b_i,$$
$$1 \leqslant i \leqslant d\} \in \mathscr{B}(\mathbb{R}^d),$$

若 $F(x_1, x_2, \cdots, x_d)$ 是 $(X_1, X_2, \cdots, X_d)$ 的联合分布函数，则

$$E[g(X_1, X_2, \cdots, X_d)] = \int_{\mathbb{R}} \cdots \int_{\mathbb{R}} g(x_1, x_2, \cdots, x_d) \mathrm{d}F(x_1, x_2, \cdots, x_d).$$

（4）在（3）中取 $g(X_1, X_2, \cdots, X_d) = X_1^{k_1} X_2^{k_2} \cdots X_1^{k_d}, k_i \geqslant 0, 1 \leqslant i \leqslant d$，则 $E(X_1^{k_1} X_2^{k_2} \cdots X_d^{k_d})$ 称为 $(X_1, X_2, \cdots, X_d)$ 的 $(k_1, k_2, \cdots, k_d)$ 阶矩。

（5）X 的 k 阶**中心矩**定义为 $m_k = \int_{\mathbb{R}} (x - \mu)^k \mathrm{d}F(x)$，这里 $\mu = EX$。二阶中心矩称为 X 的**方差**，记为 σ^2。

（6）对任何两个具有有限方差 σ_X^2 和 σ_Y^2 的随机变量 X 和 Y 的**协方差** $\mathrm{cov}(X, Y)$，定义为 $\mathrm{cov}(X, Y) = E[(X - \mu_X)(Y - \mu_Y)]$。

2 Riemann-Stieltjes 积分

设 $g(x), F(x)$ 为有限区间 $[a, b]$ 上的实值函数，$a = x_0 < x_1 < \cdots < x_n = b$ 为 $[a, b]$ 的一个分割，令

$$\Delta F(x_i) = F(x_i) - F(x_{i-1}), \xi_i \in [x_{i-1}, x_i], 1 \leqslant i \leqslant n, \lambda = \max_{1 \leqslant i \leqslant n}(x_i - x_{i-1}),$$

如果当 $\lambda \to 0$ 时，极限

$$\lim_{\lambda \to 0} \sum_{i=1}^{n} g(\xi_i) \Delta F(x_i)$$

存在,且与分割的选择以及 $\xi_i \in [x_{i-1}, x_i]$ 的取法无关,则称该极限值为函数 $g(x)$ 关于 $F(x)$ 在 $[a, b]$ 上的 Riemann-Stieltjes 积分,记为

$$\int_a^b g(x) \mathrm{d}F(x) = \lim_{\lambda \to 0} \sum_{i=1}^{n} g(\xi_i) \Delta F(x_i)。 \tag{B.1}$$

易见,当 $F(x) = x$ 时,式(B.1)成为 Riemann 积分 $\int_a^b g(x) \mathrm{d}x$;当 $F'(x) = f(x)$ 存在时,式(B.1)成为 Riemann 积分 $\int_a^b g(x)f(x)\mathrm{d}x$。关于 Riemann-Stieltjes 积分存在的条件,这里不做更进一步的讨论,只给出一个简单的充分条件:若函数 $g(x)$ 连续,$F(x)$ 单调,则 Riemann-Stieltjes 积分(B.1)存在。本书中用到的 $g(x)$ 为连续函数,$F(x)$ 为分布函数,因此积分的存在性不成问题。为了后面的需要,将积分推广到无限区间上:

$$\int_a^{+\infty} g(x) \mathrm{d}F(x) \overset{\text{def}}{=\!=} \lim_{b \to +\infty} \int_a^b g(x) \mathrm{d}F(x),$$

$$\int_{-\infty}^b g(x) \mathrm{d}F(x) \overset{\text{def}}{=\!=} \lim_{a \to -\infty} \int_a^b g(x) \mathrm{d}F(x)。$$

容易看出,Riemann-Stieltjes 积分具有和 Riemann 积分类似的性质。例如积分的线性性质:

$$\int_a^b [\alpha g_1(x) \pm \beta g_2(x)] \mathrm{d}F(x) = \alpha \int_a^b g_1(x) \mathrm{d}F(x) \pm \beta \int_a^b g_2(x) \mathrm{d}F(x);$$

积分对于区间的可加性:

$$\int_a^b g(x) \mathrm{d}F(x) = \int_a^c g(x) \mathrm{d}F(x) + \int_c^b g(x) \mathrm{d}F(x);$$

以及

$$\int_a^b \mathrm{d}F(x) = F(b) - F(a)$$

等,其中 a, b 均可为有限数或无穷大。与 Riemannan 积分不同的是

$$\int_{a^-}^a \mathrm{d}F(x) = \lim_{\delta \to 0^+} \int_{a-\delta}^a \mathrm{d}F(x) = F(a) - F(a^-)。$$

当 $F(x)$ 在 $x = a$ 处有跳跃时,上式的值等于 $F(x)$ 在 a 点的跃度。当 $F(x)$ 是一个阶梯函数时,式(B.1)成为一个级数,即设 $F(x)$ 在 $x = x_i$ 处有跃度 $p_i (i = 1, 2, \cdots)$,则

$$\int_{-\infty}^{+\infty} g(x) \mathrm{d}F(x) = \sum_{i=1}^{\infty} g(x_i) p_i。$$

利用 Riemann-Stieltjes 积分,我们可以对离散型随机变量和连续型随机变量的各阶矩给出一个统一的表达式:

$$E(X^k) = \int_{-\infty}^{+\infty} x^k \mathrm{d}F(x),$$

$$E(X - EX)^k = \int_{-\infty}^{+\infty} (x - EX)^k \mathrm{d}F(x).$$

3 关于概率测度的积分

设 $(\Omega, \mathscr{F}, P)$ 是完备的概率空间,Ω 上的只取有限个值的随机变量称为简单函数。如果存在实数 $a_k (1 \leqslant k \leqslant n)$ 和 Ω 的分割 $A_k \in \mathscr{F}(1 \leqslant k \leqslant n)\left(\text{即} \bigcup_1^n A_k = \Omega, \text{且} A_i \bigcap A_j = \varnothing, i \neq j, 1 \leqslant i, j \leqslant n\right)$,使得 $h(\omega) = \sum_1^n a_k I_{A_k}(\omega)$,则称 h 为简单可测函数。这里 $I_A(\cdot)$ 表示集合 A 的示性函数。若 h 还可以表示为 $h = \sum_{j=1}^m b_j I_{B_j}$,则当 $B_j \bigcap A_k \neq \varnothing$ 时,$b_j = a_k$。

于是,通过将分割中的集合合并可以得到 h 的最简单表达式,即表达式中的系数 a_k 互不相同。

令 S 表示所有非负简单可测函数 $h: \Omega \to \mathbb{R}_+$。如果 $h \in S$,则定义其关于 P 的积分为

$$\int h \mathrm{d}P = \sum_{k=1}^n a_k P(A_k) = Eh.$$

由于我们可以找到 h 的最简单表达式,利用概率的可加性可知积分 $\int h \mathrm{d}P$ 与函数 h 的不同表示 $\sum_{k=1}^n a_k I_{A_k}$ 无关。

设 $\{h_n\}$ 是 S 中的单调增加列,$h \in S$ 且 $h \leqslant \sup_n h_n$。则可以证明

$$Eh = \int_\Omega h \mathrm{d}P \leqslant \sup_n \int_\Omega h_n \mathrm{d}P = \sup_n Eh_n.$$

由此可得,如果 $\{g_n\}, n \geqslant 1$ 和 $\{h_n\}, n \geqslant 1$ 是 S 中的单调增加列,并且 $\sup_n g_n = \sup_n h_n$,则 $\sup_n Eg_n = \sup_n Eh_n$。

令 S^* 表示 Ω 上的所有能够表示为 S 中单调增加函数列极限的非负函数 $X \geqslant 0$。即对任何的 $X \in S^*$,存在 $h_n \in S, h_n$ 单调增加使得 $X = \sup_n h_n$。则 $\sup_n Eh_n \geqslant 0$。我们定义 X 的积分为

$$\int_{\Omega} X\,\mathrm{d}P = \sup_{n} Eh_n = \sup_{n}\int_{\Omega} h_n\,\mathrm{d}P。$$

X 的积分与单调增加列 $\{h_n\}$ 的选择无关。可以证明，S^* 是 Ω 上非负随机变量的全体。于是，对任何非负随机变量都可以按上式定义其积分。

令 X 是 Ω 上的任意随机变量。定义

$$X^+ = \max\{X,0\}，\quad X^- = -\min\{X,0\}。$$

注意：$X^+\geqslant 0, X^-\geqslant 0, X=X^+ - X^-$，及 $|X|=X^+ + X^-$。如果 $\int_{\Omega} X^+\,\mathrm{d}P$ 和 $\int_{\Omega} X^-\,\mathrm{d}P$ 至少有一个为有限数，我们定义 X 的积分

$$\int_{\Omega} X\,\mathrm{d}P = \int_{\Omega} X^+\,\mathrm{d}P - \int_{\Omega} X^-\,\mathrm{d}P。$$

当 $\int_{\Omega} X^+\,\mathrm{d}P$ 和 $\int_{\Omega} X^-\,\mathrm{d}P$ 都是有限数时，我们称 X 可积。

于是，当随机变量 X 可积时，它的期望就可以定义为

$$EX = \int_{\Omega} X\,\mathrm{d}P。$$

这时，称 EX 存在。

关于 Ω 中样本点的某种性质 Π，如果使得 Π 不成立的点的集合的概率是零，则称 Π **几乎必然**（almost surely）或**以概率 1**（with probability one）成立，记为 a. s. 或 w. p. 1。

用 $\mathscr{L}^p(\Omega), p\geqslant 1$ 表示使得 $E(|X|^p)<+\infty$ 的随机变量（等价类）的全体。

定理 B. 1　（1）设 $X\in S^*$，则 $EX=0$ 当且仅当 $X=0$ a. s. 。

（2）如果 EX 存在，即 $\int |X|\,\mathrm{d}P<+\infty$，且 $Y = X$ a. s. ，则 EY 存在且 $EX = EY$。

（3）设 X 和 Y 是两个随机变量，EY 存在，且 $|X|\leqslant|Y|$，则 EX 存在。

（4）如果 EX 存在，则 X 几乎必然有限，即 $|X|<+\infty$, a. s. 。

（5）如果 X 是非负整数值的，则 $EX = \sum_{n} P\{X>n\}$。

定理 B. 2（Levi 单调收敛定理）　令 $\{X_n\}$ 是 S^* 中单调增加序列，则 $\sup_{n} X_n\in S^*$，且

$$E(\sup_{n} X_n) = \sup_{n} EX_n。$$

因此 $\sum_{n=1}^{\infty} X_n \in S^*$ 且 $E\left(\sum_{n=1}^{\infty} X_n\right) = \sum_{n=1}^{\infty} EX_n$，对每个序列 $\{X_n\}\subset S^*$ 成立。

定理 B.3（Fatou 引理）　对任何序列 $\{X_n\}\subset S^*$，有

$$E(\liminf_{n\to\infty}X_n)\leqslant\liminf_{n\to\infty}EX_n\leqslant\limsup_{n\to\infty}EX_n\leqslant E(\limsup_{n\to\infty}X_n)。$$

定理 B.4（Lebesgue 控制收敛定理）　令 $\{X_n\}$ 是 $\mathscr{L}^p(\Omega)$ 中的序列，在 Ω 上几乎必然收敛，Y 是 $\mathscr{L}^p$ 中的非负函数且 $|X_n|\leqslant Y,\forall n\geqslant1$。则存在随机变量 X，使得当 $n\to\infty$ 时，$X_n(\omega)\to X(\omega)$，a.s.，$X\in\mathscr{L}^p$ 且 $E(|X_n-X|^p)\to0$。

4　矩母函数和特征函数

定义 B.2　若随机变量 X 的分布函数为 $F_X(x)$，则称

$$\varphi_X(t)=E(\mathrm{e}^{tX})=\int_\Omega\mathrm{e}^{tX(\omega)}P(\mathrm{d}\omega)=\int_{-\infty}^{+\infty}\mathrm{e}^{tx}\,\mathrm{d}F_X(x)\qquad(\mathrm{B.2})$$

为 X 的矩母函数。

定义 B.3　称

$$\psi(t)=E(\mathrm{e}^{\mathrm{i}tX})=\int_\Omega\mathrm{e}^{\mathrm{i}tX(\omega)}P(\mathrm{d}\omega)=\int_{-\infty}^{+\infty}\mathrm{e}^{\mathrm{i}tx}\,\mathrm{d}F_X(x)$$

为 X 的特征函数。其中，F_X 是 X 的分布函数，如果 F_X 有密度 f，则 $\psi(t)$ 就是 f 的 Fourier 变换

$$\psi(t)=\int_{-\infty}^{+\infty}\mathrm{e}^{\mathrm{i}tx}f(x)\,\mathrm{d}x。$$

特征函数是一个实变量的复值函数，因为 $|\mathrm{e}^{\mathrm{i}tx}|=1$，所以它对一切实数 t 都有定义。显然特征函数只与分布函数有关，因此也称之为某一分布的特征函数。

定理 B.5　分布函数由其特征函数唯一决定。

对于随机向量 $(X_1,X_2,\cdots,X_n)$，类似地定义它的特征函数

$$f(t_1,t_2,\cdots,t_n)=\int_{-\infty}^{+\infty}\cdots\int_{-\infty}^{+\infty}\mathrm{e}^{\mathrm{i}(t_1x_1+t_2x_2+\cdots+t_nx_n)}\,\mathrm{d}F(x_1,x_2,\cdots,x_n)，$$

这里 $F(x_1,x_2,\cdots,x_n)$ 是随机向量 $(X_1,X_2,\cdots,X_n)$ 的分布函数。可以证明，上述定理对随机向量 $(X_1,X_2,\cdots,X_n)$ 的情形仍然成立。

C　条件概率、条件期望和独立性

1　条件概率

设 B 是一个事件，且 $P(B)>0$。定义给定 B，事件 A 的条件概率为

$$P_B(A)=P(A\cap B)/P(B)。$$

易见，这样定义的映射 $P_B(\cdot):\mathscr{F}\to[0,1]$ 是 $\mathscr{F}$ 上的测度且 $P_B(B)=1$，习惯上

记为 $P(A \mid B)$。

定理 C.1（全概率公式）   设 $\{B_n\}$ 是 Ω 的一个分割，且使得 $P(B_n) > 0$, $\forall n$。如果 $A \in \mathscr{F}$，则

$$P(A) = \sum_n P(B_n) P(A \mid B_n)。$$

定理 C.2（Bayes 公式）   设 $\{B_n\}$ 是 Ω 的一个分割，且使得 $P(B_n) > 0$，如果 $P(A) > 0$，则

$$P(B_n \mid A) = \frac{P(B_n) P(A \mid B_n)}{\sum_k P(B_k) P(A \mid B_k)}, \quad n \geq 1。$$

2   条件期望

设 X 是随机变量，B 是事件且 $P(B) > 0$，则给定事件 B，随机变量 X 的条件期望定义为

$$E(X \mid B) = \int X \mathrm{d}P_B = [P(B)]^{-1} \int_B X \mathrm{d}P = [P(B)]^{-1} E(X I_B)。$$

定理 C.3   设 X 是随机变量且 $E(|X|) < +\infty$。则对每个 σ 子代数 $\mathscr{B} \subset \mathscr{F}$，存在唯一的（几乎必然相等的意义下）随机变量 X^*，有 $E(|X^*|) < +\infty$，使得 X^* 是 $\mathscr{B}$ 随机变量，即对任何的 $a \in \mathbb{R}$，有 $\{X^* \leq a\} \in \mathscr{B}$ 并且对所有的 $B \in \mathscr{B}, E(X^* I_B) = E(X I_B)$。称随机变量 X^* 为 X 在给定 $\mathscr{B}$ 下的条件期望，记为 $X^* = E(X \mid \mathscr{B})$。我们有

$$\int_B E(X \mid \mathscr{B}) \mathrm{d}P = \int_B X \mathrm{d}P, \quad \forall B \in \mathscr{B}。$$

定理 C.4   (1) 若 $X \in \mathscr{L}^1$，则 $E[E(X \mid \mathscr{B})] = EX$。

(2) 若 X 是 $\mathscr{B}$ 随机变量，则 $E(X \mid \mathscr{B}) = X$, a.s.。

(3) 若 $X = Y$, a.s.，且 $X \in \mathscr{L}^1$，则 $E(X \mid \mathscr{B}) = E(Y \mid \mathscr{B})$, a.s.。

(4) 若 $a, b \in \mathbb{R}$, $X, Y \in \mathscr{L}^1$，则

$$E[(aX + bY) \mid \mathscr{B}] = aE(X \mid \mathscr{B}) + bE(Y \mid \mathscr{B})。$$

(5) 若 $X, Y \in \mathscr{L}^1$ 且 $X \leq Y$, a.s.，则 $E(X \mid \mathscr{B}) \leq E(Y \mid \mathscr{B})$, a.s.。

(6) 若 $\{X_n\}, n \geq 1$ 是非负单调增加的随机变量序列，则 $E(\sup_n X_n \mid \mathscr{B}) = \sup_n E(X_n \mid \mathscr{B})$, a.s.。

(7) 若 $\{X_n\}$ 是随机变量序列，$X_n(\omega) \to X(\omega)$, a.s. 且存在 $Y \in \mathscr{L}^1(\Omega)$ 使得 $|X_n| \leq Y, \forall n$，则 $\lim_{n \to \infty} E(X_n \mid \mathscr{B}) = E(X \mid \mathscr{B})$, a.s.。

（8）若 $\mathscr{B}_1,\mathscr{B}_2$ 是两个 σ 子代数，使得 $\mathscr{B}_1\subset\mathscr{B}_2\subset\mathscr{F}$，则

$$E[E(X\mid\mathscr{B}_1)\mid\mathscr{B}_2]=E[E(X\mid\mathscr{B}_2)\mid\mathscr{B}_1]=E(X\mid\mathscr{B}_1),\quad \text{a. s.} 。$$

（9）若 X,Y 是两个独立的随机变量，函数 $\varphi(x,y)$ 使得 $E(|\varphi(X,Y)|)<+\infty$，则

$$E[\varphi(X,Y)\mid Y]=E[\varphi(X,y)]\mid_{y=Y},\quad \text{a. s.}$$

这里 $E[\varphi(X,y)]\mid_{y=Y}$ 的意义是先将 y 视为常数，求得数学期望 $E[\varphi(X,y)]$ 后再将随机变量 Y 代入到 y 的位置。

定理 C. 5（Jensen 不等式）　设 f 是一个凸函数，X 是随机变量，则
$$E[f(X)]\geqslant f(EX) 。$$

定义 C. 1　设 $f(x_1,x_2,\cdots,x_d)$ 是随机变量 $X_1,X_2,\cdots,X_d$ 的联合密度函数，则 $X_1,X_2,\cdots,X_k$ 在给定 $X_{k+1},\cdots,X_d$ 时的条件密度 $f_{1,2,\cdots,k}(u_1,u_2,\cdots,u_k\mid x_{k+1},\cdots,x_d)$ 定义为

$$f_{1,2,\cdots,k}(u_1,u_2,\cdots,u_k\mid x_{k+1},\cdots,x_d)$$
$$=\frac{f(u_1,u_2,\cdots,u_k,x_{k+1},\cdots,x_d)}{\int_{\mathbb{R}}\cdots\int_{\mathbb{R}}f(y_1,y_2,\cdots,y_k,x_{k+1},\cdots,x_d)\mathrm{d}y_1\cdots\mathrm{d}y_k} 。$$

3　独立性

定义 C. 2　（1）设 $\{A_i,i\in I\}$ 是 $\mathscr{F}$ 的事件族，如果对 I 的每个有限子集 $\{i_1,\cdots,i_k\}\neq\varnothing$，有

$$P\left(\bigcap_{j=1}^{k}A_{i_j}\right)=\prod_{j=1}^{k}P(A_{i_j}),\qquad (\text{C. 1})$$

则称 $\{A_i,i\in I\}$ 关于 P 是相互独立的。

（2）设 $\{\mathscr{A}_i,i\in I\}$ 是 $\mathscr{F}$ 的 σ 子代数族，如果对 I 的每个有限子集 $\{i_1,\cdots,i_k\}\neq\varnothing,A_{i_j}\in\mathscr{A}_{i_j}$ 有式（C. 1）成立，则称 $\{\mathscr{A}_i,i\in I\}$ 是独立的。

（3）设 $\{X_i,i\in I\}$ 是 Ω 上随机变量族，如果 σ 代数族 $\{\sigma(X_i),i\in I\}$，是独立的，则称 $\{X_i,i\in I\}$ 是独立的。

容易证明，随机变量 $X_1,X_2,\cdots,X_n$ 是独立的充分必要条件是它们的联合分布函数可以分解为

$$F(x_1,x_2,\cdots,x_n)=F_{X_1}(x_1)F_{X_2}(x_2)\cdots F_{X_n}(x_n) 。$$

定理 C. 6　（1）设 $X_1,X_2,\cdots,X_n$ 是独立的且属于 $\mathscr{L}^1$，则 $E\left(\prod_{k=1}^{n}X_k\right)=\prod_{k=1}^{n}EX_k 。$

(2) 设 $X_1, X_2, \cdots, X_n \in \mathscr{L}^2$ 是独立的, 则 $\mathrm{var}\left(\sum_{k=1}^{n} X_k\right) = \sum_{k=1}^{n} \mathrm{var}(X_k)$。

定理 C.7(Borel-Cantelli 第一引理) 设 $\{A_n\}, n \geqslant 1$ 是一列事件, 且 $A = \lim \sup_n A_n$。若 $\sum_n P(A_n) < +\infty$, 则

$$P\{A_n \quad \mathrm{i.o.}\} = P(A) = 0。$$

定理 C.8(Borel-Cantelli 第二引理) 如果 $\{A_n\}$ 是独立的事件列, 使得 $\sum_{n=1}^{\infty} P(A_n) = +\infty$, 则 $P\{A_n \quad \mathrm{i.o.}\} = 1$.

定义 C.3 设 $\{X_n\}, n \geqslant 1$ 是随机变量序列, $\{\mathscr{B}_k\} = \sigma(X_k, X_{k+1}, \cdots)$ 是由 $X_k, X_{k+1}, \cdots$ 生成的 σ 代数。则 $\{\mathscr{B}_n\}$ 是非增的列。它们的交 $\mathscr{T} = \bigcap_{n \geqslant 1} \mathscr{B}_n$ 称为序列 $\{X_n\}$ 的 σ 尾代数。

定理 C.9(Kolmogorov's 0-1 律) 属于独立随机变量序列的 σ 尾代数的任何事件的概率或为 0 或为 1。

4 独立随机变量和的分布

设随机变量 X_1, X_2 相互独立, $F_1(x), F_2(x)$ 分别为它们的分布函数。令 $X = X_1 + X_2$, 其分布函数记为 $F_X(x)$, 则由独立性, 有

$$
\begin{aligned}
F_X(x) &= P\{X_1 + X_2 \leqslant x\} \\
&= \int_{-\infty}^{+\infty} P\{X_1 + X_2 \leqslant x \mid X_1 = t\} \mathrm{d}F_1(t) \\
&= \int_{-\infty}^{+\infty} F_2(x - t) \mathrm{d}F_1(t) \\
&\stackrel{\mathrm{def}}{=\!=} (F_1 * F_2)(x)。
\end{aligned}
\tag{C.2}
$$

上述第三个等号右端的积分式称为分布函数 $F_1(x), F_2(x)$ 的卷积, 记为 $(F_1 * F_2)(x)$。

D 收 敛 性

定义 D.1 (1) 设 $\{X_n, n \geqslant 1\}$ 是随机变量序列, 若存在随机变量 X 使得

$$P\{\omega \in \Omega: X(\omega) = \lim_{n \to \infty} X_n(\omega)\} = 1,$$

则称随机变量序列 $\{X_n, n \geqslant 1\}$ 几乎必然收敛(或以概率 1 收敛)于 X, 记为

$X_n \to X, \text{a.s.}$。

（2）设$\{X_n, n \geqslant 1\}$是随机变量序列，如果存在随机变量X，使得对任意的$\varepsilon > 0$，有

$$\lim_{n \to \infty} P\{\mid X_n - X \mid \geqslant \varepsilon\} = 0 。$$

则称随机变量序列$\{X_n, n \geqslant 1\}$**依概率收敛于** X，记为$X_n \xrightarrow{P} X$。

（3）设随机变量序列$\{X_n\} \subset \mathscr{L}^p (p \geqslant 1)$，如果存在随机变量$X \in \mathscr{L}^p$，使得

$$\lim_{n \to \infty} E(\mid X_n - X \mid^p) = 0 ,$$

则称随机变量序列$\{X_n, n \geqslant 1\}$ **p 次平均收敛**于 $X \in \mathscr{L}^p$，或称为 **p 阶矩收敛**；当 $p = 2$ 时，称为**均方收敛**。

（4）设$\{F_n(x)\}$是分布函数列，如果存在一个单调不减函数 $F(x)$，使在 $F(\cdot)$ 的所有连续点 x 上有

$$\lim_{n \to \infty} F_n(x) = F(x),$$

则称$\{F_n(x)\}$**弱收敛**于 $F(x)$；设$\{X_n, n \geqslant 1\}$是随机变量序列，$\{F_n(x)\}$是其分布函数列，如果$\{F_n(x)\}$弱收敛于分布函数 $F(x)$，则称$\{X_n, n \geqslant 1\}$**依分布收敛**。

定理 D.1　（1）若 $X_n \to X, \text{a.s.}$，则 $X_n \to X$ 依概率收敛于 X，反之不一定成立。

（2）随机变量序列 $X_n \to X, \text{a.s.}$ 的充分必要条件是对任意的实数 $\varepsilon > 0$，有

$$\lim_{n \to \infty} P\{\sup_{m \geqslant n} \mid X_m - X \mid \geqslant \varepsilon\} = 0 。$$

（3）随机变量序列 X_n 依概率收敛于 X 的充分必要条件是$\{X_n\}$的任意子序列都包含几乎必然收敛于 X 的子序列。

（4）依 p 阶矩收敛蕴含依概率收敛，反之不真。

随机变量序列的这 4 种收敛性之间的关系可以总结为下面的关系图：

几乎必然收敛 $\Rightarrow$ 依概率收敛 $\Rightarrow$ 依分布收敛；

p 阶矩收敛 $\Rightarrow$ 依概率收敛 $\Rightarrow$ 依分布收敛。

还需指出的是，几乎必然收敛与 p 阶矩收敛之间没有蕴含关系。

习题参考答案

习 题 1

1.1 证明 （必要性）由宽平稳过程的定义，只需计算 $E[X(s)X(s+t)]$。由 $\gamma(s+t,s)$ 只与 t 有关，故是仅依赖于 t 的函数，与 s 无关。

（充分性）只需证明
$$\gamma(t,s) = \gamma(0,t+s)$$
对任何 s,t 成立。令 $t-s=t'$，则
$$\gamma(t,s) = \gamma(s+t',s),$$
由 $\gamma(s+t',s)$ 仅与 t' 有关与 s 无关可知，$\gamma(t,s)$ 只与 $t-s$ 有关，故得 $\{X(t)\}$ 的宽平稳性。

1.2 解 因 Z_1,Z_2 是独立且有相同正态分布的随机变量，且
$$X(t) = Z_1\cos\lambda t + Z_2\sin\lambda t,$$
故 $E(X_t^2) < +\infty$ 且 $EZ_1 = EZ_2 = 0$, $\mathrm{var}(Z_1) = \mathrm{var}(Z_2) = \sigma^2$, $E(Z_1Z_2) = EZ_1EZ_2 = 0$。则
$$EX_t = \cos\lambda t EZ_1 + \sin\lambda t EZ_2 = 0,$$
$$\begin{aligned}
\gamma(s,t) &= E(Z_1\cos\lambda s + Z_2\sin\lambda s)(Z_1\cos\lambda t + Z_2\sin\lambda t)\\
&= \cos\lambda s\cos\lambda t EZ_1^2 + \cos\lambda s\sin\lambda t EZ_1Z_2 +\\
&\quad \sin\lambda s\cos\lambda t EZ_2Z_1 + \sin\lambda s\sin\lambda t EZ_2^2\\
&= \sigma^2\cos\lambda(t-s)。
\end{aligned}$$
所以 $\{X_t\}$ 是宽平稳的。

1.3 证明 因为 $\forall n_1 < n_2 < \cdots < n_k$，
$$X(n_{i+1}) - X(n_i) = \sum_{s=n_i+1}^{n_{i+1}} Z(s), \forall i = 0,1,2,\cdots。$$
又 $Z_0,Z_1,\cdots$ 是独立同分布的随机变量，故 $X(n_{i+1}) - X(n_i)$ 相互独立，即 $\{X_n, n\geqslant 0\}$ 是独立增量过程。

1.4 证明 （1）过程 $\{Y(t),t\in T\}$ 的均值函数为
$$\begin{aligned}
E(Y(t)) &= E(1\cdot I_{\{X(t)\leqslant x\}} + 0\cdot I_{\{X(t)>x\}})\\
&= 1\cdot P\{X(t)\leqslant x\} + 0\cdot P\{X(t)>x\}
\end{aligned}$$

$$= P\{X(t) \leqslant x\}$$
$$= F_X(x),$$

即 $Y(t)$ 的均值函数为 $X(t)$ 的一维分布函数。

（2）过程 $\{Y(t), t \in T\}$ 的相关函数为

$$\begin{aligned}
E[Y(t_1)Y(t_2)] = {} & 1 \times 1 \times P\{X(t_1) \leqslant x_1, X(t_2) \leqslant x_2\} + \\
& 1 \times 0 \times P\{X(t_1) \leqslant x_1, X(t_2) > x_2\} + \\
& 0 \times 1 \times P\{X(t_1) > x_1, X(t_2) \leqslant x_2\} + \\
& 0 \times 0 \times P\{X(t_1) > x_1, X(t_2) > x_2\} \\
= {} & P\{X(t_1) \leqslant x_1, X(t_2) \leqslant x_2\} \\
= {} & F_{t_1, t_2}(x_1, x_2) \quad (\forall \ t_1, t_2 \in T),
\end{aligned}$$

即 $Y(t)$ 的相关函数为 $X(t)$ 的二维分布函数。

1.5 解　过程 $\{Y(t)\}$ 的均值函数为

$$E[Y(t)] = E[X(t) + \varphi(t)] = \mu_X(t) + \varphi(t)。$$

过程 $\{Y(t)\}$ 的协方差函数为

$$\begin{aligned}
\gamma_Y(t_1, t_2) = {} & \mathrm{cov}(Y(t_1), Y(t_2)) \\
= {} & E[Y(t_1) - E(Y(t_1))][Y(t_2) - E(Y(t_2))] \\
= {} & E[Y(t_1)Y(t_2) - E(Y(t_1))E(Y(t_2))] \\
= {} & E[(X(t_1) + \varphi(t_1))(X(t_2) + \varphi(t_2)) - \\
& (\mu_X(t_1) + \varphi(t_1))(\mu_X(t_2) + \varphi(t_2))] \\
= {} & E[X(t_1)X(t_2) - \mu_X(t_1)\mu_X(t_2)] \\
= {} & \mathrm{cov}(X(t_1), X(t_2)) = \gamma_X(t_1, t_2)。
\end{aligned}$$

1.6 证明　（1）因 $E[X(t)] = E(\sin Ut) = \displaystyle\int_1^{2\pi} \frac{1}{2\pi} \sin ut \, \mathrm{d}u = 0$，

$$\begin{aligned}
\gamma_X(t_1, t_2) = {} & E(\sin Ut_1 \sin Ut_2) \\
= {} & \int_1^{2\pi} \frac{1}{2\pi} \sin ut_1 \sin ut_2 \, \mathrm{d}u \\
= {} & \frac{1}{2\pi} \int_0^{2\pi} -\frac{1}{2}[\cos u(t_1 + t_2) - \cos u(t_1 - t_2)] \mathrm{d}u \\
= {} & \begin{cases} \dfrac{1}{2}, & t_1 = t_2, \\ 0, & t_1 \neq t_2, \end{cases} \quad t_1, t_2 \in \mathbb{N},
\end{aligned}$$

故 $\{X(t), t = 1, 2, \cdots\}$ 是宽平稳过程。

又 $t = 1, 2$ 时，$\sin U$ 与 $\sin 2U$ 的分布函数不同，故 $\{X(t), t = 1, 2, \cdots, \}$ 不

是严平稳过程。

（2）因 $|\sin Ut|^2 \leqslant 1$，所以 $E(|\sin Ut|^2) < +\infty$，故 $X(t)$ 是二阶矩过程。又

$$E[X(t)] = \begin{cases} 0, & t = 0, \\ \dfrac{1-\cos 2\pi t}{2\pi t}, & t \neq 0, \end{cases}$$

对于 $\forall t \geqslant 0$，有 $E[X(t)] \neq \mu$（常数），故 $\{X(t), t \geqslant 0\}$ 不是宽平稳过程。又 $X(0)$ 与 $X(1) = \sin U$ 的分布函数不同，故 $\{X(t), t \geqslant 0\}$ 也不是严平稳过程。

习　题　2

2.1　解　由条件可知，接受体检的同学的人数服从强度为 $\lambda = 30$ 的 Possion 分布，即 $E[N(t)] = 30$。

$$P\{N(t+1) - N(t) \leqslant 40\} = P\{N(1) \leqslant 40\}$$

$$= \sum_{i=1}^{40} P\{N(1) - N(0) = i\}$$

$$= \sum_{i=0}^{40} \frac{30^i}{i!} e^{-30}.$$

2.2　解　（1）

$$p = P\{T_{N_1} < T_{N_2}\}$$

$$= \int_0^{+\infty} \mathrm{d}t_2 \int_0^{t_2} \frac{(\lambda_1 t_1)^{N_1-1}}{(N_1-1)!} \lambda_1 \mathrm{e}^{-\lambda_1 t_1} \cdot \frac{(\lambda_2 t_2)^{N_2-1}}{(N_2-1)!} \lambda_2 \mathrm{e}^{-\lambda_2 t_2} \mathrm{d}t_1.$$

（2）$\dfrac{1}{2}$。

2.3　解　（1）记第 i 个过程中第一次事件发生的时刻为 t_{i1}，$i = 1, 2, \cdots, n$，则 $T = \min\{t_{i1}, i = 1, 2, \cdots, n\}$。由 t_{i1} 服从指数分布，有

$$P\{T \leqslant t\} = 1 - P\{T > t\}$$

$$= 1 - P\{\min\{t_{i1}, i = 1, 2, \cdots, n\} > t\}$$

$$= 1 - P\{t_{i1} > t, i = 1, 2, \cdots, n\}$$

$$= 1 - \prod_{i=1}^{n} P\{t_{i1} > t\}$$

$$= 1 - \prod_{i=1}^{n} \{1 - (1 - \mathrm{e}^{-\lambda_i t})\}$$

$$= 1 - \exp\left(-\sum_{i=1}^{n} \lambda_i t\right)。$$

(2)　首先，$N(0) = \sum_{i=1}^{n} N_i(0) = 0$。

其次，由$\{N_i(t), i = 1, 2, \cdots, n\}$为相互独立的 Possion 过程知，$\forall s, t \geqslant 0$，有

$$N(t + s) - N(t) = \sum_{i=1}^{n} (N_i(t + s) - N_i(t))$$

与 t 无关，且 $N(t)$ 为独立增量过程。

最后，$\forall t, \tau > 0$，有

$$P\{N(t + \tau) - N(t) = n\}$$

$$= P\left\{\sum_{i=1}^{n} [N_i(t + \tau) - N_i(t) = n]\right\}$$

$$= \sum_{\sum n_i = n} P\left\{N_i(t + \tau) - N_i(t) = n_i, \sum_{i=1}^{n} n_i = n, i = 1, \cdots, n\right\}$$

$$= \sum_{\sum n_i = n} \prod_{i=1}^{n} \frac{\lambda_i^{n_i}}{n_i!} \tau^n e^{-(\sum\limits_{i=1}^{n}\lambda_i)\tau}$$

$$= \frac{\left(\tau \sum\limits_{i=1}^{n} \lambda_i\right)^n}{n!} e^{-\langle\sum\limits_{i=1}^{n}\lambda_i\rangle\tau}, n = 1, 2, \cdots。$$

这里利用了公式

$$(\lambda_1 + \lambda_2 + \cdots + \lambda_n)^n = \sum_{\sum n_i = n} \prod_{i=1}^{n} \frac{\lambda_i^{n_i}}{n_i!} n!,$$

故 $\left\{N(t) = \sum\limits_{i=1}^{n} N_i(t), t \geqslant 0\right\}$ 是参数为 $\lambda = \sum\limits_{i=1}^{n} \lambda_i$ 的 Possion 过程。

(3)　$P\{N_1(t) = 1 \mid N(t) = 1\}$

$$= P\{N_1(t) = 1, N_i(t) = 0, i = 1, 2, \cdots\} / P\{N(t) = 1\}$$

$$= \lambda_1 t e^{-\lambda_1 t} \prod_{i=2}^{n} e^{-\lambda_i t} \Big/ \left(\sum_{i=1}^{n} \lambda_i t e^{-\sum\limits_{i=1}^{n}\lambda_i t}\right)$$

$$= \frac{\lambda_1}{\lambda_1 + \lambda_2 + \cdots + \lambda_n}。$$

2.4　证明　对于过程$\{N(t), t \geqslant 0\}$，设每次事件发生时，有 r 个人对此

以概率 $p_1, p_2, \cdots, p_r$ 进行记录，且 $\sum\limits_{i=1}^{r} p_i = 1$，同时事件的发生与被记录之间相

互独立, r 个人的行为也相互独立。以 $N_i(t)$ 为到 t 时刻第 i 个人所记录的事件的数目。可以证明 $\{N_i(t), i = 1, 2, \cdots, r\}$ 是相互独立的 Poisson 过程,强度为 λp_i。

2.5 解 设 $\{N(t), t \geqslant 0\}$ 是服从参数为 3 的 Poisson 过程,则

(1) $P\{N(1) \leqslant 3\} = \sum_{i=0}^{3} P\{N(1) - N(0) = i\} = \sum_{i=0}^{3} \frac{3_i}{i!} e^{-3}$

$$= e^{-3}\left(1 + 3 + \frac{3^2}{2!} + \frac{3^3}{3!}\right) = 13e^{-3},$$

(2) $P\{N(1) = 1, N(3) = 2\} = P\{N(3) - N(1) = 1\} P\{N(1) - N(0) = 1\}$

$$= \frac{6^1}{1!}e^{-6} \cdot \frac{3^1}{1!}e^{-3} = 18e^{-9},$$

(3) $P\{N(1) \geqslant 2 \mid N(1) \geqslant 1\} = \dfrac{P\{N(1) \geqslant 2\}}{P\{N(1) \geqslant 1\}} = \dfrac{1 - 4e^{-3}}{1 - e^{-3}}$。

2.6 证明 当 $s < t$ 时,

$$P\{N(s) = k \mid N(t) = n\} = \frac{P\{N(s) = k, N(t) = n\}}{P\{N(t) = n\}}$$

$$= \frac{P\{N(s) = k, N(t) - N(s) = n - k\}}{P\{N(t) = n\}}$$

$$= \frac{\dfrac{(\lambda s)^k}{k!}e^{-\lambda s} \cdot \dfrac{[(ts)\lambda]^{n-k}}{(n-k)!}e^{-\lambda(t-s)}}{\dfrac{(\lambda t)^n}{n!}e^{-\lambda t}}$$

$$= \frac{n!}{k!(n-k)!} \cdot \frac{s^k(t-s)^{n-k}}{t^n} = C_n^k\left(\frac{s}{t}\right)^k\left(\frac{t-s}{t}\right)^{n-k}$$

$$= \binom{n}{k}\left(\frac{s}{t}\right)^k\left(1 - \frac{s}{t}\right)^{n-k}, \quad k = 0, 1, 2, \cdots, n。$$

2.7 解 不是。提示:求 $X(t)$ 的特征函数,利用特征函数与分布函数的一一对应关系,证明 $X(t)$ 的特征函数是

$$\varphi_X(r) = \exp\left[(\lambda_1 t e^{ir} + \lambda_2 t e^{-ir}) - (\lambda_1 + \lambda_2)t\right]。$$

2.8 解 由于 X_1, X_2, X_3 i·i·d,且服从指数分布 $P(\lambda)$,故 X_1, X_2, X_3 的联合密度函数为

$$f_x(x_1, x_2, x_3) = \lambda^3 e^{-\lambda(x_1 + x_2 + x_3)}, \quad x_i > 0, i = 1, 2, 3。$$

又由于

$$\begin{cases} T_1 = X_1, \\ T_2 = X_1 + X_2, \\ T_3 = X_1 + X_2 + X_3, \end{cases} \Rightarrow \begin{cases} X_1 = T_1, \\ X_2 = T_2 - T_1, \\ X_3 = T_3 - T_2, \end{cases} \Rightarrow |\boldsymbol{J}| = 1,$$

所以

$$f_T\{t_1,t_2,t_3\}=f_X(t_1,t_2-t_1,t_3-t_2)\cdot|\mathbf{J}|$$

$$=\begin{cases}\lambda^3\mathrm{e}^{-\lambda t_3}, & 0<t_1<t_2<t_3,\\ 0, & \text{其他}。\end{cases}$$

2.9 解　对 $s>0$,

$$E[N(t)N(t+s)]=E[N(t)(N(t+s)-N(t)+N(t))]$$
$$=E[N(t)(N(t+s)-N(t))]+E[N(t)]^2$$
$$=E[N(t)-N(0)]E[N(t+s)-N(t)]+E[N(t)]^2$$
$$=\lambda t\cdot\lambda s+\lambda t+(\lambda t)^2$$
$$=(\lambda t)^2+\lambda t(\lambda s+1)。$$

2.10 解　由题意知,接受服务的患者人数 $N(t)$ 是强度为 3 的 Possion 过程。设 8:00 为 0 时刻,第 i 个患者在医院停留的时间为 T_i,则在 $(0,t)$ 时间内接受过治疗的患者平均在医院停留的时间为

$$\overline{T}=\frac{E\left(\displaystyle\sum_{i=1}^{N(t)}T_i\right)}{E[N(t)]}。$$

又

$$E\left(\sum_{i=1}^{N(t)}T_i\right)=E\left[E\left(\sum_{i=1}^{N(t)}T_i\mid N(t)=n\right)\right]=\frac{t}{2}E[N(t)],$$

且 $t=4$,所以

$$E[N(t)]=3\times4=12,$$

$$E\left(\sum_{i=1}^{N(t)}T_i\right)=24,$$

$$\overline{T}=\frac{E\left(\displaystyle\sum_{i=1}^{N(t)}T_i\right)}{E[N(t)]}=\frac{24}{12}=2,$$

即接受过治疗的患者平均在医院停留了 2h。

2.11 解　(1) $P\{X_2>t\mid X_1=\tau\}=P\{N(\tau+t)-N(\tau)=0\mid X_1=\tau\}$
$$=P\{N(\tau+t)-N(\tau)=0\}$$
$$=\mathrm{e}^{-[m(\tau+t)-m(\tau)]}$$
$$=\mathrm{e}^{-\int_\tau^{\tau+t}\lambda(s)\mathrm{d}s}\quad(\text{与}\tau\text{有关}),$$

即 X_2 与 X_1 不独立,所以 $\{X_i,i=1,2,\cdots\}$ 不独立。

(2) $P\{X_1 \leqslant t\} = 1 - P\{X_1 > t\} = 1 - e^{-m(t)} = 1 - e^{-\int_0^t \lambda(s)\,ds}$,

$\qquad P\{X_2 \leqslant t\} = 1 - P\{X_2 > t\}$

$$= 1 - \int_0^\infty P\{X_2 > t \mid X_1 = \tau\} P\{X_1 = \tau\}\,d\tau$$

$$= 1 - \int_0^\infty e^{-m(t+\tau)}\,m(\tau)\,d\tau,$$

故 X_1 与 X_2 分布不同(虽然都服从指数分布,但分布的参数不同)。

2.12 解 考虑非齐次 Possion 过程,强度函数为

$$\lambda(t) = \begin{cases} 120, & 0 < t \leqslant 1, \\ 60, & 1 < t \leqslant 4, \quad (单位:h) \\ 120, & 4 < t \leqslant 5, \end{cases}$$

则 $m(t) = \int_{\frac{1}{2}}^{4\frac{1}{3}} \lambda(t)\,dt = 280$,即从早晨 7:30 到中午 11:20 平均有 280 辆汽车经过此路口,且在这段时间经过此路口的车辆数超过 500 辆的概率为

$$P\left\{ N\left(4\,\frac{1}{3}\right) - N\left(\frac{1}{2}\right) > 500 \right\} = 1 - P\left\{ N\left(4\,\frac{1}{3}\right) - N\left(\frac{1}{2}\right) \leqslant 500 \right\}$$

$$= 1 - \sum_{n=1}^{500} \frac{280^n}{n!} e^{-280}。$$

2.13 解 设 $X(t) = \sum_{i=1}^{N(t)} Y_i$ 表示到时刻 t 为止系统所受的损害,则

$$P\{T > t\} = P\{X(t) < A\} = P\left\{ \sum_{i=1}^{N(t)} Y_i < A \right\}$$

$$= \sum_{n=0}^\infty P\left\{ \sum_{i=1}^{N(t)} Y_i < A \mid N(t) = n \right\} P\{N(t) = n\}$$

$$= e^{-\lambda t} + \sum_{n=1}^\infty \left[\int_0^A \frac{\left(\frac{1}{\mu}\right)^n}{\Gamma(n)} x^{n-1} e^{-\frac{x}{\mu}}\,dx \right] e^{-\lambda t}\,\frac{(\lambda t)^n}{n!}。$$

由于 $Y_i \sim P\left(\dfrac{1}{\mu}\right) \sim \Gamma\left(1, \dfrac{1}{\mu}\right)$,故 $\sum_{i=1}^n Y_i \sim \Gamma\left(n, \dfrac{1}{\mu}\right)$。

$$ET = \int_0^{+\infty} P\{T > t\}\,dt$$

$$= \int_0^{+\infty} e^{-\lambda t}\,dt + \sum_{n=1}^\infty \int_0^A \frac{1}{\mu}\,\frac{\left(\frac{x}{\mu}\right)^{n-1}}{(n-1)!} e^{-\frac{x}{\mu}}\,dx \int_0^{+\infty} \frac{(\lambda t)^n}{n!} e^{-\lambda t}\,dt$$

$$= \frac{1}{\lambda} + \frac{1}{\lambda} \sum_{n=1}^{\infty} \int_0^A \frac{1}{\mu} \frac{\left(\frac{x}{\mu}\right)^{n-1}}{(n-1)!} \mathrm{e}^{-\frac{x}{\mu}} \mathrm{d}x$$

$$= \frac{1}{\lambda} + \frac{1}{\lambda} \int_0^A \sum_{n=1}^{\infty} \frac{1}{\mu} \frac{\left(\frac{x}{\mu}\right)^{n-1}}{(n-1)!} \mathrm{e}^{-\frac{x}{\mu}} \mathrm{d}x$$

$$= \frac{1}{\lambda} + \frac{1}{\lambda} \cdot \frac{A}{\mu}$$

$$= \frac{\mu + A}{\lambda \mu},$$

故系统的平均寿命为 $\frac{\mu + A}{\lambda \mu}$。

习　题　3

3.1 解　$\sqrt{\ }, \times, \times$。

3.2 解　计算

$$P\{N(1) = s\} = \begin{cases} 1 - \frac{1}{3} = \frac{2}{3}, & s = 0, \\ \frac{1}{3} - 0 = \frac{1}{3}, & s = 1, \\ 0, & s \geqslant 2; \end{cases}$$

$$P\{N(2) = s\} = \begin{cases} \frac{1}{3} + \frac{2}{3} - \frac{1}{3} \times \frac{1}{3} = \frac{8}{9}, & s = 1, \\ \frac{1}{3} \times \frac{1}{3} = \frac{1}{9}, & s = 2, \\ 0, & s = 0 \ \text{或} \ s \geqslant 3; \end{cases}$$

$$P\{N(3) = s\} = \begin{cases} 1 - \frac{1}{3} \times \frac{1}{3} - \frac{1}{3} \times \frac{2}{3} - \frac{1}{3} \times \frac{2}{3} = \frac{4}{9}, & s = 1, \\ \frac{5}{9} - \frac{1}{3} \times \frac{1}{3} \times \frac{1}{3} = \frac{14}{27}, & s = 2, \\ \frac{1}{27}, & s = 3, \\ 0, & s = 0 \ \text{或} \ s \geqslant 4。 \end{cases}$$

3.3 解　设乘客到达的时间间隔为 X_i，则一次发车的期望成本为

$$E(R) = E[\text{一个更新周期的成本}] = D + cE\left[\sum_{i=1}^{N(t)} (t - T_i)\right]$$

$$= D + \frac{c\lambda t^2}{2}。 \quad （例 2.5）$$

因此单位时间的期望成本为 $\frac{E(R)}{E(Y)} = \frac{D}{t} + \frac{c\lambda t}{2}$，所以当 $t^* = \sqrt{\frac{2D}{c\lambda}}$ 时，最小的单位时间期望成本为 $\sqrt{2c\lambda D}$。

3.4 解 注意到 $\{r(t) > x\} \Leftrightarrow \{$过程在$[t, t+x]$没有更新$\}$，$\{s(t+x) > x\} \Leftrightarrow$ $\{$过程在$[t, t+x]$没有更新$\}$，因此 $\{r(t) > x\}$ 与 $\{s(t+x) > x\}$ 这两个事件等价，所以

$$P(r(t) > x \mid s(t+x) > x) = 1。$$

3.5 解 因为"从上午 9：00 上班到中午 12：00 前最后一次信息到达的时刻"可以表示为 $T_{N(3)}$。而当 $s \leqslant t$ 时，$\{T_{N(t)} \leqslant s\} \Leftrightarrow \{N(t) - N(s) = 0\}$，所以 $T_{N(3)}$ 的分布为

$$P(\{T_{N(3)} \leqslant s\}) = P\{N(3) - N(s) = 0\} = e^{-3(3-s)}。$$

3.6 解 利用更新回报定理知

$$\int_0^1 \frac{(1 - F(x))\mathrm{d}x}{\mu} = \begin{cases} (1): \int_0^1 \frac{2-x}{2}\mathrm{d}x = \frac{3}{4}, \\ (2): \int_0^1 e^{-x}\mathrm{d}x = 1 - e^{-1}。 \end{cases}$$

3.7 解 令 $X(t)$ 表示更新时间间隔为 U_i 的更新过程。因为 N 的含义等价于"1 时刻之后首次更新的更新次数"，即 $N = X(1) + 1$，所以

$$E(N) = E(X(1)) + 1 = \sum_{n=1}^{\infty} F_n(1) + 1。（定理 3.1）$$

3.8 证明 由$(3.2.7)$式可知

$$P\{r(t) > y\} = 1 - F(t+y) + \int_0^t [1 - F(t+y-x)]\mathrm{d}M(x),$$

利用 $\{T_{N(t)} \leqslant s, s < t\} \Leftrightarrow \{r(s) > t - s, s < t\}$ 可证。

3.9 解 设小汽车寿命为 T，X_1 为第一次更新的时间，R_1 为第一次更新的费用，则

$$X_1 = \begin{cases} T, & T < A, \\ A, & T \geqslant A; \end{cases} \quad R_1 = \begin{cases} C_1 + C_2, & T < A, \\ C_1 - R(A), & T \geqslant A。 \end{cases}$$

故长时间后单位时间的平均费用为 $\frac{E(R_1)}{E(X_1)}$。进一步 $X_1 = T \cdot I_{\{T < A\}} + A \cdot I_{\{T \geqslant A\}}$，则

$$E(X_1) = \int_0^{\infty} (t \cdot I_{\{t < A\}} + A \cdot I_{\{t \geqslant A\}})\mathrm{d}F_T(t)$$

$$= \int_0^\infty t \cdot I_{\{t<A\}} dF_T(t) + \int_0^\infty A \cdot I_{\{t \geqslant A\}} dF_T(t)$$

$$= \int_0^A t dF_T(t) + A \int_A^\infty dF_T(t)$$

$$= \int_0^A t dF_T(t) + A[1 - F_T(A)]。$$

另外 $R_1 = (C_1 + C_2) \cdot I_{\{T<A\}} + (C_1 - R(A)) \cdot I_{\{T \geqslant A\}}$，则

$$E(R_1) = \int_0^\infty ((C_1 + C_2) \cdot I_{\{T<A\}} + (C_1 - R(A)) \cdot I_{\{T \geqslant A\}}) dF_T(t)$$

$$= (C_1 + C_2) \int_0^\infty I_{\{t<A\}} dF_T(t) + (C_1 - R(A)) \int_0^\infty I_{\{t \geqslant A\}} dF_T(t)$$

$$= (C_1 + C_2) F_T(A) + (C_1 - R(A))(1 - F_T(A))。$$

习　题　4

4.1 解　在天气预报模型中考虑共有两个状态的 Markov 链,分别是状态 0(无雨)和1(有雨)。由题意知,一步转移概率矩阵为

$$\boldsymbol{P} = \begin{pmatrix} 0.5 & 0.5 \\ 0.3 & 0.7 \end{pmatrix},$$

表示从周一过渡到周二的天气变化情况。则两步转移概率矩阵为

$$\boldsymbol{P}^{(2)} = \boldsymbol{P}^2 = \begin{pmatrix} 0.4 & 0.6 \\ 0.36 & 0.64 \end{pmatrix},$$

表示从周一过渡到周三的天气变化情况。于是周一有雨,周三也有雨的概率为 $p_{11}^{(2)} = 0.64$。

4.2 解　(1)设此人身边所有的雨伞的个数为 X_n,则 $\{X_n\}$ 为 Markov 链,它的状态空间为 $S = \{0, 1, 2, \cdots, r\}$,其转移概率为 $p_{0,r} = 1, p_{i,r-i} = 1-p$, $p_{i,r-i+1} = p, i = 1, 2, \cdots, r$。

(2)求极限分布的方程为

$$\pi_r = \pi_0 + \pi_1 p,$$
$$\pi_j = \pi_{r-j}(1-p) + \pi_{r-j+1} p, \quad j = 1, 2, \cdots, r-1,$$
$$\pi_0 = \pi_r(1-p),$$

记 $q = 1-p$,易得

$$\pi_i = \begin{cases} \dfrac{q}{r+q}, & \text{若 } i = 0, \\ \dfrac{1}{r+q}, & \text{若 } i = 1, 2, \cdots, r。 \end{cases}$$

（3）此人被淋湿的概率为 $p\pi_0 = \dfrac{pq}{r+q}$。

4.3 解　因为6个状态都是互通的,故只须判别其中之一即可,状态3容易识别。由

$$f_{33}^{(1)} = 0,$$

$$f_{33}^{(2)} = \frac{1}{4} \times \frac{1}{2} + \frac{1}{4} \times \frac{1}{2} + \frac{1}{4} \times \frac{1}{2} + \frac{1}{4} \times 1 = \frac{5}{8},$$

$$f_{33}^{(3)} = \frac{1}{4} \times \frac{1}{2} \times \frac{1}{2} + \frac{1}{4} \times \frac{1}{2} \times \frac{1}{2} = \frac{1}{8},$$

$$f_{33}^{(4)} = \frac{1}{4} \times \frac{1}{2} \times 1 \times \frac{1}{2} + \frac{1}{4} \times \frac{1}{2} \times \frac{1}{2} \times \frac{1}{2} +$$

$$\frac{1}{4} \times \frac{1}{2} \times \frac{1}{2} \times \frac{1}{2} = \frac{1}{8},$$

$$\cdots$$

$$f_{33}^{(2n)} = \frac{1}{16} \times \left(\frac{1}{2}\right)^{n-2} + \frac{1}{16} \times \left(\frac{1}{4}\right)^{n-2}, n \geqslant 2,$$

$$f_{33}^{(2n-1)} = \frac{1}{8} \times \left(\frac{1}{4}\right)^{n-2}, n \geqslant 2,$$

从而

$$f_{33} = \sum_{n=1}^{\infty} f_{33}^{(n)} = 1, \quad \text{且 } \mu_3 = \sum_{n=1}^{\infty} n f_{33}^{(n)} < +\infty,$$

故状态3是常返的,非周期的。

4.4 解　（1）因为

$$\sum_{n=1}^{\infty} p_{ij}^{(n)} = f_{ij} \cdot \sum_{n=0}^{\infty} p_{jj}^{(n)} < \sum_{n=0}^{\infty} p_{jj}^{(n)},$$

并且 $f_{jj} < 1$,所以

$$\sum_{n=0}^{\infty} p_{jj}^{(n)} = \frac{1}{1 - f_{jj}} < +\infty。$$

故

$$\sum_{n=1}^{\infty} p_{ij}^{(n)} < +\infty。$$

（2）由于

$$\sum_{n=1}^{\infty} p_{ij}^{(n)} = \sum_{n=1}^{\infty} \sum_{l=1}^{\infty} f_{ij}^{(l)} p_{jj}^{(n-l)}$$

$$= \sum_{l=1}^{\infty} \sum_{n=l}^{\infty} f_{ij}^{(l)} p_{jj}^{(n-l)}$$

$$= \sum_{l=1}^{\infty} f_{ij}^{(l)} \left(\sum_{n=l}^{\infty} p_{jj}^{(n-l)} \right)$$

$$= f_{ij} \sum_{n=0}^{\infty} p_{jj}^{(n)}$$

$$= f_{ij} + \sum_{n=1}^{\infty} f_{ij} p_{jj}^{(n)},$$

故

$$f_{ij} = \frac{\sum\limits_{n=1}^{\infty} p_{ij}^{(n)}}{1 + \sum\limits_{n=1}^{\infty} p_{jj}^{(n)}}。$$

4.5　解　（1）设 X_n 为蚂蚁在时刻 n 所处的位置,则过程 $\{X_n, n=0,1,$ $2,\cdots,N\}$ 是 Markov 链,其转移概率矩阵为

$$\boldsymbol{P} = \begin{pmatrix} 1 & 0 & 0 & 0 & \cdots & 0 & 0 & 0 \\ p & 0 & q & 0 & \cdots & 0 & 0 & 0 \\ 0 & p & 0 & q & \cdots & 0 & 0 & 0 \\ \vdots & \vdots & \vdots & \vdots & & \vdots & \vdots & \vdots \\ 0 & 0 & 0 & 0 & \cdots & p & 0 & q \\ 0 & 0 & 0 & 0 & \cdots & 0 & 1 & 0 \end{pmatrix}_{(N+1) \times (N+1)}。$$

不难看出,此 Markov 链有两类:$\{0\}, \{1,2,\cdots,N\}$。因为

$$f_{00} = \sum_{n=1}^{\infty} f_{00}^{(n)} = f_{00}^{(1)} = 1,$$

所以 0 是吸收态 $\left(\mu_0 = \sum\limits_{n=1}^{\infty} n f_{00}^{(n)} = 1 \right)$。$d(0) = 1$,则有 $\lim\limits_{n \to \infty} p_{20}^{(n)} = \dfrac{1}{\mu_0} = 1$,故蚂蚁被吃掉的概率为 1。

（2）提示:讨论蚂蚁被吃掉的问题与赌徒输光问题类似。

4.6　解　（1）设 X_n, Y_n 分别表示时刻 n 蜘蛛和蚂蚁所处的位置,令 $p_n = P\{X_n = 0, Y_n = 1\}$,$p'_n = P\{X_n = 1, Y_n = 0\}$,则

$$p_n = P\{X_n = 0, Y_n = 1\}$$

$$= P\{X_n = 0, Y_n = 1 \mid X_{n-1} = 0, Y_{n-1} = 1\} \cdot p_{n-1} +$$

$$P\{X_n = 0, Y_n = 1 \mid X_{n-1} = 1, Y_{n-1} = 0\} \cdot p'_{n-1}$$

$$= 0.49 p_{n-1} + 0.09 p'_{n-1}。$$

类似地，有 $p'_n = 0.49p'_{n-1} + 0.09p_{n-1}$，所以

$$p_n + p'_n = 0.58(p_{n-1} + p'_{n-1}) = 0.58^n \quad (p_1 = 0.49, p'_1 = 0.09).$$

从而在时刻 n，蚂蚁被吃掉的概率为

$$1 - (p_n + p'_n) = 1 - 0.58^n.$$

（2）蚂蚁被吃掉的概率为 $p = p_{00}p_{10} + p_{01}p_{11} = 0.42$，蚂蚁被吃掉的平均时间为 $1/p = \dfrac{1}{0.42} \approx 2.381$。

4.7 解　（1）设 $X(n)$ 为 n 次交换后甲盒中的红球数,则易见 $\{X(n)\}$ 是 Markov 链,状态空间为 $S = \{0, 1, 2\}$；转移矩阵为

$$\boldsymbol{P} = \begin{pmatrix} \dfrac{1}{2} & \dfrac{1}{2} & 0 \\[2mm] \dfrac{3}{8} & \dfrac{4}{8} & \dfrac{1}{8} \\[2mm] 0 & 1 & 0 \end{pmatrix}$$

（2）由于 $S = \{0, 1, 2\}$ 有限,且 S 中状态互通,即不可约的,故 $\{X(n)\}$ 是正常返的,状态 1 为非周期的,故 1 是遍历的,所以 $\{X(n)\}$ 是遍历链。

（3）极限分布是平稳分布,满足方程

$$\begin{cases} \pi_0 = \dfrac{1}{2}\pi_0 + \dfrac{3}{8}\pi_1, \\[2mm] \pi_1 = \dfrac{1}{2}\pi_0 + \dfrac{4}{8}\pi_1 + \pi_2, \\[2mm] \pi_2 = \dfrac{1}{8}\pi_1. \end{cases}$$

解得 $\pi_0 = \dfrac{2}{5}, \pi_1 = \dfrac{8}{15}, \pi_2 = \dfrac{1}{15}$,故极限分布为 $\left(\dfrac{2}{5}, \dfrac{8}{15}, \dfrac{1}{15}\right)$。

4.8 解　设 X_n 表示抽球后甲盒中的红球数,则 $\{X_n\}$ 是一个非时齐的 Markov 链,状态空间为 $S_1 = \{0, 1, 2, \cdots, 100\}$,转移概率为

$$P\{X_{n+1} = k - 1 \mid X_n = k\} = \dfrac{k}{100},$$

$$P\{X_{n+1} = k + 1 \mid X_n = k\} = \dfrac{n - k}{100}.$$

设 Y_n 表示抽球后乙盒中的红球数,状态空间为 $S_2 = \{50\}$。转移概率为

$$P\{X_{n+1} = 50 \mid X_n = 50\} = 1。$$

设 Z_n 表示抽球后甲盒中的红球数，状态空间为 $S_3 = \{0, 1, 2, \cdots, 40\}$，转移概率为

$$P\{X_{n+1} = k - 1 \mid X_n = k\} = \frac{k}{100 - n},$$

$$P\{X_{n+1} = k \mid X_n = k\} = \frac{100 - n - k}{100 - n}。$$

分别计算三种情况下，抽取如下记录（红，红，红，红，白）的概率 P：

$$P_{甲} = \frac{90}{100} \times \frac{89}{100} \times \frac{88}{100} \times \frac{87}{100} \times \frac{14}{100} = 0.08585,$$

$$P_{乙} = \left(\frac{50}{100}\right)^5 = 0.03125,$$

$$P_{丙} = \frac{40}{100} \times \frac{39}{99} \times \frac{38}{98} \times \frac{37}{97} \times \frac{60}{96} = 0.01457,$$

可见 $P_{甲} > P_{乙} > P_{丙}$，故最可能选取甲盒。

4.9 解　由于 Markov 链是状态有限的遍历链，极限分布是唯一的平稳分布，满足

$$\begin{cases} \pi_0 + \pi_2 + \cdots + \pi_n = 1, \\ \pi_j = \sum\limits_{i=1}^{n} \pi_i p_{ij}, \quad j = 1, 2 \cdots, n, \end{cases}$$

解得 $\pi_1 = \pi_2 = \cdots = \pi_n = \dfrac{1}{n}$，故极限分布为 $\left(\dfrac{1}{n}, \dfrac{1}{n}, \cdots, \dfrac{1}{n}\right)$。

4.10 解　考虑 Yule 过程　设在时刻 0，群体中只有一个个体，则群体的状态空间可以设为 $S = \{1, 2, \cdots\}$，记 $T_i (i \geqslant 1)$ 为群体数目从 i 增加到 $i+1$ 所需时间，假设在任意长度为 h 的时间区间内，任意一个个体将以概率 $\lambda h + o(h)$ 独立繁殖。记 $X(t)$ 为时刻 t 群体的总量，则 $\{X(t), t \geqslant 0\}$ 是 Yule 过程，其中 $\lambda_n = \lambda n$。又设 T 为群体从 1 增加到 N 的时间，则

$$T = \sum_{i=1}^{n-1} T_i。$$

由于 T_i 是相互独立的服从指数分布的随机变量，参数为 $\lambda_i = i\lambda, i = 1, 2, \cdots, N-1$，故

$$ET = \sum_{i=1}^{N-1} ET_i = \sum_{i=1}^{N-1} \frac{1}{\lambda_i} = \frac{1}{\lambda}\left(1 + \frac{1}{2} + \cdots + \frac{1}{N-1}\right)。$$

4.11 解　假定一生物群体中的各个个体以指数率 λ 出生，以指数率 μ 死亡，另外，还存在由迁入引起的指数增长率 θ。设 X_t 为 t 时刻群体的总量，易知 $\{X_t\}_{t \geqslant 0}$ 为一生灭过程，其中

$$\lambda_n = n\lambda + \theta, \quad n \geqslant 0,$$

$$\mu_n = n\mu, \quad n \geqslant 1。$$

4.12 解 由 4.11 题知,在 $n \leqslant N-1$ 时,同样有

$$\lambda_n = n\lambda + \theta, \quad n \geqslant 0,$$

$$\mu_n = n\mu, \quad n \geqslant 1。$$

当 $n \geqslant N$ 时,

$$\lambda_n = n\lambda, \quad n \geqslant 0,$$

$$\mu_n = n\mu, \quad n \geqslant 1。$$

4.13 解 显然,该 Markov 链是一个齐次 Markov 过程,转移概率为

$$p_{01}(h) = \lambda h + o(h),$$

$$p_{10}(h) = \mu h + o(h),$$

$$q_{00} = \lim_{h \to 0} \frac{1 - p_{00}(h)}{h} = \lim_{n \to 0} \frac{p_{01}(h)}{h} = q_{01} = \lambda,$$

$$q_{11} = \lim_{h \to 0} \frac{1 - p_{11}(h)}{h} = \lim_{n \to 0} \frac{p_{10}(h)}{h} = q_{10} = \mu。$$

由 Kolmogorov 向前方程得

$$\begin{aligned}
p'_{00} &= q_{10} p_{01}(t) - q_{00} p_{00}(t) \\
&= p_{01}(t) - p_{00}(t) \\
&= \mu(1 - p_{00}(t)) - \lambda p_{00}(t) \\
&= -(\lambda + \mu) p_{00}(t) + \mu。
\end{aligned}$$

解得

$$e^{(\lambda+\mu)t} \left[p'_{00}(t) + (\lambda + \mu) p_{00}(t) \right] = \mu e^{(\lambda+\mu)t},$$

$$\frac{\mathrm{d}}{\mathrm{d}t} \left[e^{(\lambda+\mu)t} p_{00}(t) \right] = \mu e^{(\lambda+\mu)t},$$

故

$$e^{(\lambda+\mu)t} p_{00}(t) = \frac{\mu}{\lambda + \mu} e^{(\lambda+\mu)t} + C。$$

又 $p_{00}(0) = 1$,所以 $C = \dfrac{\lambda}{\lambda + \mu}$,因此

$$p_{00}(t) = \frac{\mu}{\lambda + \mu} e^{-(\lambda+\mu)t} + \frac{\lambda}{\lambda + \mu}。$$

类似地,有

$$\begin{aligned}
p'_{01} &= q_{01} p_{00}(t) - q_{11} p_{01}(t) \\
&= \lambda p_{00}(t) - \mu p_{01}(t)
\end{aligned}$$

$$=\lambda(1-p_{01}(t))-\mu\,p_{01}(t)$$

$$=-(\lambda+\mu)p_{01}(t)+\lambda,$$

得

$$p_{01}(t)=\frac{\lambda}{\lambda+\mu}-\frac{\lambda}{\lambda+\mu}\mathrm{e}^{-(\lambda+\mu)t}。$$

由对称性,有

$$p_{11}(t)=\frac{\lambda}{\lambda+\mu}+\frac{\mu}{\lambda+\mu}\mathrm{e}^{-(\lambda+\mu)t},$$

$$p_{10}(t)=\frac{\mu}{\lambda+\mu}-\frac{\mu}{\lambda+\mu}\mathrm{e}^{-(\lambda+\mu)t}。$$

4.14 解　若 $i=2$,则

$$p_{i,i+1}(h)=\frac{1}{2}h+o(h)\Rightarrow q_{i,i+1}=\frac{1}{2},\quad q_{i,i+1}=\frac{1}{2},\quad q_{ii}=1 \qquad (1)$$

$$p_{i,i-1}(h)=\frac{1}{2}h+o(h),$$

$$p_{i,i}(h)=1-h+o(h)。$$

类似地,可得,$\forall i\in S=\{1,2,3\}$,式(1)成立。其中,当 $i=1$ 时,$i-1=3$;当 $i=3$ 时,$i+1=1$,Kolmogorov 向前方程为

$$p'_{ij}=-q_{jj}p_{ij}(t)+q_{j+1,j}p_{i,j+1}(t)+q_{j-1}p_{i,j-1}(t)$$

$$=-p_{ij}(t)+\frac{1}{2}\,p_{ij+1}(t)+\frac{1}{2}\,p_{i,j-1}(t)。$$

又

$$\sum_{j=1}^{3}p_{ij}=1,$$

故

$$p'_{ij}=-p_{ij}(t)+\frac{1}{2}(1-p_{ij}(t))=-\frac{3}{2}p_{ij}(t)+\frac{1}{2},$$

解得

$$p_{ij}(t)=\int_0^t\frac{1}{2}\mathrm{e}^{-\frac{3}{2}(t-s)}\,\mathrm{d}s+p_{ij}(0)\mathrm{e}^{-\frac{3}{2}t}。$$

利用初始条件

$$p_{ij}(0)=\begin{cases}1,&i=j,\\0,&i\neq j,\end{cases}$$

解得

$$p_{ij}(t)=\begin{cases}\dfrac{1}{3}+\dfrac{2}{3}\mathrm{e}^{-\frac{3}{2}t},&i=j,\\[3mm]\dfrac{1}{3}-\dfrac{1}{3}\mathrm{e}^{-\frac{3}{2}t},&i\neq j。\end{cases}$$

4.15 解　对于例 4.21 的排队模型,若设 X_t 为 t 时刻系统中的总人数,则 $\{X_t,t\geqslant 0\}$ 是一个生灭过程,其来到率是参数为 λ 的 Poisson 过程,系统中

有 n 个顾客的离去率是

$$\mu_n = \begin{cases} n\mu, & 1 \leqslant n \leqslant s, \\ s\mu, & n > s, n \geqslant 0. \end{cases}$$

次生灭过程转移概率满足

$$p_{i,i+1}(t) = \lambda h + o(h),$$

$$p_{i,i-1}(t) = \begin{cases} i\mu h + o(h), & 1 \leqslant i \leqslant s, \\ s\mu h + o(h), & i > s, \end{cases}$$

$$p_{i,i}(t) = \begin{cases} 1 - (\lambda + i\mu)h + o(h), & 1 \leqslant i \leqslant s, \\ 1 - (\lambda + s\mu)h + o(h), & i > s. \end{cases}$$

习 题 5

5.1 解 X 的可能取值为 $1, 2, \cdots, 6$，Y 的可能取值为 $2, 3, \cdots, 12$，且 $Y - X = 1, 2, \cdots, 6$。

$$P\{Y = y\} = \sum_{x=1}^{y-1} P\{X = x, Y - X = y - x\}$$

$$= \begin{cases} \dfrac{1}{36}, & y = 2, 12, \\[2mm] \dfrac{2}{36}, & y = 3, 11, \\[2mm] \dfrac{3}{36}, & y = 4, 10, \\[2mm] \dfrac{4}{36}, & y = 5, 9, \\[2mm] \dfrac{5}{36}, & y = 6, 8, \\[2mm] \dfrac{6}{36}, & y = 7, \end{cases}$$

故

$$P\{X \mid Y = y\} = \frac{P\{X = x, Y - X = y - x\}}{P\{Y = y\}} = \frac{\dfrac{1}{36}}{P\{Y = y\}}$$

$$=\begin{cases}1, & y=2,12,\\[2mm]\dfrac{1}{2}, & y=3,11,\\[2mm]\dfrac{1}{3}, & y=4,10,\\[2mm]\dfrac{1}{4}, & y=5,9,\\[2mm]\dfrac{1}{5}, & y=6,8,\\[2mm]\dfrac{1}{6}, & y=7,\end{cases}$$

从而

$$E(X\mid Y=y)=\sum_{x=1}^{y-1}P\{X=x\mid Y=y\}x=\frac{y}{2},y=2,3,\cdots,12。$$

5.2 证明 （1）显然 M_n 关于 $X_1,X_2,\cdots,X_n$ 可测；

（2）
$$\begin{aligned}E(\mid M_n\mid)&=E(\mid(m(t))^{-n}\mathrm{e}^{tS_n}\mid)\\&=(m(t))^{-n}E(\mathrm{e}^{t(X_1+X_2+\cdots+X_n)})\\&=(m(t))^{-n}\prod_{i=1}^{n}E(\mathrm{e}^{tX_i})\\&=1<\infty\quad(X_1,X_2,\cdots\ 独立同分布)。\end{aligned}$$

（3）
$$\begin{aligned}E(M_{n+1}\mid X_1,X_2,\cdots,X_n)&=E[(m(t))^{-n-1}\mathrm{e}^{tS_{n+1}}\mid X_1,X_2,\cdots,X_n]\\&=E[(m(t))^{-n-1}\mathrm{e}^{tS_n}\cdot\mathrm{e}^{tX_{n+1}}\mid X_1,X_2,\cdots,X_n]\\&=(m(t))^{-n-1}\mathrm{e}^{tS_n}\cdot m(t)\\&=(m(t))^{-n}\mathrm{e}^{tS_n}=M_n。\end{aligned}$$

故由鞅的定义，知 M_n 是关于 $X_1,X_2,\cdots,X_n$ 的鞅。

5.3 证明 首先，由于 $M_n=\mu^{-n}X_n$ 关于 $\sigma(X_0,X_1,\cdots,X_n)$ 可测，又因

$$\begin{aligned}EX_n&=E[E(X_n\mid X_{n-1})]=E\left[E\left(\sum_{i=1}^{X_{n-1}}Z_i\mid X_{n-1}\right)\right]\\&=EX_{n-1}EZ_i=\mu\,EX_{n-1}\\&=(m(t))^{-n-1}\mathrm{e}^{tS_n}\cdot m(t)\\&=\cdots=\mu^n,\end{aligned}$$

故

$$E(\mid M_n\mid)=E(\mid\mu^{-n}X_n\mid)=\mu^{-n}E(\mid X_n\mid)=1<+\infty。$$

于是

$$
\begin{aligned}
E(M_{n+1} \mid X_0, X_1, \cdots, X_n) &= E(\mu^{-n-1} X_{n+1} \mid X_0, X_1, \cdots, X_n) \\
&= \mu^{-n-1} E(X_{n+1} \mid X_0, X_1, \cdots, X_n) \\
&= \mu^{-n-1} E(X_{n+1} \mid X_n) \\
&= \mu^{-n-1} X_n \mu = \mu^{-n} X_n = M_n \, .
\end{aligned}
$$

故 $\{M_n\}$ 是关于 $\sigma(X_1, X_2, \cdots, X_n)$ 的鞅。

5.4 证明 (1) 设 S_n 表示时刻 n 所处的位置, 则 $S_n = S_0 + \sum_{i=1}^{n} X_i$, 其中

$X_i = 1$(概率 p) 或 -1(概率 $1-p$), 于是

$$
\begin{aligned}
E(M_{n+1} \mid S_0, S_1, \cdots, S_n) &= E\left[\left(\frac{1-p}{p}\right)^{S_{n+1}} \Bigg| S_0, S_1, \cdots, S_n\right] \\
&= E\left[\left(\frac{1-p}{p}\right)^{S_n + X_{n+1}} \Bigg| S_0, S_1, \cdots, S_n\right] \\
&= \left(\frac{1-p}{p}\right)^{S_n} E\left[\left(\frac{1-p}{p}\right)^{X_{n+1}} \Bigg| S_0, S_1, \cdots, S_n\right] \\
&= \left(\frac{1-p}{p}\right)^{S_n} E\left[\left(\frac{1-p}{p}\right)^{X_{n+1}}\right] \\
&= \left(\frac{1-p}{p}\right)^{S_n} \left[p \cdot \frac{1-p}{p} + (1-p)\left(\frac{1-p^{-1}}{p}\right)\right] \\
&= \left(\frac{1-p}{p}\right)^{S_n} = M_n \, .
\end{aligned}
$$

显然有 M_n 关于 $\sigma(S_0, S_1, \cdots, S_n)$ 可测, 并且

$$
E(\mid M_n \mid) \leqslant \max\left\{\frac{1-p}{p}, \frac{p}{1-p}\right\}^{a+n} < +\infty,
$$

这里 $a = S_0$, 故 $\{M_n\}$ 是关于 $\sigma(S_0, S_1, \cdots, S_n)$ 的鞅。

(2) 由题设可知, $T = \min\{n: S_n = 0 \text{ 或 } N\}$ 是停时。由 (1) 知,
$\left\{M_n = \left[\frac{1-p}{p}\right]^{S_n}\right\}$ 是鞅, 若 $P\{T < +\infty\} = 1$, 则由停时定理, 有

$$
EM_T = EM_0 = \left(\frac{1-p}{p}\right)^a \, .
$$

由于 S_T 只取两个值(0 和 N), 从而 M_T 只取两个值$\left(1 \text{ 和 } \left(\frac{1-p}{p}\right)^N\right)$, 因此

$$
EM_T = 1 \cdot P\{M_T = 1\} + \left(\frac{1-p}{p}\right)^N P\left\{M_T = \left(\frac{1-p}{p}\right)^N\right\} \, .
$$

从而

$$\left(\frac{1-p}{p}\right)^a = 1 \cdot P\{S_T = 0\} + \left(\frac{1-p}{p}\right)^N P\{S_T = N\}。$$

由

$$P\{S_T = 0\} + P\{S_T = N\} = 1,$$

解上述两个方程得

$$P\{S_T = 0\} = \frac{\left(\dfrac{1-p}{p}\right)^a - \left(\dfrac{1-p}{p}\right)^N}{1 - \left(\dfrac{1-p}{p}\right)^N}$$

$$= \frac{p^N(1-p)^a - p^a(1-p)^N}{p^{N+a} - p^a(1-p)^N}。$$

5.5　证明　（1）易见 $M_n = S_n + (1-2p)n$ 关于 $\sigma(S_0, S_1, \cdots, S_n)$ 可测，并且 $E(|M_n|) \leqslant E(|S_n|) + (1-2p)n < +\infty$。因为 $EX_{n+1} = p - (1-p) = 2p-1 = -(1-2p)$，所以有

$$E(M_{n+1} \mid S_0, S_1, \cdots, S_n) = E[S_{n+1} + (1-2p)(n+1) \mid S_0, S_1, \cdots, S_n]$$
$$= S_n - (1-2p) + (1-2p)(n+1)$$
$$= S_n + (1-2p)n = M_n。$$

故 $\{M_n\}$ 是关于 $\sigma(S_0, S_1, \cdots, S_n)$ 的鞅。

（2）因为 $T = \min\{n: S_n = 0 \text{ 或 } N\}$ 是停时，由停时定理，有 $ET = EM_0 = a$。又因为

$$EM_T = ES_T + (1-2p)ET,$$

$$ES_T = 0 \cdot P\{S_t = 0\} + NP\{S_T = N\} = N \cdot \frac{\left(\dfrac{1-p}{p}\right)^a - 1}{\left(\dfrac{1-p}{p}\right)^N - 1},$$

所以

$$ET = \frac{1}{1-2p}\left[a - N \cdot \frac{\left(\dfrac{1-p}{p}\right)^a - 1}{\left(\dfrac{1-p}{p}\right)^N - 1}\right]。$$

5.6　证明　（1）因为 $\mathscr{F}_n = \sigma(X_0, X_1, \cdots, X_n)$，$EZ_i = \mu$，$\mathrm{var}(Z_i) = \sigma^2$，所以

$$E(X_{n+1}^2 \mid \mathscr{F}_n) = E\left(\sum_{i=1}^{X_n} Z_i^2 \,\Big|\, \mathscr{F}_n\right)$$

$$= E\left[(\sigma^2 + \mu)X_n + 2 \cdot \frac{X_n(X_n-1)}{2} \,\Big|\, \mathscr{F}_n\right]$$

$$= (\sigma^2 + \mu)X_n + (X_n^2 - X_n)\mu^2 = \mu^2 X_n^2 + \sigma^2 X_n。$$

（2）由（1）的结论，有

$$
\begin{aligned}
E(M_n^2) &= E\big[E(\mu^{-2n}X_n^2 \mid \mathscr{F}_{n-1})\big] \\
&= \mu^{-2n}E(\mu^2 X_{n-1}^2 + \sigma X_{n-1}^2) \\
&= \mu^{-2n}\Big(\mu^{2n} + \sigma^2 \sum_{i=1}^{n}\mu^{2(i-1)}EX_{n-i}\Big) \\
&\leqslant 1 + \sigma^2 \sum_{i=1}^{n}\frac{EX_{n-i}}{\mu^{n-i}\mu^{n-i+2}} \\
&= 1 + \sigma^2 \sum_{i=1}^{n}\frac{\mu^{-(n-i)}EX_{n-i}}{\mu^{n-i+2}}.
\end{aligned}
$$

由于 $\{M_n = \mu^{-n}X_n\}$ 是鞅，所以 $EM_n = EM_0 = EX_0 = \mu$，从而

$$
E(M_n^2) \leqslant 1 + \sigma^2 \sum_{i=1}^{n}\frac{E(\mu^{-(n-i)}X_{n-i})}{\mu^{n-i+2}} \leqslant 1 + \sigma^2 \mu \sum_{i=1}^{n}\frac{1}{\mu^{n-i+1}}.
$$

如果 $\mu > 1$，则上式中级数收敛，故存在常数 $C > 0$，使得

$$
E(M_n^2) \leqslant C.
$$

（3）如果 $\mu \leqslant 1$，则前面的级数不收敛，因此上式不成立。

5.7　证明　设 X_n 表示第 n 次摸球后红球的数目，因为 $M_n = \dfrac{X_n}{n+2}$，所以

$$
P\Big\{M_n = \frac{k}{n+2}\Big\} = P\{X_n = k\}.
$$

故只需证明

$$
P\{X_n = k\} = \frac{1}{n+1}, \quad k = 1, 2, \cdots, n+1.
$$

利用数学归纳法：当 $n=1$ 时，$P\{X_1 = 1\} = \dfrac{1}{2}$，结论成立；假定取自然数 n 时，结论成立，即

$$
P\{X_n = k\} = \frac{1}{n+1}, \quad k = 1, 2, \cdots, n+1;
$$

下面证明结论在 $n+1$ 时成立。由于

$$
\begin{aligned}
P\{X_{n+1} = k\} &= P\{X_{n+1} = k \mid X_n = k\}P\{X_n = k\} + \\
&\quad\, P\{X_{n+1} = k \mid X_n = k-1\}P\{X_n = k-1\} \\
&= \frac{n+2-k}{n+2}\cdot\frac{1}{n+1} + \frac{k-1}{n+2}\cdot\frac{1}{n+1} = \frac{1}{n+2},
\end{aligned}
$$

说明结论在 $n+1$ 时成立，由数学归纳法可知结论成立。

5.8　证明　设（1）$Y_m = \displaystyle\sum_{n=1}^{m}|X_n|I_{\{T \geqslant n\}}$，则 $Y_m \uparrow Y$，对任意 m，有

$$EY_m = \sum_{n=1}^{m} E(\,|\,X_n\,|\,I_{\{T \geqslant n\}}) < \mu m < +\infty,$$

$$EY_1 = E(\,|\,X_1\,|\,) > -\infty。$$

由单调收敛定理知，Y 的积分存在，且 $EY_m \uparrow EY$，所以 $EY < +\infty$。

（2）因为对任意 n，

$$M_n = X_1 - \mu + \cdots + X_{T_n} - \mu$$

$$= (X_1 - \mu)I_{\{T \geqslant 1\}} + \cdots + (X_n - \mu)I_{\{T \geqslant n\}},$$

因此有 $|M_n| < Y$。又

$$E(M_{n+1} \mid \mathscr{F}_n) = E(\big[M_{n+1}I_{\{T \leqslant n\}} + M_{n+1}I_{\{T > n\}}\big] \mid \mathscr{F}_n)$$

$$= E(M_{n+1}I_{\{T \leqslant n\}} \mid \mathscr{F}_n) + E(M_{n+1}I_{\{T > n\}} \mid \mathscr{F}_n)$$

$$= M_n I_{\{T \leqslant n\}} + M_n I_{\{T > n\}} = M_n,$$

即 $\{M_n\}$ 是鞅。又因为存在非负随机变量 $Y = T(\,|\,X\,| + |\,\mu\,|)$ 使得 $EY = E[T(\,|\,X\,| + |\,\mu\,|)] < +\infty$ 且 $|M_n| < Y, \forall\, n$，故 $\{M_n\}$ 一致可积。

（3）因为 $ET < +\infty$，所以 $ET = \sum_{n=1}^{\infty} P\{T \geqslant n\} < +\infty$，因此 $\lim_{n \to \infty} P\{T \geqslant n\} = 0$，从而 $P\{T < +\infty\} = 1$。又

$$E(\,|\,M_T\,|\,) \leqslant E(T(\,|\,X\,| + |\,\mu\,|)) < +\infty。$$

利用（2），根据鞅停时定理，有

$$EM_T = E\left[\sum_{n=1}^{T}(X_n - \mu)\right] = E\left(\sum_{n=1}^{T} X_n\right) - \mu ET = EM_1 = 0,$$

所以

$$E\left(\sum_{n=1}^{T} X_n\right) = \mu ET。$$

5.9　证明　考虑 $M_n = S_n - n\mu$，则

$$E(\,|\,M_n\,|\,) = E(\,|\,1 + X_1 + \cdots + X_n - n\mu\,|\,)$$

$$\leqslant 1 + n(E(\,|\,X\,|\,) - \mu)$$

$$< 1 + n(2 - \mu) < +\infty。$$

所以由

$$EX_i = \sum_k kP\{X_i = k\} = (-1)P\{X_i = -1\} + \sum_{k=1}^{\infty} kP\{X_i = k\} = \mu < 0,$$

可得

$$\sum_{k=1}^{\infty} kP\{X_i = k\} < P\{X_i = -1\} < 1,$$

所以

$$E(\mid X_i \mid) = \sum_{k=1}^{\infty} kP\{X_i = k\} + P\{X_i = -1\} < 2。$$

注意到

$$\begin{aligned}
E(M_{n+1} \mid \mathscr{F}_n) &= E[S_{n+1} - (n+1)\mu \mid \mathscr{F}_n] \\
&= E(S_n - n\mu + X_{n+1} - \mu \mid \mathscr{F}_n) \\
&= S_n - n\mu = M_n,
\end{aligned}$$

所以 $\{M_n\}$ 是关于 $\sigma(X_1, X_2, \cdots, X_n)$ 的鞅。令 $T = \min\{n: S_n = 0\}$, $T_n = \min\{T, n\}$。考虑 M_{T_n}，类似于习题 5.8，由停时定理得，$EM_{T_n} = EM_0 = 1$，而

$$EM_{T_n} = ES_{T_n} - \mu ET_n,$$

所以

$$ET_n = \frac{ES_{T_n} - 1}{\mu} \leqslant \left| \frac{ES_{T_n} - 1}{\mu} \right| \leqslant \frac{1}{\mid \mu \mid}, \quad \forall n。$$

由于 $P\{T < +\infty\} = 1$，故

$$ET \leqslant \frac{1}{\mid \mu \mid}。$$

5.10 证明 (1) 证明 $\{F_t = X_t\}$ 是鞅。

首先，F_t 关于 $\sigma(X_u, 0 \leqslant u \leqslant t)$ 显然是可测的；其次

$$\begin{aligned}
E(\mid F_t \mid) &= E\left(X_0 + \sum_{i=1}^{t} \mid \lambda_i \mid\right) \\
&\leqslant \mid X_0 \mid + tE(\mid \lambda_i \mid) \\
&= \mid X_0 \mid + \frac{2}{3}t < +\infty;
\end{aligned}$$

最后，看鞅的性质

$$\begin{aligned}
E(F_t \mid \sigma(X_u, 0 \leqslant u \leqslant t)) &= E\left[X_s + \sum_{i=s+1}^{t} \lambda_i \mid \sigma(X_u, 0 \leqslant u \leqslant t)\right] \\
&= E\left(X_s + \sum_{i=s+1}^{t} \lambda_i\right) \\
&= X_s。
\end{aligned}$$

故 $\{F_t = X_t\}$ 是鞅。

再证明 $\left\{G_t = X_t^2 - \frac{2}{3}t\right\}$ 是鞅。

首先，$G_t = X_t^2 - \frac{2}{3}t$ 关于 $\sigma(X_u, 0 \leqslant u \leqslant t)$ 显然是可测的；其次

$$E(\mid G_t \mid) = E\left(\left| X_t^2 - \frac{2}{3}t \right|\right)$$

$$\leqslant E(X_t^2) + \frac{2}{3}t$$

$$= E(X_0^2) + \frac{2}{3}t < +\infty,$$

其中 λ_i 以等概率 $\frac{1}{3}$ 取值 $-1, 0, 1$；最后，看鞅的性质

$$E(G_t \mid \sigma(X_u, 0 \leqslant u \leqslant t)) = E\left(X_s^2 - \frac{2}{3}t \mid \sigma(X_u, 0 \leqslant u \leqslant t)\right)$$

$$= E\left[X_s^2 - \frac{2}{3}s + 2X_s \sum_{i=s+1}^{t} \lambda_i + \left(\sum_{i=s+1}^{t} \lambda_i\right)^2 - \frac{2}{3}(t-s)\right]$$

$$= X_s^2 - \frac{2}{3}s = G_s。$$

故 $\{G_t = X_t\}$ 是鞅。

（2）略。

习　题　6

6.1 解　考虑随机向量 $\boldsymbol{X} = (B(1), \cdots, B(n))'$，由于 $\{B(t)\}$ 是标准 Brown 运动，所以 $\boldsymbol{X}$ 服从多元正态分布，具有零均值，其协方差矩阵为

$$\boldsymbol{\Sigma} = \begin{pmatrix} 1 & 1 & 1 & 1 & \cdots & 1 & 1 & 1 \\ 1 & 2 & 2 & 2 & \cdots & 2 & 2 & 2 \\ 1 & 2 & 3 & 3 & \cdots & 3 & 3 & 3 \\ \vdots & \vdots & \vdots & \vdots & & \vdots & & \vdots \\ 1 & 2 & 3 & 4 & \cdots & n-2 & n-1 & n-1 \\ 1 & 2 & 3 & 4 & \cdots & n-2 & n-1 & n \end{pmatrix}_{n \times n}。$$

令 $\boldsymbol{A} = (1, 1, \cdots, 1)$，则 $\boldsymbol{AX} = B(1) + B(2) + \cdots + B(n)$ 是具有零均值的随机变量，方差为

$$\boldsymbol{A\Sigma A}' = \frac{n(n+1)(2n+1)}{6}。$$

又因为 $X(t) = tB\left(\dfrac{1}{t}\right)$，所以 $X(0) = 0$，于是

$$X(t) - X(s) = tB\left(\frac{1}{t}\right) - sB\left(\frac{1}{s}\right)$$

$$= tB\left(\frac{1}{t}\right) - tB\left(\frac{1}{s}\right) + tB\left(\frac{1}{s}\right) - sB\left(\frac{1}{s}\right)$$

$$= t\left[B\left(\frac{1}{t}\right) - B\left(\frac{1}{s}\right)\right] + (t-s)B\left(\frac{1}{s}\right) \sim N(0, |t-s|),$$

所以 $X(t)$ 是独立平稳增量过程。又 $X(t) = tB\left(\frac{1}{t}\right) \sim N(0,t)$，所以 $\{X(t): t \geq 0\}$ 是 Brown 运动。

6.2 解 因为

$$
\begin{aligned}
P\{B(2) > 0 \mid B(1) > 0\} &= \frac{P\{B(2) > 0, B(1) > 0\}}{P\{B(1) > 0\}} \\
&= 2P\{B(2) > 0, B(1) > 0\} \\
&= 2P\{B(2) - B(1) > -B(1), B(1) > 0\} \\
&= 2\int_0^\infty P\{B(2) - B(1) > -x\}f(x)\mathrm{d}x \\
&= 2\int_0^\infty [1 - \Phi(-x)]\mathrm{d}\Phi(x) \\
&= 2\int_0^\infty \Phi(-x)\mathrm{d}\Phi(x) \\
&= 2\int_{\frac{1}{2}}^1 y\mathrm{d}y = \frac{3}{4},
\end{aligned}
$$

所以 $\{X(t)\}$ 是 Gauss 过程，均值为零，协方差为 $s(1-t)$，即为 Brown 桥。又 $P\{B(2)>0\} = \frac{1}{2}$，所以事件 $\{B(2)>0\}$ 与事件 $\{B(1)>0\}$ 不独立。

6.3 证明 因为 $\{B_1(t), t \geq 0\}$ 与 $\{B_2(t), t \geq 0\}$ 为相互独立的标准 Brown 运动，所以 $X(0) = B_1(0) - B_2(0) = 0$，并且 $X(t) - X(s) = [B_1(t) - B_1(s)] - [B_2(t) - B_2(s)]$。由于 $B_1(t), B_2(t)$ 的独立平稳增量性，可知 $\{X(t), t \geq 0\}$ 也具有独立平稳增量。又 $E[X(t)] = E[B_1(t)] - E[B_2(t)] = 0$，$\mathrm{var}[X(t)] = \mathrm{var}[B_1(t)] + \mathrm{var}[B_2(t)] = 2t$，故 $X(t) \sim N(0, 2t)$，$\{X(t)\}$ 是 Brown 运动。

6.4 证明 已知，对任意 $x > 0$，$M(t)$ 的分布为

$$P\{M(t) \geq x\} = \frac{2}{\sqrt{2\pi}}\int_{\frac{x}{\sqrt{t}}}^{+\infty} \mathrm{e}^{-\frac{y^2}{2}}\mathrm{d}y。$$

对任意 $x > 0$，$|B(t)|$ 的分布为

$$
\begin{aligned}
P\{|B(t)| \geq x\} &= P\{B(t) \geq x, B(t) \leq -x\} \\
&= \frac{1}{\sqrt{2\pi}}\int_{\frac{x}{\sqrt{t}}}^{+\infty} \mathrm{e}^{-\frac{y^2}{2}}\mathrm{d}y + \frac{1}{\sqrt{2\pi}}\int_0^{-\frac{x}{\sqrt{t}}} \mathrm{e}^{-\frac{y^2}{2}}\mathrm{d}y \\
&= \frac{2}{\sqrt{2\pi}}\int_{\frac{x}{\sqrt{t}}}^{+\infty} \mathrm{e}^{-\frac{y^2}{2}}\mathrm{d}y。
\end{aligned}
$$

$$P\{M(t) - B(t) \geqslant x\} = P\{\max_{0 \leqslant s \leqslant t}(B(s) - B(t)) \geqslant x\},$$

注意到 $B(s) - B(t)$ 的分布与 $B(t-s)$ 的分布相同，可知

$$P\{M(t) - B(t) \geqslant x\} = P\{\max_{0 \leqslant s \leqslant t}(B(s)) \geqslant x\}。$$

对于 $x \leqslant 0$，显然二者相同。

$m(t) = \min_{0 \leqslant s \leqslant t} B(s)$ 的分布可如下计算，对 $x < 0$，有

$$P\{\min_{0 \leqslant s \leqslant t} B(s) \leqslant x\} = P\{T_x \leqslant t\} = \frac{2}{\sqrt{2\pi}} \int_{\frac{|x|}{\sqrt{t}}}^{+\infty} e^{-\frac{y^2}{2}} \mathrm{d}y。$$

习　题　7

7.1　解　由 Itô 积分定义可知，只要对 $\forall t \geqslant 0, \int_0^t \left[(t-s)^{-\alpha}\right]^2 \mathrm{d}s < +\infty$

成立，即可定义 $Y(t) = \int_0^t (t-s)^{-\alpha} \mathrm{d}B(s)$，由此可知 $\alpha < \dfrac{1}{2}$ 即可。

$Y(t)$ 的协方差函数为 $\mathrm{cov}(Y(t), Y(t+u)) = \int_0^t (t-s)^{-\alpha}(t+u-s)^{-\alpha} \mathrm{d}s$。

7.2　证明　$\{Y(t), 0 \leqslant t \leqslant T\}$ 是零均值的 Gauss 过程，由定理 7.1 易见。
计算其协方差函数：

$$\begin{aligned}
\mathrm{cov}(Y(t), Y(t+u)) &= E\left[\int_0^t X(t,s)\mathrm{d}B(s) \int_0^{t+u} X(t+u,s)\mathrm{d}B(s)\right] \\
&= E\left[\int_0^t X(t,s)\mathrm{d}B(s) \int_0^t X(t+u,s)\mathrm{d}B(s) + \right. \\
&\quad \left. \int_0^t X(t,s)\mathrm{d}B(s) \int_t^{t+u} X(t+u,s)\mathrm{d}B(s)\right] \\
&= \int_0^t X(t,s)X(t+u,s)\mathrm{d}s + \\
&\quad E\left[E\left(\int_0^t X(t,s)\mathrm{d}B(s) \int_t^{t+u} X(t+u,s)\mathrm{d}B(s) \,\Big|\, \mathscr{F}_s\right)\right] \\
&\quad (\text{Itô 等距}) \\
&= \int_0^t X(t,s)X(t+u,s)\mathrm{d}s, \quad u > 0。
\end{aligned}$$

7.3　解　由 Itô 公式，得

$$\begin{aligned}
\mathrm{d}Y(t) &= \left[\left(\sqrt{X(t)}\right)'(bX(t)+c) + \frac{1}{2}\left(\sqrt{x(t)}\right)'' \cdot 2\sqrt{X(t)}\right]\mathrm{d}t + \\
&\quad \left(\sqrt{X(t)}\right)' \cdot 2\sqrt{X(t)} \cdot \mathrm{d}B(t)
\end{aligned}$$

$$= \left[\frac{b}{2} Y(t) + \frac{c-1}{2Y(t)} \right] \mathrm{d}t + \mathrm{d}B(t)。$$

7.4　证明　对 $\frac{1}{3} B^3(t)$ 应用 Itô 公式,可得

$$\mathrm{d}\left(\frac{1}{3} B^3(t) \right) = B^2(t)\mathrm{d}B(t) + B(t)\mathrm{d}t,$$

即

$$\frac{1}{3} B^3(t) = \int_0^t B^2(s)\mathrm{d}B(s) + \int_0^t B(s)\mathrm{d}s。$$

7.5　提示　对 $X(t)Y(t)$ 应用 Itô 公式可得结论。分部积分公式显然。

7.6　提示　对 $B^k(t)$ 用 Itô 公式展开,可得

$$B^k(t) = \int_0^t k B^{k-1}(s)\mathrm{d}B(s) + \frac{1}{2}k(k-1)\int_0^t B^{k-2}(s)\mathrm{d}s。$$

上式等号右边第一项取期望值为 0,立得习题结论。

7.7　证明　(1) $X(t) = \mathrm{e}^{\frac{t}{2}}\cos B(t) = X(0) - \int_0^t \mathrm{e}^{\frac{s}{2}}\sin B(s)\mathrm{d}B(s)。$

(2) $X(t) = \mathrm{e}^{\frac{t}{2}}\sin B(t) = X(0) + \int_0^t \mathrm{e}^{\frac{s}{2}}\cos B(s)\mathrm{d}B(s)。$

(3) $X(t) = (B(t) + t)\exp\left[-B(t) - \frac{t}{2} \right]$

$$= \int_0^t \exp\left[-B(s) - \frac{1}{2}s \right](1 - B(s) - s)\mathrm{d}B(s)。$$

7.8　解　(1) $X_t = X_0 \mathrm{e}^{\mu t} + \int_0^t \mathrm{e}^{\mu(t-s)}\mathrm{d}B_s。$

(2) $X_t = \mathrm{e}^{-t}X_0 + \mathrm{e}^{-t}B_t。$

(3) $X_t = \exp\left(\sigma B_t - \frac{\sigma^2}{2} \right)X_0 + \gamma\int_0^t \exp\left[\frac{\sigma^2}{2}(s-t) - \sigma(B_t - B_s) \right]\mathrm{d}s。$

(4) $X_t = m + (X(0) - m)\mathrm{e}^{-t} + \sigma\int_0^t \mathrm{e}^{(s-t)}\mathrm{d}B_s。$

(5) $X_t = X_0\exp\left[\left(1 - \frac{\sigma^2}{2} \right)t + \sigma B_t \right] + \int_0^t \exp\left[\left(1 - \frac{\sigma^2}{2} \right)(t-s)^{-s} + \sigma(B_t - B_s) \right]\mathrm{d}s。$